Erster Abschnitt.

Abschätzung nach Massentafeln.

Anleitung

zur Abschätzung

stehender Kiefern

nach Massentafeln und nach dem Augenmaße

von

Kohli,

Königlich Preußischem Oberforstmeister.

Mit 41 in den Text eingedruckten Holzschnitten.

Springer-Verlag Berlin Heidelberg GmbH
1861

ISBN 978-3-662-40860-5   ISBN 978-3-662-41344-9 (eBook)
DOI 10.1007/978-3-662-41344-9

Softcover reprint of the hardcover 1st edition 1861

Additional material to this book can be downloaded from http://extras.springer.com

. . . . , ...
. . . .

Ehe ich aber auf die Beantwortung Deiner Frage selbst eingehe, möchte ich Dich auf einige Eigenthümlichkeiten in dem Wuchse der Kiefer aufmerksam machen, welche Dir vielleicht bis jetzt entgangen sind.

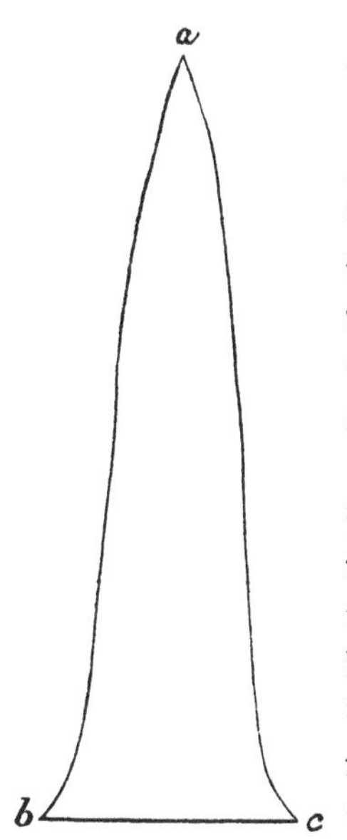

Die Fläche, welche den Schaft eines Stammes von der Spitze bis zum Fuße umgiebt, nenne ich den Mantel des Schaftes. Wird der Schaft von der Spitze bis zum Fuße durch einen Längsschnitt a b c halbirt, so ist die dadurch gebildete Durchschnittsfläche von drei Linien begrenzt, nämlich von der Grundlinie b c und von zwei andern Linien a b und a c, welche auf dem Mantel des Schaftes hinlaufen, und welche ich deshalb Mantellinien nennen will. Bei einem ganz regelmäßigen, senkrecht stehenden, Stamm müssen alle Mantellinien gleich sein. Man kann sich daher auf die Darstellung einer Mantellinie für jeden Stamm beschränken, man kann kurzweg von der Mantellinie des Schaftes sprechen.

Die Mantellinie ist auch bei einem ganz regelmäßig gewachsenen Schaft niemals eine grade, sondern immer eine krumme Linie, weil der Schaft keiner Holzart genau die Form des Kegels annimmt.

Stellen wir die ermittelte Mantellinie einer 80′ hohen und 14″ im Durchmesser starken Fichte mit den Mantellinien von 99 andern

80' hohen und 14" ſtarken Fichten zuſammen, ſo wird vielleicht keine einzige dieſer 100 Linien die andere in allen Punkten decken. Und doch wird unverkennbar eine gewiſſe Uebereinſtimmung bei allen dieſen Linien ſtattfinden, indem ſie alle an ganz beſtimmten Punkten eine ſtärkere und an andern Punkten wieder eine ſchwächere Krümmung haben werden. Wenn wir dann in gleicher Weiſe die Mantellinien von hundert 80' hohen und 14" ſtarken Kiefern zuſammenſtellen, ſo werden wir einerſeits wieder eine gewiſſe Uebereinſtimmung zwiſchen dieſen 100 Linien unter ſich und andererſeits eine nicht unerhebliche Verſchiedenheit zwiſchen ihnen und den 100 Mantellinien der gleich hohen und gleich ſtarken Fichten wahrnehmen. Und wenn wir endlich noch die Mantellinien von 100 andern Kiefern von 40' Höhe und 7" Durchmeſſer, jedoch nach einem doppelt ſo großen Maßſtabe als vorhin, auftragen, ſo finden wir auch bei dieſen wieder eine Ueber=einſtimmung unter ſich und eine hervortretende Abweichung von den Mantellinien ſowohl der 80' hohen Fichten, als auch ſelbſt der 80' hohen Kiefern.

Es läßt ſich daher wohl denken und hoffen, daß wir mit der Zeit dahin gelangen werden, für die verſchiedenen Längen= und Stär=ken=Klaſſen jeder bei uns vorkommenden Nadelholzart Normal=Mantel=linien zu conſtruiren, und es wird vielleicht einſt eine Examenaufgabe werden, aus den Krümmungen einer Mantellinie zu beſtimmen, nicht nur welcher Holzart, ſondern auch welcher Längen= und Stärken=Klaſſe dieſelbe angehört. Bis jetzt ſind wir noch nicht ſoweit.

Die Aufgabe, welche ich mir hier geſtellt habe, beſchränkt ſich darauf, für die verſchiedenen Längen= und Stärken=Klaſſen der Kiefer die Mantellinie annähernd zu beſtimmen.

Daß alle dieſe Linien krumme Linien ſein werden, habe ich bereits angedeutet; einzelne Theile derſelben haben jedoch ſo unbedeutende Krümmungen, daß man ſie unbedenklich für grade annehmen kann, und in je kleinere Theile wir die Mantellinie zerlegen, deſto eher ſind wir berechtigt, dieſe krumme Linie als eine Aneinanderreihung vieler graden Linien anzuſehen und zu behandeln. Einen ſolchen kleinen Theil der Mantellinie wollen wir jetzt betrachten.

Unter den Figuren A, B, C denke Dir drei Abſchnitte von Baum=ſtämmen, alſo Baum=Klötze, deren Durchmeſſer de, fg und hi nach einem vielfach größeren Maßſtabe aufgetragen ſind, als die Achſe a c.

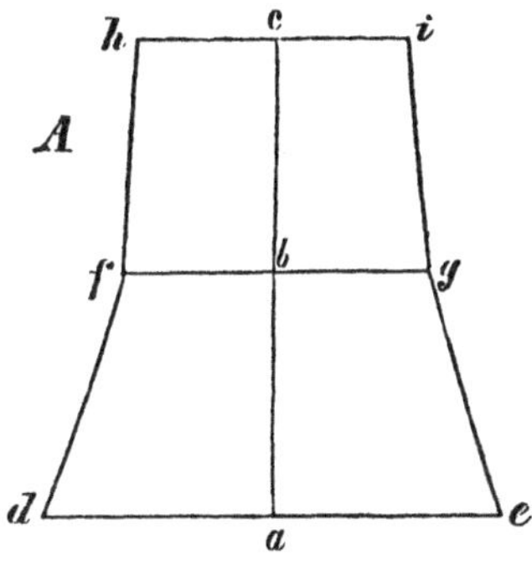

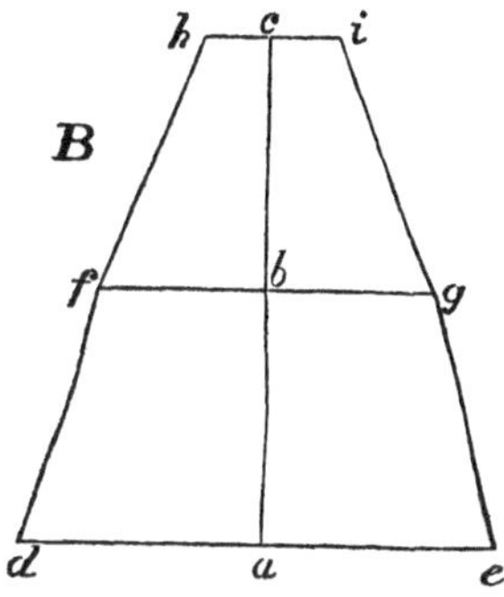

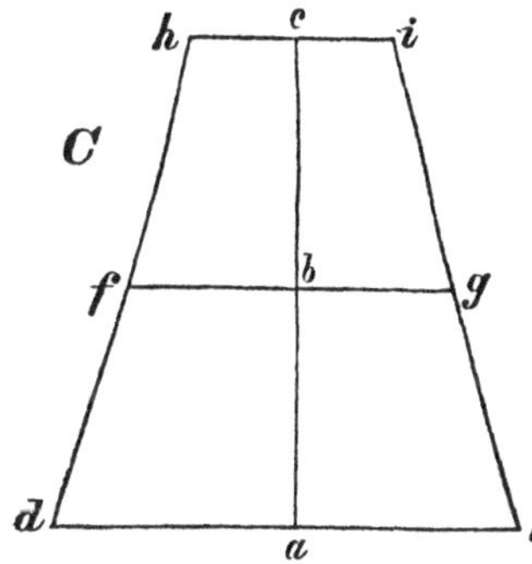

Es sei nun

1. in allen drei Figuren a c in b halbirt, also a b = b c.
2. der Durchmesser d e in allen drei Figuren 24 Zoll lang.
3. der Durchmesser f g in allen drei Figuren 18 Zoll lang.
4. der Durchmesser h i dagegen
bei A = 16 Zoll
„ B = 8 „
„ C = 12 „

1. Dann ist in der Figur A der Durchmesser f g sechs Zoll kürzer als der Durchmesser d e (24″ — 18″ = 6″). Diese Differenz will ich den Abfall des Stammes von a bis b nennen.

Von a bis b beträgt der Abfall des Stammes also 6 Zoll. Dagegen ist der Durchmesser h i nur um 2 Zoll kürzer als der Durchmesser f g (18″ — 16″ = 2″). Der Abfall des Stammes von b bis c beträgt daher nur 2 Zoll.

Bei dem Abschnitt A ist also der Abfall des untern Theiles
= 6 Zoll
des obern Theiles
= 2 Zoll,
der Abfall des obern Theiles ist daher kleiner als der Abfall des untern Theiles. Wo dieses Verhältniß stattfindet, da entsteht bei f eine Einbiegung nach der Achse des Stammes hin.

2. Bei dem Abschnitt B beträgt der Abfall von a bis b ebenfalls (24 — 18) = 6 Zoll. Der Abfall von b bis c dagegen beträgt (18 — 8) = 10 Zoll. Bei B ist also der Abfall des obern Theiles

größer als der Abfall des **untern** Theiles, und wo dieses Ver=
hältniß stattfindet, da entsteht bei f eine Ausbiegung.

3. Bei C beträgt der Abfall von **a** bis **b** wie in den beiden vor=
hergehenden Fällen 6 Zoll. Der Abfall von b bis c beträgt
aber gleichfalls (18 − 12) = 6 Zoll. Der Abfall des obern Theiles
ist also bei C eben so groß als der Abfall des untern Theiles,
und wo dieses Verhältniß stattfindet, da findet bei f weder eine
Ein= noch eine Ausbiegung statt.

Daß bei f der Stamm=Abschnitt A eine Einbiegung, der
Abschnitt B eine Ausbiegung, der Abschnitt C dagegen weder
eine Ein= noch Ausbiegung hat, finden wir durch den Augen=
schein, sobald wir diese drei Abschnitte, wie ich es gethan habe,
auf das Papier auftragen. Das Auftragen ist aber eine müh=
same, zeitraubende Arbeit, durch welche man die Ein= und Aus=
biegungen wohl für einzelne Theile der Mantellinie finden, und
allenfalls noch einige ganze Mantellinien darstellen kann, an
welcher wir aber vollständig erlahmen müssen, sobald es darauf
ankommt, die Ein= und Ausbiegungen für Hunderte und Tau=
sende von Mantellinien zu ermitteln.

Ich habe mir deshalb die Frage vorgelegt, ob es nicht möglich
sei, die Ein= und Ausbiegungen auch durch Berechnung zu finden
und die Mantellinie anstatt durch eine Zeichnung, durch **Zahlen**
darzustellen. Zu meiner Beschämung muß ich bekennen, daß mich
diese Frage längere Zeit beschäftigt hat, während die Antwort doch
so außerordentlich nahe liegt.

Wenn bei A der Abfall des obern Theiles kleiner als der Ab=
fall des untern Theiles ist, so muß, wenn man den Abfall des obern
Theiles von dem Abfall des untern Theiles abzieht, eine **positive**
Zahl entstehen $6 - 2 = + 4.$

Wenn dagegen bei B der Abfall des obern Theiles **größer** ist
als der Abfall des untern, so muß, wenn man erstern von letzterm
abzieht, eine **negative** Zahl entstehen.
$$6 - 10 = - 4.$$

Und wenn bei C der Abfall des obern Theiles eben so groß ist als
der Abfall des **untern** Theiles, so muß die Subtraction natürlich Null
ergeben $6 - 6 = 0.$

Die Ein= und Ausbiegungen lassen sich also allerdings und zwar ganz leicht und einfach durch Berechnung finden, sobald die Länge dreier Durchmesser bekannt ist, denn wenn die Differenz zwischen dem Abfall des obern und untern Theiles des Stammabschnittes eine positive Zahl ist, so findet in der Mitte eine Einbiegung, wenn sie eine negative Zahl ist, eine Ausbiegung und wenn sie Null ist, weder eine Ein= noch Ausbiegung statt.

Bedingung ist hierbei nur, daß der mittelste der drei Durchmesser von den beiden andern gleich weit entfernt ist. Unter dieser Voraussetzung ist die Regel richtig, die Differenz zwischen dem Abfalle des obern und untern Theiles des Stammabschnittes mag so groß oder so klein sein als sie wolle, und der Stammabschnitt selbst mag 1 Fuß oder 12 Fuß oder 50 Fuß lang sein.

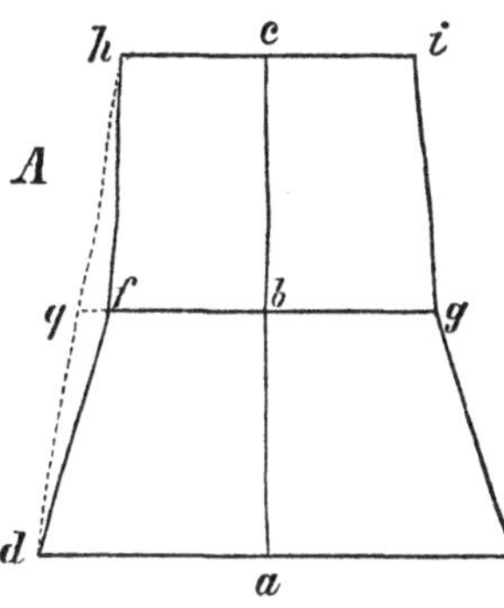

Die Einbiegung bei f läßt sich auf verschiedene Weise messen. Ich benutze als Maßstab die Verlängerung des Halbmessers bf bis dahin wo dieselbe die Linie hd schneidet. Wenn ich daher sage: die Einbiegung bei f beträgt für die Höhe ac = x Zoll, so verstehe ich unter x die Länge der Linie fq.

Es läßt sich mathematisch beweisen, daß wenn in der Figur A die Differenz zwischen dem Abfall des obern und untern Theiles + 4 ist, die Linie fq einen Zoll lang sein muß, und daß überhaupt die Einbiegung bei f für die Höhe ac stets den vierten Theil der Differenz zwischen dem Abfall des obern und untern Theiles des Abschnittes beträgt.*)

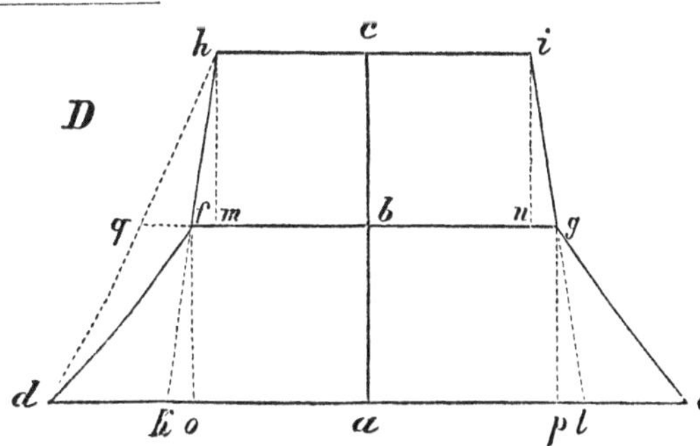

*) Es soll bewiesen werden, daß fq den vierten Theil der Differenz zwischen dem Abfall des obern und untern Theiles des Baumklotzes D beträgt. Zu diesem Behuf verlängere man hf bis k und ig bis l, dann ist

Was von den Einbiegungen gilt, gilt auch von den Ausbiegungen.

Die Differenz zwischen dem Abfall des obern und untern Theiles eines Abschnittes (im vorliegenden Falle bei A + 4 und bei B — 4) ist also eine Zahl, welche die Ein= oder Ausbiegung nicht selbst angiebt, sondern welche man erst mit 4 dividiren muß um die Ein= oder Ausbiegung zu finden; ich nenne diese Zahl deshalb die Ziffer für die Ein= und Ausbiegungen. Und da man die Formen der Mantellinie eben so gut nach den Ziffern der Ein= und Ausbiegungen als nach den letztern selbst beurtheilen kann, so werde ich meine Berechnungen in der Regel nur bis zur Ermittelung der Ziffer fortsetzen. Du weißt ja, was Du hierunter zu verstehen hast, und kannst ja leicht die Division mit der 4 noch bewirken, wenn es Dir in einzelnen Fällen darauf ankommen sollte, die Ein= und Ausbiegungen selbst zu ermitteln.

Ich gehe jetzt von der für einen einzelnen Abschnitt der Mantellinie angelegten Berechnung zur Darstellung der ganzen Mantellinie über.

Wenn Du eine Kiefer von 83' Höhe in 13 Walzen (eigentlich abgestumpfte Kegel) von je 6' Länge theilst, und von jeder Walze den mittlern Durchmesser mißt, so hast Du zuvörderst den Schaft bei 3, 9, 15, 21, 27, 33, 39, 45, 51, 57, 63, 69 und 75' Höhe gemessen und oben noch einen Kegel von 5' Länge übrig behalten.

---

1. $kd + le =$ der Differenz zwischen dem Abfall des obern und untern Theiles des Baumklotzes D und

2. $fq = \dfrac{kd + le}{4}$

Beweis ad 1.

Zieht man die 4 Perpendikel hm, in, fo, gp, so sind die Dreiecke hmf und fok so wie ing und gpl congruent. Es ist daher auch mf = ko und ng = pl. Der Abfall des obern Theiles (von b bis c) ist = mf + ng also auch = ok + pl. Der Abfall des untern Theiles dagegen (von a bis b) ist = od + pe. Die Differenz zwischen dem Abfall des obern und untern Theiles ist also = (od + pe) — (ok + pl) oder = kd + le.

Beweis ad 2.

Da fq und kd parallel laufen, so verhält sich hf : fq = hk : kd. Es ist aber $hf = \dfrac{hk}{2}$ folglich ist auch $fq = \dfrac{kd}{2}$ oder $= \dfrac{2 \cdot kd}{4}$. Es ist aber ferner

$kd = le$ also auch $2 . kd = kd + le$, folglich auch $fq = \dfrac{kd + le}{4}$.

(Bemerkung des Verfassers.)

Die Durchmesser mögen betragen:

$$\begin{aligned}
\text{bei } 75' \text{ Höhe } & 3,'' \\
\text{„ } 69' \text{ „ } & 4{,}5'' \\
\text{„ } 63' \text{ „ } & 6,'' \\
\text{„ } 57' \text{ „ } & 7{,}5'' \\
\text{„ } 51' \text{ „ } & 8{,}25'' \\
\text{„ } 45' \text{ „ } & 9,'' \\
\text{„ } 39' \text{ „ } & 9{,}75'' \\
\text{„ } 33' \text{ „ } & 10{,}5'' \\
\text{„ } 27' \text{ „ } & 11{,}25'' \\
\text{„ } 21' \text{ „ } & 12,'' \\
\text{„ } 15' \text{ „ } & 12{,}75'' \\
\text{„ } 9' \text{ „ } & 13{,}5'' \\
\text{„ } 3' \text{ „ } & 15{,}5''
\end{aligned}$$

Ziehe nun den Durchmesser bei 9' von dem Durchmesser bei 3' ab, um den Abfall von 3' bis 9' Höhe zu finden, ziehe eben so den Durchmesser bei 15' von dem Durchmesser bei 9', den Durchmesser bei 21' von dem Durchmesser bei 15' u. s. w. ab, so erhältst Du den Abfall von der Mitte jeder einzelnen Walze bis zur Mitte der nächstfolgenden. Suchst Du nun endlich noch die Differenz zwischen dem Abfall der zweiten und ersten, der dritten und zweiten, der vierten und dritten Walze u. s. w., so ersiehst Du aus diesen Differenzen ob und wo in der Mantellinie des Schaftes Einbiegungen oder Ausbiegungen vorkommen. Also:

2	3	7	8
Höhe in Fußen	Durch= messer in Zollen	Abfall von 6 zu 6 Fuß Zoll	Ziffer für die Ein= u. Aus= biegungen
83	0		
75	3,	(2,25)	(− 0,75)
69	4,5	1,50	0
63	6,	1,50	0
57	7,5	1,50	− 0,75
51	8,25	0,75	0
45	9,	0,75	0
39	9,75	0,75	0
33	10,5	0,75	0
27	11,25	0,75	0
21	12,	0,75	0
15	12,75	0,75	0
9	13,5	0,75	+ 1,25
3	15,5	2,	

8

Der Abfall von 3′ bis 9′ beträgt (15,5 — 13,5). . . $= 2''$
der Abfall von 9′ bis 15′ (13,5 — 12,75) . . . . $= 0,75''$

Die Differenz des Abfalles der ersten und zweiten Walze, oder, was dasselbe ist, die Ziffer für die Ein= oder Aus=biegung bei 9′ Höhe beträgt also . . . . $= + 1,25''$

Aus dem $+$ Zeichen ersehen wir, daß die Mantellinie bei 9′ Höhe eine Einbiegung hat. Die Ziffer für diese Einbiegung beträgt $+ 1,25$ und wenn wir die Einbiegung selbst berechnen wollen, so er=halten wir $\frac{1,25}{4} = 0,31$ Zoll. Wenn wir daher eine ganz grade 12′ lange Stange so an den vorgedachten Stamm anlegen, daß das eine Ende der Stange den Stamm bei 3′ Höhe und das andere Ende denselben bei 15′ Höhe berührt, so müssen wir bei 9′ Höhe zwischen der Stange und dem Stamm einen Zwischenraum erblicken, welcher $0,31''$ oder etwa $\frac{1}{3}$ Zoll beträgt.

Ferner:
Der Abfall von 9′ bis 15′ beträgt. . . . . $= 0,75''$
der Abfall von 15′ bis 21′ . . . . $= 0,75''$
bei 15′ Höhe erhalten wir daher als Ziffer. . . . . . $= 0$
d. h. bei 15′ Höhe hat die Mantellinie weder eine Ein= noch Aus=biegung.

Dasselbe findet statt bei 21′, 27′, 33′, 39′, 45′, 51′ Höhe.

Ferner:
Der Abfall von 51′ bis 57′ Höhe beträgt . . . . . . $= 0,75''$
   ″   ″   ″ 57′ ″ 63′   ″   ″ . . . . $= 1,50''$
bei 57′ Höhe findet also eine Ausbiegung mit der Ziffer . $- 0,75$
statt und die Ausbiegung selbst beträgt $\frac{0,75''}{4} = 0,19''$.

Zur Ermittelung der Ein= oder Ausbiegung bei 75′ Höhe muß noch eine besondere Berechnung angelegt werden. Von 75′ bis 83′ Höhe beträgt der Abfall 3″. Dieser Abfall findet aber nicht auf 6′ sondern auf 8′ Höhe statt. Auf 6′ Länge reducirt beträgt derselbe nur $\frac{6}{8} \times 3'' = 2,25''$.

Also:
Der Abfall von 69′ — 75′ beträgt. . . . . $= 1,50''$
   ″   ″   ″ 75′ — 83′ ″ . . . . $= 2,25''$
bei 75′ Höhe hat die Mantellinie eine zweite Ausbiegung und zwar mit der Ziffer . . . . $- 0,75$

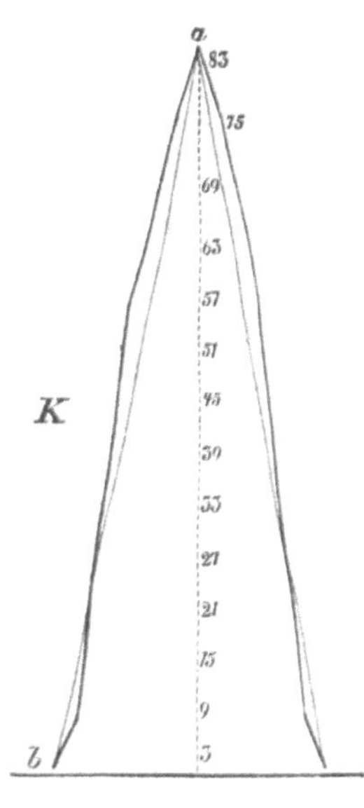

Ich habe hier denselben Schaft, dessen Ein= und Ausbiegungen wir so eben berechnet haben, aufgetragen. Dabei habe ich mich aber eines 24 mal größern Maßstabes zum Auftragen der Durchmesser als zum Auftragen der Längen bedienen müssen, weil, wenn ich für beide denselben Maßstab angewendet hätte, entweder das Papier nicht ausgereicht, oder die Zeichnung nicht deutlich genug Dasjenige dargestellt haben würde, was sie darstellen soll. Du darfst also bei der Betrachtung des Stammes K nicht unbeachtet lassen, daß die Zeichnung der Wirklichkeit nicht ganz entspricht, weil ein anderer Maßstab für die Höhe, wie für die Durchmesser angewendet ist, und daß eben deshalb die Ein= und Ausbiegungen nach dieser Zeichnung greller hervortreten müssen als in der Wirklichkeit. Hiervon abgesehen, findest Du aber zwischen der Zeichnung und zwischen den Ziffern der Colonne 8 die vollkommenste Uebereinstimmung. Aus beiden ersiehst Du, daß die Mantellinie bei 9' Höhe eine Einbiegung hat, dann bis zu 57' Höhe in grader Linie fortläuft, wo sie die erste Ausbiegung hat und dann wieder bis zu 75' Höhe in grader Linie fortläuft, wo die zweite Ausbiegung eintritt.

Die Mantellinie des Stammes K hat nach unserer Zeichnung drei scharfe Ecken, weil wir dieselbe bei dem Auftragen als eine Aneinanderreihung von vielen graden Linien behandelt haben, was sie in der Wirklichkeit nicht ist. Runden wir diese Ecken der Linie a b ab, so erhalten wir die nebenstehende Figur, welche man, wenn man es mit der Kalligraphie nicht genau nimmt, für ein lateinisches ∫ ansehen kann.

Auf diese ∫ Form werde ich noch öfters zurückkommen.

Das Problem, die Ein= und Ausbiegungen der Mantellinie durch Berechnung statt durch Zeichnung darzustellen, ist also jetzt gelöst, und dadurch ist nunmehr die Möglichkeit gegeben, die Mantellinien für eine große Anzahl von Stämmen darzustellen. Ich habe in derselben Weise, wie für den Stamm **K**, für 567 Kiefern, welche theils von mir selbst, theils nach meiner Anleitung von zuverlässigen Forstbeamten aufgemessen sind, die Ziffern der Ein= und Ausbiegungen berechnet, und aus diesen wieder für die Anlage a. 100 Kiefern so ausgewählt, daß daraus nicht nur in Bezug auf die Ein= und Ausbiegungen, sondern auch auf viele andere, zum Theil ungleich wichtigere Punkte, auf welche ich später eingehen werde, einerseits die Regel und andererseits die Ausnahme zu ersehen ist.

Laß bei der Betrachtung dieser Nachweisung die Colonnen 4, 5 und 6 vorläufig noch ganz unberücksichtigt und richte Deine Aufmerksamkeit ausschließlich auf die Colonnen 2, 3, 7 und insbesondere auf Colonne 8. Zu Colonne 3 muß ich noch bemerken, daß ich die Vermessung der Durchmesser nur bis zu denjenigen 6 Fuß langen Walzen fortgesetzt habe, deren mittlerer Durchmesser noch mindestens 3 Zoll betrug. Hierzu bestimmte mich allerdings zunächst der Umstand, daß nach den für die Preußischen Staatsforsten bestehenden Vorschriften, Walzen von weniger als 3 Zoll Durchmesser nicht mehr in das Derbholz sondern in das Reisholz gelegt werden, auf welches ich meine Untersuchungen überall nicht ausgedehnt habe. Indessen waltet doch auch noch ein anderer und zwar tiefer liegender Grund vor, wenigstens bei stärkern Kiefern die Messungen nicht bis in die äußerste Spitze fortzusetzen. Die Kiefer zeigt im höhern Alter eine starke Neigung, sich in ihrem oberen Theile zu verästeln; sie bildet in dieser Beziehung den Uebergang von den andern Nadelholzarten, (Tanne, Fichte, Lerche,) bei welchen diese Neigung in einem geringern Grade hervortritt, zu den meisten Laubholzarten, bei welchen der Schaft sich schon frühzeitig gewissermaßen in lauter Aeste auflöst. Messungen bis zu 1 Zoll Stärke könnten daher nur bei jüngern Kiefern, bei welchen der Mitteltrieb noch vollkommen vorhanden ist, einen wissenschaftlichen Werth haben, bei ältern Kiefern würde die Fortsetzung der Messungen bis zu 1 Zoll Stärke ein unfruchtbares Unternehmen sein, weil man zuletzt keinen Schaft mehr vor sich hätte, sondern irgend einen beliebigen Ast messen müßte.

Die Weglassung aller Walzen von weniger als 3″ mittlerm Durchmesser hat übrigens zur Folge gehabt, daß Stämme von 30—34′ Länge in der Regel nur bis zu 21′ Höhe,

Stämme von 35 — 39′ Länge bis 27′ Höhe,

„ „ 40 — 49′ „ „ 33′ „

„ „ 50 — 54′ „ „ 39′ „

„ „ 55 — 59′ „ „ 45′ „

„ „ 60 — 69′ „ „ 51′ „

„ „ 70 — 74′ „ „ 57′ „

„ „ 75 — 79′ „ „ 63′ „

„ „ 80 — 89′ „ „ 75′ „

„ „ 90 — 99′ „ „ 81′ „

gemessen sind. Einzelne Stämme machen hiervon jedoch zuweilen erhebliche Ausnahmen.

Stämme, deren letzte sechsfüßige Walze bei 21′ Höhe gemessen ist, (welche also in der Regel eine Länge von 30 — 35′ haben werden) können $(3 \times 9) = 27$ verschiedene Formen annehmen

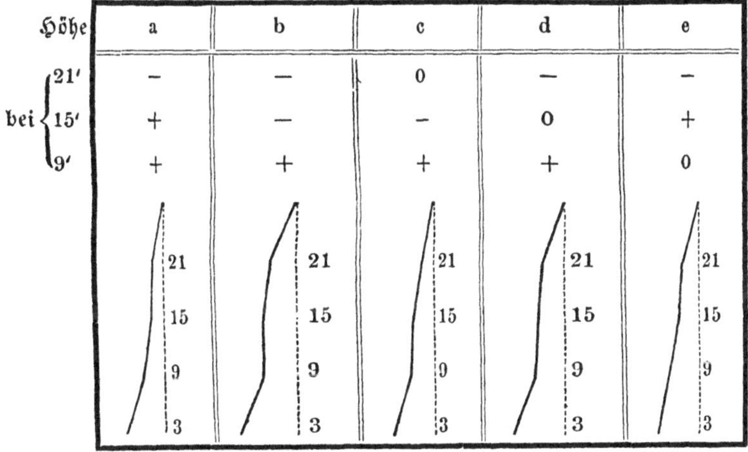

Höhe	a	b	c	d	e
21′	−	−	0	−	−
bei 15′	+	−	−	0	+
9′	+	+	+	+	0

Höhe		f	g	h	i	k	l	m	n	o	p	q
bei	21'	+	o	+	+	0	+	−	0	+	−	o
	15'	+	+	−	0	0	+	+	+	−	−	−
	9'	+	+	+	+	+	−	−	−	−	−	−

Höhe		r	s	st	sch	t	u	v	w	x	y	z
bei	21'	+	−	0	+	0	+	−	0	+	−	o
	15'	0	0	0	+	+	−	−	−	0	0	o
	9'	−	−	−	0	0	0	0	0	0	0	o

von denen die 5 ersten bei Kiefern von 30 — 35' Länge am häufigsten vorkommen und sich sämmtlich auf die schon bei dem Stamm K wahrgenommene ∫ Form zurückführen lassen. Von den Formen f bis z, von denen keine einzige der ∫ Form angehört, kommen mehrere, z. B. f, g, i, k, sch, t, x und z wohl bei keiner Holzart und meh= rere andere wenigstens bei der Kiefer nicht vor, während die Formen v und y auch bei Kiefern nicht ungewöhnlich, und bei Fichten von 30 — 40' Höhe wahrscheinlich die vorherrschenden Formen sind.

Bei den 8 Kiefern der Nachweisung a, welche nur bis 21' Höhe gemessen sind (1, 2, 3, 4, 5, 6, 7 und 9), gehören die Mantellinien von sechs Stämmen der ∫ Form an, nämlich Nr. 1 und 6, welche nach Ausweis der Colonne 8 die Form von a und Nr. 4, 5, 7 und 9, welche die Form von d annehmen. Dagegen hat Nr. 3 die Form von y und Nr. 2 sogar die ungewöhnliche Form von m.

Stämme deren letzte Walze bei 27' Höhe gemessen wird (also Stämme von pr. pr. 35 — 40' Höhe) können $3 \times 27 = 81$ verschiedene Formen annehmen.

Hiervon sind bei Kiefern die gewöhnlichsten

−	−	−	0	−	−	−	0
−	−	0	0	−	0	−	−
+	−	−	−	0	0	+	+
+	+	+	+	+	+	0	0

und von den 9 Kiefern der Nachweisung a, welche bis 27' Höhe gemessen sind (8, 10, 11, 12, 13, 14, 15, 17 und 21), nehmen acht die eine oder die andere dieser Formen, welche sämmtlich der ∫ Form angehören, an. Der Stamm Nr. 14 dagegen hat die selten vorkommende Form

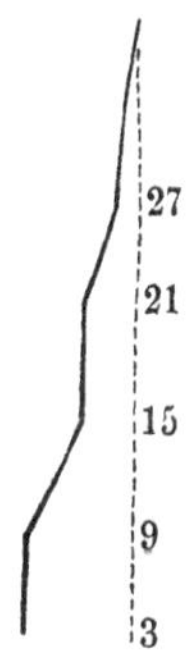

Stämme, deren letzte Walze, bei

33'	Höhe gemessen wird, können				243
39'	"	"	"	"	729
45'	"	"	"	"	2,187
51'	"	"	"	"	6,561
57'	"	"	"	"	19,683
63'	"	"	"	"	59,049

69' Höhe gemessen wird, können 177,147
75'   „   „   „   „   531,441
81'   „   „   „   „   1,594,323
87'   „   „   „   „   4,782,969

verschiedene Formen annehmen.

Ob die Mantellinie eines Schaftes der $\int$ Form angehört oder nicht, ist aus der Colonne 8 leicht zu erkennen. Sobald nämlich von unten nach oben das erste — Zeichen eingetreten ist, darf, wenn die Mantellinie der $\int$ Form angehören soll, höher hinauf kein + Zeichen mehr vorkommen. Wenn man daher die 243 Formen für die bis 33' Höhe gemessenen Kiefern auch nicht aufzeichnet, so kann man aus der Colonne 8 der Nachweisung a doch leicht ersehen, daß von den bis 33' Höhe gemessenen Kiefern nur die Stämme 16, 18, 19 und 24 die $\int$ Form annehmen, die Stämme 20, 23 und 27 dagegen nicht. Eben so wirst Du bei weiterer Durchsicht der Nachweisung a leicht herausfinden, daß von den bis 57', 63', 75', 81' und 87' gemessenen Kiefern kein einziger Stamm die $\int$ Form annimmt, und daß sich von den bis 69' Höhe gemessenen Kiefern nur die Stämme 62 und 71 auf diese zurückführen lassen.

Mit zunehmender Höhe der Stämme treten also die Abweichungen von der reinen $\int$ Form immer häufiger ein. Dieß liegt hauptsächlich darin, daß mit zunehmender Höhe und Stärke des Schaftes auch stärkere Aeste hervortreten, daß hinter jedem starken Ast der Schaft in der Regel bedeutend abfällt und dadurch eine Einbiegung an einer Stelle entsteht, wo, wenn die Form eine ganz regelmäßige sein sollte, eine Ausbiegung stattfinden müßte.

Ich bin übrigens, obgleich ich die $\int$ Form bei Kiefern für die regelmäßigste Form ansehe, doch weit davon entfernt, jeden Schaft, welcher an irgend einer Stelle eine geringe Abweichung von dieser Form hat, einen unregelmäßigen zu nennen. Unter „unregelmäßig" verstehe ich etwas ganz anderes, als eine unbedeutende Abweichung von der $\int$ Form. Unregelmäßig nenne ich z. B. eine Kiefer, welche sich bei einer gewissen Höhe in zwei oder mehrere Schäfte theilt, oder eine Kiefer, welche durch irgend eine Beschädigung den Gipfel verloren hat, oder eine Kiefer, welche bei 4' Höhe einen Auswuchs hat und daselbst stärker ist als bei 2' Höhe u. dergl. m. Unregelmäßige Stämme — in diesem Sinne — können zu wissenschaftlichen Untersuchungen gar nicht mehr benutzt werden, während sehr viele Stämme von einer andern als der *∫* Form nicht nur benutzt werden können, sondern sogar benutzt werden müssen, weil eben Kiefern von 70' Höhe und darüber fast immer eine oder mehrere kleine Abweichungen von der reinen *∫* Form haben.

Es entgeht mir hierbei nicht, daß wenn man die Ausdrücke „regelmäßig" und „unregelmäßig" in dem von mir bezeichneten Sinne gebraucht, und zu den regelmäßigen Formen auch noch solche rechnet, welche es im strengsten Sinne des Wortes nicht mehr sind, daß dann eine bestimmte Grenze zwischen den regelmäßigen und den unregelmäßigen Formen überhaupt nicht mehr besteht, daß es vielmehr lediglich der individuellen Ansicht dessen, welcher sich der Mühe unterzieht, über die Form der Bäume Untersuchungen anzustellen, überlassen bleiben muß, wo er diese Grenze annehmen will. Da die Ansichten hierüber aber sehr weit auseinandergehen können, so ist dieß ein nicht zu verkennender, zugleich aber auch auf keine Weise zu beseitigender Uebelstand.

Das Schlimmste bei der Sache ist aber, daß Niemand im Stande ist, durch Worte die Grenze zu bezeichnen, welche er selbst gezogen hat, und daß diese Grenze einem Dritten eigentlich nur im Walde vollkommen anschaulich gemacht werden kann. Einigermaßen kann man zwar auch durch Beispiele auf dem Papier zeigen, innerhalb welcher Grenzen man sich bewegt hat, indessen bleibt dieß doch immer nur ein dürftiges Auskunftsmittel, weil keine Zeichnung — auch die vollkommenste nicht — und keine Berechnung die unmittelbare Anschauung im Walde vollständig ersetzen kann. Und doch muß ich, da es mir in der nächsten Zeit nicht vergönnt sein wird, Dir in Deinem eigenen Walde den Unterschied zwischen „regelmäßigen" und „unregelmäßigen" Stämmen zu zeigen, zu diesem Nothbehelf jetzt meine Zuflucht nehmen. Ich habe deshalb in die Nachweisung a. fünf Stämme aufgenommen, welche der Grenze zwischen beiden Bezeichnungen sehr nahe stehen, von denen aber nur der Stamm Nr. 42 von mir zu den unregelmäßigen Stämmen gerechnet ist, während die Stämme Nr. 14, 51, 56 und 61 von mir noch zu den regelmäßigen Stämmen gerechnet werden. Der Stamm Nr. 42 muß also bei allen Betrachtungen, welche wir fernerhin anstellen, bei allen Berechnungen, welche wir anlegen werden, ganz unberücksichtigt bleiben; er hat seinen Zweck jetzt erfüllt, und wir haben es fernerhin nicht mehr mit 100 sondern nur noch mit 99 Stämmen der Nachweisung a. zu thun.

Aus den angeführten Beispielen ersiehst Du übrigens, daß ich für den Begriff der Regelmäßigkeit ziemlich enge Grenzen ziehe, und es kann hiernach unter besonders ungünstigen Verhältnissen wohl der Fall eintreten, daß in einer Bestandsabtheilung mehr unregelmäßige Stämme — in dem von mir bezeichneten Sinne — als regelmäßige Stämme anzutreffen sind.

Von den 99 Stämmen der Nachweisung a. gehören die ersten 14 Stämme der Längenklasse von 30—39′ an. Wenn wir die Ziffern für die Ein= und Ausbiegungen dieser 14 Stämme in nachstehender Weise zusammenstellen

Nr. des Stammes	Länge des Stammes	Durchmesser bei 3′ Höhe	Ziffer für die Ein= und Ausbiegungen			
	Fuße	Zoll	bei 9′	bei 15′	bei 21′	bei 27′
					Höhe	
1	32	5,	+ 0,25	+ 0,50	− 1,39	
2	35	5,	− 0,25	+ 0,50	− 1,25	
3	30	5,50	0	0	− 1,42	
4	35	6,	+ 0,75	0	− 1,11	
5	33	6,	+ 0,25	0	− 1,	
6	33	6,25	+ 0,25	+ 0,25	− 0,88	
7	32	6,25	+ 0,50	0	− 1,16	
8	36	6,25	+ 0,50	− 0,25	− 0,25	− 1,
9	30	6,50	+ 0,25	0	− 1,17	
10	36	7,25	+ 0,75	0	− 0,50	− 0,75
11	38	7,50	+ 0,25	− 0,25	− 0,25	− 0,66
12	39	7,75	+ 0,75	− 0,75	0	− 0,50
13	38	8,75	+ 1,	0	− 0,75	− 0,68
14	39	9,50	− 1,25	+ 1,25	− 2,25	+ 1,50
Summa			+ 5,50	+ 2,50		
			− 1,50	− 1,25	− 13,38	
compensirt			+ 4,	+ 1,25	− 13,38	

so erhalten wir durchschnittlich für jeden der 14 Stämme

1. bei 9' Höhe eine Einbiegung mit der Ziffer $+ \dfrac{4}{14} = + 0{,}29$

2. bei 15' Höhe eine Einbiegung mit der Ziffer $+ \dfrac{1{,}25}{14} = + 0{,}09$

3. bei 21' Höhe eine Ausbiegung mit der Ziffer $- \dfrac{13{,}38}{14} = - 0{,}96$

Bei 27' Höhe haben von den 14 Stämmen 8 Stämme weniger als 3" Durchmesser gehabt, und es ist daher nur von 6 Stämmen der Durchmesser von mir notirt worden; ich bedaure jetzt, daß ich bei schwächeren Stämmen, welche ihren Schaft in der Regel noch bis zur Spitze der Krone durchführen, und bei welchen die der Kiefer im höhern Alter eigenthümliche Veräftelung der Krone noch nicht eingetreten ist, die Vermessung nicht weiter als bis zu 3" Stärke fortgesetzt habe. Es waren jedoch Anfangs ganz andere Zwecke, als die Berechnung der Ein= und Ausbiegungen, welche ich bei der Vermessung der Stämme verfolgte, und als ich späterhin zu letzterer überging, war es nicht mehr möglich das Versäumte nachzuholen. Unter diesen Umständen habe ich bei der Längenklasse von 30' bis 39' eine Durchschnittszahl für die Ein= und Ausbiegung bei 27' Höhe nicht mehr berechnet, sowie ich auch weiterhin mit den Durchschnittsberechnungen überall aufgehört habe, sobald auch nur bei einem Stamme die Vermessung der entsprechenden Walze nicht mehr stattgefunden hatte.

In gleicher Weise wie für die Längenklasse von 30'—39' lassen sich natürlich auch für alle andern Längenklassen die Ziffern der Ein= und Ausbiegungen zusammenstellen und Durchschnittszahlen für den einzelnen Stamm daraus berechnen. Für die 99 Stämme der Nachweisung a. habe ich eine solche Zusammenstellung und Berechnung in der Anlage b. bewirkt, welche die Ein= und Ausbiegungen der in der Nachweisung a. enthaltenen 99 Stämme zugleich gedrängter und ohne alle fremde Beimischung, mithin übersichtlicher, wiedergiebt. Die Anlage b. stellt die Stämme jedoch gewissermaßen als liegende, die Nachweisung a. dagegen, als stehende Stämme dar.

Ich bin aber noch weiter gegangen und habe in derselben Weise auch eine Zusammenstellung von denjenigen 567 Kiefern gemacht, von welchen ich die Ein= und Ausbiegungen überhaupt berechnet habe, und füge auf der nachfolgenden Seite auch aus dieser Zusammen-

I. ſtellung einen Auszug (I.) bei. Und da in den 567 Kiefern die 99 Kiefern der Nachweiſung a. mit enthalten ſind, die Durchſchnittszahlen aber ſtets einen um ſo höheren Werth haben, je größer die Anzahl der Stämme iſt, aus denen ſie gezogen ſind, ſo werde ich die weitern Betrachtungen nicht an die Durchſchnittszahlen der Nachweiſung b., ſondern an die Durchſchnittszahlen der nebenſtehenden Zuſammen= ſtellung I. anknüpfen.

Auf der erſten Zeile dieſer Zuſammenſtellung I. befinden ſich 11 Stämme, von denen jeder einzelne zwiſchen 30' bis 39' Länge und zwiſchen 4—6,75" Durchmeſſer bei 3' Höhe hat. Auf der zweiten Zeile befinden ſich 10 Stämme, von denen jeder einzelne wieder zwiſchen 30—39' Länge, dagegen aber zwiſchen 7—9,75" Durchmeſſer bei 3' Höhe hat, u. ſ. w. u. ſ. w.

Für die einzelnen Längenklaſſen habe ich dann ſowohl die Anzahl der Stämme als die Ziffern der Ein= und Ausbiegungen addirt und am Schluſſe der Nachweiſung recapitulirt und aus dieſer Recapitula= tion wollen wir nun die Durchſchnittsziffern für den einzelnen Stamm jeder Längenklaſſe ziehen. Wir erhalten dann folgendes Reſultat:

Bei	Längenklaſſen und Anzahl der Stämme						
	(24)	(55)	(95)	(145)	(84)	(138)	(26)
	30'—39'	40'—49'	50'—59'	60'—69'	70'—79'	80'—89'	90'—99'
75'							— 0,25
69'							— 0,43
63'						— 0,36	— 0,15
57'						— 0,18	— 0,32
51'					— 0,33	— 0,19	+ 0,05
45'				— 0,36	— 0,18	— 0,20	— 0,08
39'				— 0,24	— 0,18	— 0,05	— 0,15
33'			— 0,37	— 0,20	— 0,04	— 0,05	— 0,01
27'		— 0,35	— 0,13	— 0,06	— 0,08	— 0,01	0
21'	— 0,82	— 0,26	— 0,08	— 0,02	— 0,04	+ 0,05	— 0,07
15'	+ 0,03	— 0,05	+ 0,13	+ 0,21	+ 0,24	+ 0,15	+ 0,31
9'	+ 0,44	+ 0,53	+ 0,60	+ 0,65	+ 0,77	+ 1,03	+ 1,20
Höhe							

I.

Längen-klasse	Stärken-klasse	Anzahl der Stämme	Ziffern für die Ein- und Ausbiegungen bei											
			9'	15'	21'	27'	33'	39'	45'	51'	57'	63'	69'	75'
30—39	4—6,75	11	+4,	+0,75	−11,46									
"	7—9,75	10	+3,50	0	−6,93									
"	10—12,75	2	+1,50	+0,25	−0,25									
"	13—15,75	1	+1,50	−0,25	−1,									
		24	+10,50	+0,75	−19,64									
40—49	4—6,75	5	+2,25	−0,25	−0,50	−2,93								
"	7—9,75	22	+11,	0	−4,75	−9,11								
"	10—12,75	21	+12,75	−2,25	−7,50	−5,83								
"	13—15,75	6	+2,75	+0,50	−1,50	−1,								
"	16—18,75	1	+0,50	−0,50	−0,25	−0,25								
		55	+29,25	−2,50	−14,50	−19,12								
50—59	4—6,75	4	+1,25	−0,25	+1,	−2,	−1,49							
"	7—9,75	24	+13,25	+1,	−0,75	−2,25	−8,94							
"	10—12,75	30	+18,75	+4,75	−1,	+1,	−9,09							
"	13—15,75	27	+16,25	+7,	−4,	−6,	−9,75							
"	16—18,75	9	+6,50	+2,50	−1,25	−3,50	−6,							
"	19—21,75	1	+1,25	−0,50	−1,50	+0,75	−0,25							
		95	+57,25	+14,50	−7,50	−12,	−35,52							
60—69	7—9,75	13	+4,	+2,75	0	−0,75	−0,75	−2,	−4,26					
"	10—12,75	63	+44,50	+8,25	−1,50	−3,50	−10,25	−16,50	−20,41					
"	13—15,75	49	+29,50	+12,25	−3,	−2,50	−9,75	−12,25	−21,					
"	16—18,75	13	+12,	+1,75	+1,50	−0,25	−7,25	−3,25	−0,75					
"	19—21,75	7	+3,75	+5,75	−0,25	−2,25	−1,50	−0,25	−6,25					
		145	+93,75	+30,75	−3,25	−9,25	−29,50	−34,25	−52,67					
70—79	7—9,75	7	+3,75	+0,75	+0,25	+0,50	−0,25	−1,25	−0,50	+0,65				
"	10—12,75	19	+13,75	+4,25	−2,50	−0,50	+2,	−1,50	−6,50	+0,50				
"	13—15,75	27	+21,75	+4,75	+1,	−3,25	−5,	−4,75	−0,25	−14,50				
"	16—18,75	22	+19,	+8,50	−0,75	−3,25	+2,25	−7,75	−5,75	−9,50				
"	19—21,75	7	+4,25	+1,50	−1,	−0,50	−0,50	0	−3,	−3,25				
"	22—24,75	2	+2,	+0,75	0	+0,50	−1,50	+0,25	+0,50	−1,50				
		84	+64,50	+20,50	−3,	−6,50	−3,	−15,	−15,50	−27,60				

Längen-klasse	Stärken-klasse	Anzahl der Stämme	Ziffer für die Ein- und Ausbiegungen bei											
			9′	15′	21′	27′	33′	39′	45′	51′	57′	63′	69′	75
80—89	7—9,75	1	+0,25	+0,25	0	+0,25	0	−0,25	0	0	−0,25	−0,25		
"	10—12,75	11	+10,25	+1,25	−0,75	+1,75	−1,75	−0,75	+1,	−2,	−2,	−2,25		
"	13—15,75	53	+43,	+7,	+3,25	+1,	−1,75	−3,	−6,75	−9,	−9,50	−20,35		
"	16—18,75	47	+50,50	+2,75	+3,	−1,	−2,50	−1,25	−11,25	−5,	−12,75	−18,39		
"	19—21,75	17	+27,	+4,50	−0,25	+0,25	−2,75	−0,25	−4,75	−4,23	−5,	−6,		
"	22—24,75	7	+7,	+4,	+1,25	−2,	+0,25	−1,75	−1,50	−4,50	+1,25	+0,75		
"	25—27,75	1	+0,75	+0,75	+0,25	−1,25	+1,	+0,50	−2,25	−2,	+4,50	−1,50		
"	28—30,75	1	+2,75	0	+0,75	−0,25	0	−0,50	−0,75	+0,75	−0,75	−1,		
		138.	+141,50	+20,50	+7,50	−1,25	−7,50	−7,25	−27,25	−26,	−24,50	−48,99		
90—99	10—12,75	1	+1,	0	+0,25	0	0	−0,50	+0,25	−0,25	+0,25	−0,25	−0,50	−0,25
"	13—15,75	5	+6,23	+0,25	−0,25	−0,25	−0,25	+0,50	−1,	+0,50	0	−1,75	−2,73	−0,84
"	16—18,75	8	+7,25	+1,75	+2,	−2,50	+0,50	−0,25	−1,	−0,25	−0,75	−2,	−3,	−2,50
"	19—21,75	8	+11,25	+2,50	−0,50	+0,50	−1,25	−2,	+1,75	−2,	−2,25	−0,50	−4,25	−1,
"	22—24,75	2	+1,75	+1,75	−1,75	+1,50	+0,25	−0,50	−1,50	+2,	−2,50	−0,25	+0,25	−1,75
"	25—27,75	2	+3,75	+1,75	−1,50	+0,75	+0,50	−1,25	−0,50	+1,25	−3,	+0,75	−1,	−0,25
		26	+31,25	+8,	−1,75	0	−0,25	−4,	−2,	+1,25	−8,25	−4,	−11,25	−6,59

Recapitulation.

Längen-klasse	Anzahl der Stämme	9′	15′	21′	27′	33′	39′	45′	51′	57′	63′	69′	75
30—39	24	+10,50	+0,75	−19,64									
40—49	55	+29,25	−2,50	−14,50	−19,12								
50—59	95	+57,25	+14,50	−7,50	−12,	−35,52							
60—69	145	+93,75	+30,75	−3,25	−9,25	−29,50	−34,25	−52,67					
70—79	84	+64,50	+20,50	−3,	−6,50	−3,	−15,	−15,50	−27,60				
80—89	138	+141,50	+20,50	+7,50	−1,25	−7,50	−7,25	−27,25	−26,	−24,50	−48,99		
90—99	26	+31,25	+8,	−1,75	0	−0,25	−4,	−2,	+1,25	−8,25	−4,	−11,25	−6,59
Summa	567	+428,	+93,50	−42,14									

Durchschnittlich pro Stamm

Längen-klasse	9′	15′	21′	27′	33′	39′	45′	51′	57′	63′	69′	75
30—39	+0,44	+0,03	−0,82									
40—49	+0,53	+0,05	−0,26	−0,35								
50—59	+0,60	+0,15	−0,08	−0,13	−0,37							
60—69	+0,65	+0,21	−0,02	−0,06	−0,20	−0,24	−0,36					
70—79	+0,77	+0,24	−0,04	−0,08	−0,04	−0,18	−0,18	−0,33				
80—89	+1,03	+0,15	+0,05	−0,01	−0,05	−0,05	−0,20	−0,19	−0,18	−0,36		
90—99	+1,20	+0,31	−0,07	0	−0,01	−0,15	−0,08	+0,05	−0,32	−0,15	−0,43	−0,25

Diese Zahlen stellen, wenn man sie in senkrechter Richtung verfolgt, die Normal-Mantellinie dar, welche wir für jede Längenklasse aus dem Durchschnitt einer gewissen Anzahl von Stämmen erhalten. Hierbei muß uns zunächst sofort auffallen, daß wir lauter Mantellinien von der ∫ Form erhalten haben. Nur für Stämme von 90'—99' Länge finden wir bei 51' Höhe eine geringe Abweichung von dieser Form.

Ist es nicht in der That merkwürdig, daß, während man unter 100 Stämmen von 60'—100' Länge vielleicht kaum 5 Stämme findet, deren Mantellinie die ∫ Form annimmt, eine Durchschnittsberechnung aus einer gar nicht einmal erheblichen Anzahl von Stämmen sogleich auf die reine ∫ Form hinführt? Denn daß auch bei Stämmen von 90—99' Länge das Plus-Zeichen bei 51' Höhe verschwinden und in ein Minus-Zeichen übergehen wird, sobald wir den Durchschnitt nicht aus 26, sondern aus einer eben so großen Anzahl von Stämmen ziehen, wie bei der Längenklasse von 80—89', wird Dir eben so wenig zweifelhaft sein als mir. Enthält doch der Durchschnitt aus den 99 Stämmen der Nachweisung b. noch vier Abweichungen von der ∫ Form, welche sich in der Durchschnittsberechnung aus 567 Stämmen schon bis auf eine einzige Abweichung vermindert haben; warum sollten wir nicht darauf rechnen dürfen, daß auch diese eine Abweichung bei der weitern Fortsetzung von Durchschnittsberechnungen noch verschwinden werde?

Bei der fernern Betrachtung der Zahlen in senkrechter Richtung nehmen wir wahr, daß bei jeder Höhenklasse die stärkste Einbiegung bei 9' Höhe stattfindet. Diese Regel ergiebt sich auch schon aus der Durchschnittsberechnung der 99 Stämme und ist so durchgreifend, daß wir in keiner von beiden Durchschnittsberechnungen auch nur eine einzige Ausnahme von derselben antreffen. Auf diese Einbiegungen bei 9' Höhe will ich hier gleich Deine Aufmerksamkeit besonders hinlenken, weil dieselben bei der Abschätzung stehender Kiefern eine so wichtige Rolle spielen, daß die Ein- und Ausbiegungen an allen andern Höhen-Punkten zusammengenommen kaum von solchem Interesse sind, wie die Einbiegungen an diesem einzigen Punkte.

Die stärkste Ausbiegung finden wir

1. für Stämme von 30'—39' (also von durchschnittlich 35') Länge

$$\text{bei 21' Höhe d. i. bei } \frac{21}{35} = 0{,}60 \text{ der Höhe}$$

2. für Stämme von 40'—49' Länge bei $\frac{27}{45} = 0{,}60$ „ „

3. „ „ „ 50'—59' „ „ $\frac{33}{55} = 0{,}60$ „ „

4. „ „ „ 60'—69' „ „ $\frac{45}{65} = 0{,}69$ „ „

5. „ „ „ 70'—79' „ „ $\frac{51}{75} = 0{,}68$ „ „

6. „ „ „ 80'—89' „ „ $\frac{63}{85} = 0{,}74$ „ „

7. „ „ „ 90'—99' „ „ $\frac{69}{95} = 0{,}73$ „ „

Wir haben also, um das Vorstehende noch einmal kurz zusammenzufassen, durch die Betrachtung der Zahlen in senkrechter Richtung drei Regeln gefunden:

I. Die Mantellinie der Kiefer nimmt durch alle Höhenklassen hindurch die $\int$ Form an.

II. Die stärkste Einbiegung findet für alle Längenklassen bei 9' Höhe statt.

III. Die stärkste Ausbiegung liegt bei längern Stämmen nicht bloß absolut, sondern auch verhältnißmäßig höher als bei kurzen und schwankt zwischen $\frac{2}{3}$ bis $\frac{3}{4}$ der Höhe der Stämme.

Wir wollen nunmehr die Durchschnittszahlen auch in wagerechter Richtung verfolgen, oder, mit andern Worten, wir wollen sehen, welche Veränderungen die Mantellinie an jedem einzelnen Höhenpunkte erleidet, wenn die schwache Kiefernstange nach und nach bis zum Mastbaum heranwächst.

Bei 9' Höhe beträgt die Ziffer für die Einbiegungen bei Stämmen von

30'—39'	40'—49'	50'—59'	60'—69'	70'—79'	80'—89'	90'—99'
+ 0,44	+ 0,53	+ 0,60	+ 0,65	+ 0,77	+ 1,03	+ 1,20

[*)]

*) Von den 567 Stämmen aus denen die obigen Durchschnittszahlen gezogen sind, haben bei 9' Höhe

Bei Kiefern von 30′—39′ Länge ist die Einbiegung bei 9′ Höhe also noch gering; sie beträgt nur $\frac{0{,}44''}{4}$ oder etwa $\frac{1}{10}''$. So wie der Stamm aber heranwächst, nimmt auch die Einbiegung zu und bei Stämmen von 90′—99′ Länge steigt sie bis zu $\frac{1{,}20''}{4}$ oder etwa $\frac{1}{3}''$. Einbiegungen von $\frac{1}{10}''$ auf 12′ Länge sind bei den Unebenheiten der Rinde, bei den Moosen und Flechten, welche an dem Stamme sitzen, und bei der zuweilen krummen Linie, welche die Achse des Stammes bildet, auch von einem geübten Auge nicht leicht wahrzunehmen. Dagegen gehört keine lange Uebung dazu, um Einbiegungen von $\frac{1}{3}''$ und selbst von $\frac{1}{4}''$ zu erkennen.

[Daß einzelne Stämme noch weit stärkere Einbiegungen haben und selbst bis zu $\frac{2{,}75''}{4}$, also beinahe $\frac{3}{4}''$ hinaufgehen, zeigt z. B. der Stamm Nr. 84.]

Bei 15′ Höhe beträgt die Ziffer für die Ein= und Ausbiegungen bei Stämmen von

1	Stamm die Ziffer			− 1,30
1	„	„	„	− 1,25
3	Stämme	„	„	− 1,
4	„	„	„	− 0,75
14	„	„	„	− 0,50
15	„	„	„	− 0,25
44	„	„	„	0
61	„	„	„	+ 0,25
104	„	„	„	+ 0,50
93	„	„	„	+ 0,75
76	„	„	„	+ 1,
58	„	„	„	+ 1,25
52	„	„	„	+ 1,50
16	„	„	„	+ 1,75
12	„	„	„	+ 2,
5	„	„	„	+ 2,25
5	„	„	„	+ 2,50
3	„	„	„	+ 2,75

Es haben also bei 9′ Höhe von 567 Stämmen

38 Stämme Ausbiegungen
44 „ weder Aus= noch Einbiegungen
485 „ Einbiegungen.

Durch die Ziehung von Durchschnittsziffern sind aber die Ausbiegungen, und selbst die Ziffer 0, vollkommen verschwunden. (Anm. des Verf.)

30'—39'	40'—49'	50'—59'	60'—69'	70'—79'	80'—89'	90'—99'
+ 0,03	— 0,05	+ 0,15	+ 0,21	+ 0,24	+ 0,15	+ 0,31

In dieser Zahlenreihe liegen mehrere Unregelmäßigkeiten. Ich bin aber überzeugt, daß diese verschwinden müssen, sobald die Durchschnittsziffern nicht aus 567 Stämmen, sondern aus einer vielleicht doppelt oder dreifach so großen Anzahl von Stämmen gezogen werden. Wahrscheinlich wird sich dann herausstellen, daß Kiefern von 30' — 39' Länge bei 15' Höhe nicht, wie nach der vorstehenden Durchschnittsberechnung, eine Einbiegung, sondern eine Ausbiegung und zwar eine stärkere Ausbiegung als Stämme von 40'—49' Länge haben, welche letztern bei 15' Höhe nahe an oder auf dem Nullpunkt stehen, daß die Kiefer dann, wenn sie eine Länge von 50'—59' erreicht hat, anfängt bei 15' Höhe eine ganz schwache Einbiegung zu machen, welche zwar allmälig mit zunehmender Höhe fortdauernd wächst, im Vergleich zu den Einbiegungen bei 9' Höhe aber doch nur gering bleibt.

Bei 21' Höhe beträgt die Ziffer für die Ein= und Ausbiegungen bei Stämmen von

30'—39'	40'—49'	50'—59'	60'—69'	70'—79'	80'—89'	90'—99'
— 0,82	— 0,26	— 0,08	— 0,02	— 0,04	+ 0,03	— 0,07

Bei 21' Höhe beginnt also die größte Ausbiegung (mit der Ziffer — 0,82) bei der geringsten Längenklasse, nämlich bei Stämmen von 30'—39' Länge. Natürlich! Denn Stämme von 30' — 39' Länge haben ja eben, wie wir bereits früher gesehen haben, bei 21' Höhe schon ihre größte Ausbiegung erreicht, während bei längern Stämmen die größte Ausbiegung erst an einem höher gelegenen Punkte als bei 21' Höhe zu suchen ist.

Sobald der Stamm eine Länge von 40'—49' erreicht hat, ist die größte Ausbiegung desselben schon um 6' höher hinaufgerückt (bis 27' Höhe); es ist aber bei 21' Höhe doch noch immer eine nicht unerhebliche Ausbiegung (mit der Ziffer — 0,26) zurückgeblieben. Je länger die Kiefer dann wird, je höher der Punkt hinaufrückt, wo die=

selbe ihre größte Ausbiegung macht, desto geringer wird die Aus=
biegung bei 21' Höhe und bei Stämmen von 70'—79' Länge —
vielleicht auch schon bei Stämmen von 60'—69' Länge — wird bei
21' Höhe wahrscheinlich der Nullpunkt eintreten, d. h. bei Stämmen
von dieser Länge wird die Mantellinie bei 21' Höhe eine grade Linie
bilden. Bei Stämmen von 80'—89' Länge tritt dann das umge=
kehrte Verhältniß wie bei den geringeren Längenklassen ein, d. h. die
Mantellinie biegt nicht mehr aus=, sondern fängt an einzubiegen.
Daß auch Stämme von 90'—99' Länge bei 21' Höhe eine Ein=
biegung, und zwar eine etwas stärkere Einbiegung als Stämme von
80'—89' Länge, haben werden, wird Dir nicht zweifelhaft sein.
Wenn die Durchschnittsberechnung aus 26 Stämmen von 90'—99'
Länge noch keine Einbiegung, sondern eine Ausbiegung bei 21'
Höhe ergiebt, so kann dieß nur in der zu geringen Anzahl von Stäm=
men, welche der Durchschnittsberechnung zum Grunde gelegt sind, liegen.

Ich überlasse Dir, die übrigen Höhenpunkte nun in derselben
Weise zu betrachten, wie ich die Punkte bei 9', 15', und 21' Höhe
mit Dir durchgegangen bin. Du wirst dabei überall die schon bei
21' Höhe gefundene Regel

> daß mit der geringsten Höhenklasse die größte Einbiegung
> beginnt, und mit zunehmender Höhe das Maß der Einbiegung
> abnimmt,

wieder auffinden. Zugleich aber wirst Du überall auf einzelne Aus=
nahmen von dieser Regel, also auf Unregelmäßigkeiten stoßen, und
dadurch immer mehr die Ueberzeugung gewinnen, daß 567 Stämme
bei weitem noch nicht hinreichen, um danach die Mantellinie für die
verschiedenen Längenklassen der Kiefer zu construiren, wenn man auch
vorläufig noch darauf Verzicht leisten wollte, für jede Höhenklasse
wieder Unterabtheilungen nach Stärkenklassen zu bilden. Verlange
deshalb für jetzt von mir noch keine Darstellung der Mantellinien in
bestimmten Zahlen. Wünschest Du aber vielleicht, daß ich dieselben
ohne Zahlen=Angaben und auch in diesem Falle nur ungefähr,
nach der vorläufig hierüber von mir gewonnenen Ansicht aufstelle, so
nimm die nachstehende Tabelle an, deren Richtigkeit ich aber nicht
vertreten mag:

Höhe	Längenklassen von						
	30'—39'	40'—49'	50'—59'	60'—69'	70'—79'	80'—89'	90'—99'
81'							—
75'						—	—
69'						—	—
63'					—	—	—
57'					—	—	—
51'				—	—	—	—
45'			—	—	—	—	—
39'			—	—	—	—	—
33'		—	—	—	—	—	0
27'	—	—	—	—	0	0	0
21'	—	—	—	0	0	+	+
15'	—	0	+	+	+	+	+
9'	+	+	+	+	+	+	+

Ich empfehle Dir nach dieser Tabelle einige Mantellinien — na=
türlich nur als Carricaturen — aufzuzeichnen, um Dir dasjenige was
ich bisher über die Mantellinie gesagt habe, noch anschaulicher zu machen.

Wenn Du auf die Zusammenstellung I. noch einmal zurückblicken
willst, so wirst Du finden, daß ich überall die Anzahl der Stämme,
aus welchen die Durchschnittszahlen hervorgegangen sind, beigefügt
habe. Ich halte dieß für sehr wesentlich zur Beurtheilung des Sach=
verhältnisses. Wenn ich z. B. eben so, wie ich die Ein= und Ausbie=
gungen für Längenklassen zusammengestellt habe, eine Zusammen=
stellung derselben nach Stärkenklassen (nach den Durchmessern bei
3' Höhe) machen und Dir nichts weiter mittheilen wollte, als daß
die Durchschnittsziffer für die Einbiegung bei 9' Höhe für die Stär=
kenklasse   von   4— 6,75'' Durchmesser + 0,38

$\qquad$ „ $\qquad$ 7— 9,75''$\qquad$ „ $\qquad$ + 0,46

$\qquad$ „ $\qquad$ 10—12,75''$\qquad$ „ $\qquad$ + 0,70

$\qquad$ „ $\qquad$ 13—15,75''$\qquad$ „ $\qquad$ + 0,72

$\qquad$ „ $\qquad$ 16—18,75''$\qquad$ „ $\qquad$ + 0,96

$\qquad$ „ $\qquad$ 19—21,75''$\qquad$ „ $\qquad$ + 1,19

$\qquad$ „ $\qquad$ 22—24,75''$\qquad$ „ $\qquad$ + 0,98

$\qquad$ „ $\qquad$ 25—27,75''$\qquad$ „ $\qquad$ + 1,50

$\qquad$ „ $\qquad$ 28—30,75''$\qquad$ „ $\qquad$ + 2,75

beträgt, so würde die Ziffer $+ 2{,}75$ für die Stärkenklasse von 28''
bis 30,75'' als gleichberechtigt mit der Ziffer $+ 0{,}96$ für die Stärken=
klasse von 16—18,75'' dastehen. Wenn ich dann aber das Factum
hinzufüge, daß die Ziffer $+ 0{,}96$ aus dem Durchschnitt von 100 Stämmen,
die Ziffer $+ 2{,}75$ dagegen aus der Berechnung eines einzigen Stammes,
hervorgegangen ist, so wirst Du die Ziffer $+ 0{,}96$ doch mit ganz an=
dern Augen betrachten als die Ziffer $+ 2{,}75$.

Noch ein anderer Grund hat mich bewogen, die Anzahl der
Stämme überall hinzuzufügen. Bei dem lebhaften Interesse, welches
Du an wissenschaftlichen Untersuchungen nimmst, hoffe ich nämlich,
daß Dir dieses Schreiben Veranlassung geben wird, selbst Untersuchungen
über die Mantellinie der Kiefer anzustellen. Hierbei würden Dir dann
meine Durchschnittsberechnungen, ohne Hinzufügung der Zahl der
Stämme, aus denen sie entstanden sind, von gar keinem Nutzen sein.
Denn gesetzt, Du fändest, daß bei 9' Höhe die Summe der Ziffern
für 20 Kiefern von 16''—18,75'' Durchmesser $+ 30$, die Durchschnitts=
ziffer also $+ 1{,}50$ wäre, so würdest Du meine Berechnungen hiermit
nicht zusammenstellen können, wenn ich Dir für die Stärkenklasse von
16—18,75'' nichts weiter als die nackte Zahl $+ 0{,}96$ gegeben hätte.
Sobald Du aber weißt, daß es 100 Stämme sind, aus denen die
Ziffer $+ 0{,}96$ hervorgegangen ist, so ist die Zusammenstellung der von
uns beiden gefundenen Resultate ganz leicht.

$$
\begin{array}{llll}
100 \cdot \text{Stämme haben} & + & 96 \\
20 \quad '' \quad\quad '' & + & 30 \\
\hline
120 \quad '' \quad\quad '' & + & 126,
\end{array}
$$

und der Durchschnitt aus 120 Stämmen beträgt $+ 1{,}05$ ''.

Sollte die von mir in dieser Beziehung gehegte Hoffnung in
Erfüllung gehen, so theile mir doch gelegentlich Deine Berechnungen
mit. Wie freudig würde ich überrascht werden, Freund, wenn mir
eines Tages als Aequivalent für die Nachweisung a. ein Verzeichniß
und eine Berechnung der Ein= und Ausbiegungen von 100 in Deinem
Walde gefällter und von Dir selbst vermessener und berechneter Kiefern
zuginge. Eile, und beginn recht bald mit dieser Arbeit!

Nimm aber zugleich auch noch einen Rath von mir an: Jeden
Stamm, den Du fällen läßt, betrachte ehe er gefällt wird,
recht aufmerksam in allen Beziehungen und nach allen

Richtungen und suche Aehnlichkeiten und Unähnlichkeiten
zwischen ihm und andern schon früher gefällten und be=
rechneten Stämmen aufzufinden. Du wirst späterhin Nutzen
von diesen Betrachtungen haben, sie bilden die erste Grundlage zur
richtigen Abschätzung stehender Kiefern.

Zweites Schreiben des Oberforstmeisters K. an den Waldbesitzer N.

Die Berechnung der Ein= und Ausbiegungen giebt uns ein vollständiges Bild von jedem einzelnen Theile der Mantellinie. Wie diese einzelnen Theile sich aber aneinanderreihen und zu einem Ganzen zusammenfügen, davon erhalten wir um so weniger eine klare Anschauung, je häufiger bei einem Stamme + und — Zeichen (Ein= und Ausbiegungen) abwechseln. Daß dieß den Werth der Berechnungen sehr beeinträchtigt, ist nicht zu verkennen, und wir müssen uns deshalb noch nach einem andern Verfahren umsehen, welches dasjenige ergänzt, was uns bis jetzt noch fehlt.

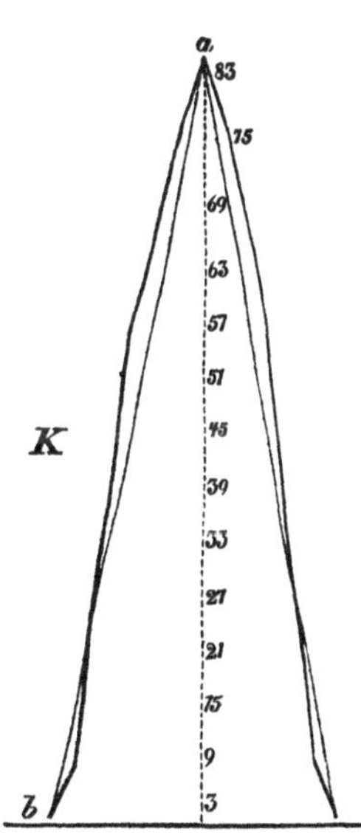

In der beigesetzten Zeichnung, welche wieder den Stamm K darstellt, habe ich mit rother Dinte eine grade Linie von der Spitze des Stammes nach dem Endpunkte des Durchmessers bei 3' Höhe gezogen. Diese rothe Linie stellt die Mantellinie (Seite) eines Kegels dar, welcher 3' kürzer ist, als der Stamm und dessen Grundfläche dem Querdurchschnitte des Stammes bei 3' Höhe gleich ist. Vergleichen wir die Mantellinie des Stammes, mit der Mantellinie des Kegels, so finden wir, daß wir es auch jetzt mit Ein= und Ausbiegungen zu thun haben, indem die Mantellinie des Stammes K von 3' bis zu etwa 21' Höhe in den Kegel einbiegt, von 21' Höhe ab bis zur Spitze dagegen aus dem Kegel ausbiegt. Es wird Dir aber nicht entgehen, daß diese Ein= und Ausbiegungen von den vorigen einen verschiedenen Character haben, und es wird daher einige Aufmerk=

ſamkeit nöthig ſein, um beide nicht zu verwechſeln. Vielleicht er=
leichtere ich Dir und mir die Sache, wenn ich für die beiden ver=
ſchiedenen Arten zwei verſchiedene Ausdrücke wähle, und ſo will ich
denn die in meinem vorigen Briefe beſprochenen Ein= und Ausbie=
gungen bei dieſem Namen belaſſen, und für diejenigen, welche wir
jetzt betrachten wollen, den Ausdruck: „Ein= und Ausbauchungen"
wählen. Unſer Stamm K hat alſo bei 9' Höhe eine Einbiegung und
eine Einbauchung, bei 15' Höhe keine Einbiegung aber eine Ein=
bauchung, bei 33' Höhe keine Ausbiegung aber eine Ausbauchung,
bei 57' Höhe eine Ausbiegung und eine Ausbauchung, u. ſ. w.

Auch die Ein= und Ausbauchungen laſſen ſich durch Zahlen
darſtellen, und wir wollen ſie jetzt für den Stamm K berechnen.
Die Höhe des Kegels beträgt (83' — 3') = 80', der Durchmeſſer der
Grundfläche 15,5''. Hieraus läßt ſich zuvörderſt für jede beliebige
Höhe der Durchmeſſer des mit der Grundfläche parallel laufenden
Querdurchſchnittes des Kegels berechnen. Bei 9' Höhe des Stammes
(d. i. bei 6' Höhe des Kegels) iſt der Durchmeſſer $= \dfrac{15,5''}{80} \times (80 - 6)$;

bei 15' Höhe des Stammes (12' Höhe des Kegels) $= \dfrac{15,5''}{80} \times (80 - 12)$;

bei 39' Höhe des Stammes (36' Höhe des Kegels) $= \dfrac{15,5''}{80} \times (80 - 36)$;

bei 75' Höhe des Stammes (72' Höhe des Kegels) $= \dfrac{15,5''}{80} \times (80 - 72)$

u. ſ. w.*)

Berechnen wir nun die Durchmeſſer des Kegels für jeden Höhen=
punkt, bei welchem wir den Stamm gemeſſen haben, ſo finden wir
durch eine Vergleichung der correſpondirenden Durchmeſſer des Stammes

---

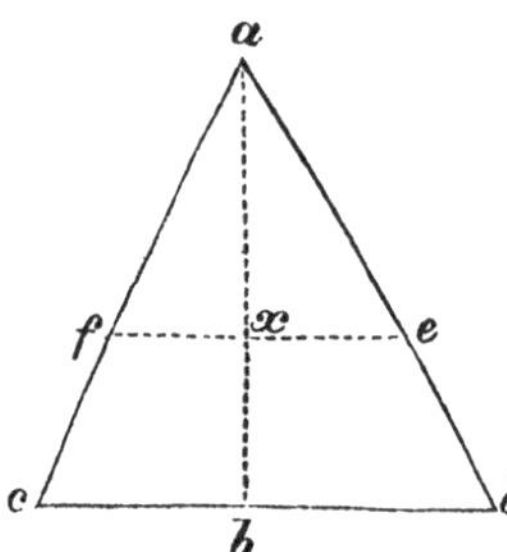

*) Die Höhe des Kegels, ab, iſt bekannt; des=
gleichen der Durchmeſſer der Grundfläche = c d und
die Länge der Linie b x. Es ſoll nun der Durch=
meſſer ef bei dem Höhenpunkte x geſucht werden.

$$ab : cd = (ab - xb) : ef$$

folglich

$$ef = \frac{cd}{ab} \times (ab - xb)$$

(Anmerkung des Verfaſſers.)

und des Kegels nicht allein wo Ein= oder Ausbauchungen stattfinden, sondern auch, wieviel dieselben betragen. Bei 9' Höhe beträgt der Durchmesser des Stammes 13,5", der Durchmesser des Kegels dagegen $\frac{15,5''}{80} \times (80 - 6) = 14,34''$. Der Durchmesser des Kegels ist also hier größer als der Durchmesser des Stammes, der Stamm macht daher bei 9' Höhe eine Einbauchung und zwar eine Einbauchung von 14,34" — 13,5" = 0,84" (oder von 0,42" nach jeder der beiden Seiten). Bei 57' Höhe beträgt der Durchmesser des Stammes 7,50"; der Durchmesser des Kegels dagegen $\frac{15,5''}{80} \times (80 - 54) = 5,04''$. Der Durchmesser des Kegels ist hier also kleiner als der Durchmesser des Stammes und der Stamm macht daher bei 57' Höhe eine Ausbauchung, und zwar eine Ausbauchung von 7,50" — 5,04" = 2,46" (oder von 1,23" nach jeder von beiden Seiten hin).

In gleicher Weise habe ich für alle Punkte, an welchen der Durchmesser des Stammes K bekannt ist, die Ein= nnd Ausbauchungen berechnet und stelle die Berechnung nunmehr in nachstehender Form zusammen:

Bezeich- nung des Stammes	Höhe	Durchmesser des		Ausbau- chungen	Einbau- chungen
		Stammes	Kegels		
		bei der in Colonne 2 angegebenen Höhe			
	(Fuß)	(Zoll)	(Zoll)	(Zoll)	(Zoll)
K	83	0	0		
	75	3,	1,55	1,45	
	69	4,50	2,71	1,79	
	63	6,	3,88	2,12	
	57	7,50	5,04	2,46	
	51	8,25	6,20	2,05	
	45	9,	7,36	1,64	
	39	9,75	8,53	1,22	
	33	10,50	9,69	0,81	
	27	11,25	10,85	0,40	
	21	12,	12,01	„	0,01
	15	12,75	13,18	„	0,43
	9	13,50	14,34	„	0,84
	3	15,50	15,50		

Legst Du in Gedanken die rothe Linie zwischen den Ein= und Ausbauchungen so auf die rothe Linie a b in der Zeichnung K, daß beide sich decken, so fallen die rothen Zahlen auf die Einbauchungen, die schwarzen auf die Ausbauchungen, und Du wirst nunmehr finden, daß Du durch die bloße Betrachtung d e r Zahlen in Colonne 5 und 6 dieselbe Vorstellung von der Form des Schaftes gewinnen kannst, wie durch die Zeichnung K. Du ersiehst z. B. aus der Figur K, daß bei 9' Höhe des Schaftes die größte Einbauchung stattfindet, — und dasselbe ersiehst Du auch aus der Berechnung —; Du ersiehst ferner aus der Figur K, daß unmittelbar bei 21' Höhe der Ueber= gang aus den Einbauchungen zu den Ausbauchungen eintritt, daß von 21' Höhe ab bis zur Spitze des Schaftes keine Einbauchungen son= dern nur noch Ausbauchungen vorkommen, daß die größte Ausbau= chung bei 57' Höhe stattfindet, daß diese Ausbauchung bedeutend grö= ßer ist, als die größte Einbauchung (bei 9' Höhe) — und alles dieses ersiehst Du auch aus der Berechnung. Nur das Eine ersiehst Du nicht aus der Berechnung, sondern nur aus der Zeichnung, nämlich, ob die Außenfläche des Schaftes von 9' bis 57' Höhe, und wieder von da ab bis zur Spitze, eine grade Linie bildet oder nicht. Mit andern Worten: Du kannst aus der Berechnung der Ein= und Aus= bauchungen nicht ersehen, ob und wo die Mantellinie Ein= und Ausbiegungen hat. Dieß haben wir aber schon früher durch eine andere Berechnung ermittelt, und wenn wir daher zu den obigen 6 Colonnen noch die beiden Colonnen „Abfall von 6 zu 6 Fuß" und „Ziffer für die Ein= und Ausbiegungen" hinzufügen, so haben wir nunmehr alles beisammen, was zur Beurtheilung der Form des Schaftes dienen kann, indem die Berechnungen der Ein= und Aus= biegungen und der Ein= und Ausbauchungen sich gegenseitig ergänzen. (Siehe nebenstehende Tabelle auf Seite 33.)

Die Form der nachstehenden Zusammenstellung ist Dir übrigens nicht unbekannt; Du hast sie in der Anlage a. meines ersten Schrei= bens schon oft vor Augen gehabt, und ich bitte Dich, diese Nachwei= sung jetzt wieder zur Hand zu nehmen, jedoch, wie Du bisher nur die Colonne 8 im Auge gehabt hast, so nunmehr Deine Aufmerksam= keit ausschließlich auf Colonne 5 und 6 zu richten.

1	2	3	4	5	6	7	8
Bezeich- nung des Stammes	Höhe	Durchmesser des Stammes	Durchmesser des Kegels bei der in Colonne 2 angegebenen Höhe	Ausbau- chungen	Einbau- chungen	Abfall von 6 zu 6 Fuß	Ziffer für die Ein- und Ausbie- gungen
	Fuß	Zoll	Zoll	Zoll	Zoll	Zoll	
K	83	0	0			2,25	
	75	3,	1,55	1,45		1,50	— 0,75
	69	4,50	2,71	1,79		1,50	0
	63	6,	3,88	2,12		1,50	0
	57	7,50	5,04	2,46		0,75	— 0,75
	51	8,25	6,20	2,05		0,75	0
	45	9,	7,36	1,64		0,75	0
	39	9,75	8,53	1,22		0,75	0
	33	10,50	9,69	0,81		0,75	0
	27	11,25	10,85	0,40		0,75	0
	21	12,	12,01		0,01	0,75	0
	15	12,75	13,18		0,43	0,75	0
	9	13,50	14,34		0,84	2,	+ 1,25
	3	15,50	15,50				

Aus der Nachweisung **a.** habe ich die Zahlen der Colonne 5 und 6 in der Anlage **c.** noch besonders zusammengestellt, und dabei, ebenso wie in der Nachweisung **a.**, die Einbauchungen mit rother, die Aus- bauchungen dagegen mit schwarzer Tinte vorgetragen. Dadurch kannst Du einen allgemeinen Ueberblick über das Verhältniß der Einbau- chungen zu den Ausbauchungen schon aus der bloßen Betrachtung der Farben gewinnen. Verfolgst Du z. B. die Ein- und Ausbau- chungen bei 9' Höhe, so findest Du zunächst bei Stämmen von 30'—39' Höhe die schwarzen Zahlen, also die Ausbauchungen noch in überwiegender Menge. Die rothen Zahlen (die Einbauchungen) treten noch ganz bescheiden und nur in einzelnen Exemplaren auf. Aber, gleichwie die Wucherblume, wenn sie sich erst einmal in ganz geringer Anzahl auf einem Felde zeigt, von Jahr zu Jahr zunimmt, bis sie zuletzt das ganze Feld mit einem gelben Teppiche bedeckt, also sehen wir auch bei 9' Höhe die rothen Zahlen von Längenklasse zu Längenklasse, also mit jeder neuen Alterklasse zunehmen, bis sie zuletzt bei Stämmen von 80'—89' Länge die schwarzen Zahlen vollständig verdrängt haben. Und wenn ich nicht nach dem Stamm Nr. 88 recht mit Bedacht gesucht hätte, um Dir an demselben zu zeigen, daß aus= nahmsweise selbst noch bei der höchsten Längenklasse Stämme mit einer Ausbauchung bei 9' Höhe vorkommen können, so würden wir bei Stämmen von 90'—99' Länge, eben so wie bei 80'—89', nur rothe Zahlen erblicken.

Wo aber die Wucherblume erst auf einem Felde vorkommt, da fliegt sie auch auf die angrenzenden Felder über. Und siehe da! so schwarz auch bei 15' Höhe die Längenklasse von 30'—39' noch ist, so findet sich doch bei der Längenklasse von 40'—49' schon eine ein= zelne rothe Zahl ein, und dann nehmen die rothen Zahlen allmälig so zu, daß wir bei Stämmen von 90'—99' Höhe unter 16 Stäm= men nur noch zwei mit schwarzer Zahl (mit Ausbauchungen finden). Und selbst bei 21' Höhe gewinnt die rothe Farbe zuletzt noch die Ueberhand, so rein sich auch die drei ersten Längenklassen von der= selben gehalten haben. Von 27' Höhe ab aber ist ihr Reich im Allgemeinen zu Ende, indem wir auch bei den höchsten Längenklassen nur noch einzelne Stämme antreffen, welche bei 27' Höhe Einbau= chungen machen. Als eine seltene Ausnahme kommt dann auch wohl einmal ein Stamm vor, welcher selbst bis 33' Höhe hinauf Einbau= chungen macht (Nr. 76) oder welcher, nachdem er in die Ausbauchun= gen übergegangen ist, noch einmal an irgend einer Stelle in die Ein= bauchungen zurückfällt, wie die vier Stämme Nr. 14, 51, 56, 61, welche, wie Du Dich aus meinem ersten Schreiben erinnern wirst, unmittelbar auf der Grenze zwischen den regelmäßigen und unregel= mäßigen Kiefern stehen.

Wenn wir uns nach denjenigen unter den 99 Stämmen umsehen, welche die größte Einbauchung und die größte Ausbauchung ma= chen, so finden wir bei dem Stamm Nr. 84 bei 9' Höhe eine Ein= bauchung von 2,30'' und bei dem Stamm Nr. 98 bei 57' Höhe eine Ausbauchung von 4,36''. Eine Einbauchung von 2,30'' ist zugleich die größte Einbauchung, welche ich überhaupt an irgend einem Stamme angetroffen habe. Dagegen beträgt die größte von mir gefundene Ausbauchung 5,50". Der Stamm, welcher diese Ausbauchung macht, ist in der Nachweisung **a.** nicht enthalten; da jedoch durch das Ausscheiden des Stammes Nr. 42 das Hundert regelmäßiger Stämme unvollständig geworden ist, so will ich als Ersatz für den Stamm Nr. 42 das Aufmaß und die Berechnung des ebengedachten Stammes hier folgen lassen.

2	3	4	5	6	7	8
		Durchmesser des			Abfall	Ziffer
Höhe	Stammes	Kegels	Ausbau-	Einbau-	von 6	für die
	bei der in Colonne 2		chungen	chungen	zu 6	Ein- und
	angegebenen Höhe				Fuß	Ausbie-
						gungen
Fuß	Zoll	Zoll	Zoll	Zoll	Zoll	
87	0	0	O			
75	4,50	3,50	1,	.	2,25	+ 0,50
69	7,25	5,25	2,	.	2,75	— 0,50
63	9,50	7,	2,50	.	2,25	0
57	11,75	8,75	3,	.	2,25	+ 0,75
51	14,75	10,50	4,25	.	3,	0
45	17,75	12,25	5,50	.	3,	— 1,25
39	19,50	14,	5,50	.	1,75	— 1,25
33	20,	15,75	4,25	.	0,50	— 0,25
27	20,25	17,50	2,75	.	0,25	— 0,25
21	20,25	19,25	1,	.	0	+ 0,25
15	20,50	21,	"	0,50	0,25	+ 1,75
9	22,50	22,75	"	0,25	2,	0
3	24,50	24,50		O	2,	

Der Durchmesser des vorstehenden Stammes ist also bei 39' und bei 45' Höhe um 5½" länger als der Durchmesser des entsprechenden Kegels, und die Mantellinie des Stammes an diesen beiden Höhenpunkten umgiebt die Mantellinie des Kegels in einem Kreise, dessen

Halbmesser, nach jeder beliebigen Richtung hin, 2¼" über die Peripherie des Kegeldurchschnittes hinausragt.

Du dürftest die Ein= und Ausbauchungen an einzelnen Stämmen jetzt genügend betrachtet haben, und wir können daher zur Zusammenstellung derselben aus einer größern Anzahl von Stämmen übergehen, und danach Durchschnittsberechnungen anlegen.

Für dieselben 567 Stämme, von welchen ich die Ein= und Ausbiegungen berechnet habe, habe ich auch die Berechnung der Ein= und Ausbauchungen angelegt und aus diesen in derselben Weise wie bei jenen eine Zusammenstellung gefertigt, welche ich umstehend sub II. beifüge. Die Durchschnittszahlen für die verschiedenen Längenklassen sind nach dieser Zusammenstellung folgende:

Bei	Längenklassen und Anzahl der Stämme						
	(24)	(55)	(95)	(145)	(84)	(138)	(26)
	30'—39'	40'—49'	50'—59'	60'—69'	70'—79'	80'—89'	90'—99'
75'							2,52
69'							3,03
63'						2,48	3,11
57'						2,59	3,03
51'					2,25	2,53	2,63
45'				1,79	2,16	2,27	2,28
39'				1,79	1,88	1,83	1,86
33'			1,33	1,52	1,43	1,32	1,28
27'		1,16	1,10	1,07	0,94	0,76	0,70
21'	1,07	0,95	0,70	0,56	0,40	0,20	0,12
15'	0,55	0,49	0,18	0,02	0,15	0,31	0,52
9'	0,05	0,02	0,21	0,22	0,46	0,47	0,50
Höhe							

Wenn wir diese Zahlen wieder zunächst in senkrechter Richtung betrachten, so finden wir, daß Stämme von 30'—39' Länge, welche, wie Dir erinnerlich sein wird, bei 9' Höhe eine Einbiegung haben, nicht mit einer Ein= sondern gleich mit einer Ausbauchung, (0,05) beginnen, und es kommt daher bei diesen Stämmen der ganze Mantel außerhalb des Mantels des Kegels zu liegen.

Die größte Ausbauchung (1,07) erreichen diese Stämme bei $\frac{21}{35}$ = 0,60 ihrer Länge.

II.

Ein- und Ausbauchungen bei (alle Maßspalten in Zoll)

Längenklasse	Stärkenklasse	Anzahl der Stämme	9'	15'	21'	27'	33'	39'	45'	51'	57'	63'	69'	75'
30—39	4—6,75	11	1,12	6,25	12,14									
	7—9,75	10	1,37	6,27	11,13									
	10—12,75	2	0,69	0,11	1,17									
	13—15,75	1	0,50	0,50	1,25									
		24	1,30	13,13	25,69									
40—49	4—6,75	5	0,14	1,98	3,85	5,72								
	7—9,75	22	0,38	10,20	20,80	26,66								
	10—12,75	21	0,27	12,02	22,17	24,78								
	13—15,75	6	0,54	1,68	4,39	5,60								
	16—18,75	1	0,17	0,83	1,	0,92								
		55	1,17	26,71	52,21	63,68								
50—59	4—6,75	4	0,05	1,35	2,42	4,48	4,32							
	7—9,75	24	4,32	4,20	13,90	22,87	29,62							
	10—12,75	30	5,21	8,23	25,01	36,99	43,48							
	13—15,75	27	6,97	2,31	18,61	30,06	37,30							
	16—18,75	9	3,49	0,46	5,04	9,31	10,67							
	19—21,75	1	0,01	1,23	1,97	1,21	1,20							
		95	20,19	16,86	66,95	104,92	126,19							
60—69	7—9,75	13	1,15	1,11	6,40	11,70	16,28	20,09	21,89					
	10—12,75	63	19,80	5,06	38,02	69,56	97,54	115,38	114,60					
	13—15,75	49	13,21	3,10	31,66	56,20	79,26	92,58	93,66					
	16—18,75	13	7,21	2,44	4,10	12,14	18,93	20,45	17,75					
	19—21,75	7	4,16	4,[illegible]	0,70	5,79	8,61	10,41	11,99					
		145	45,83	2,20	80,88	155,39	220,62	258,91	259,89					
70—79	7—9,75	7	2,51	1,2[illegible]	0,70	2,92	5,65	8,13	9,37	10,11				
	10—12,75	19	8,44	2,95	6,74	13,90	20,55	29,21	36,38	37,04				
	13—15,75	27	12,66	2,44	12,03	27,41	42,08	51,78	56,70	61,38				
	16—18,75	22	12,43	5,[illegible]	9,24	23,60	34,67	47,68	53,31	53,14				
	19—21,75	7	1,92	0,42	4,24	9,06	13,38	17,22	21,05	21,87				
	22—24,75	2	1,46	0,[illegible]	0,37	1,66	3,45	3,74	4,28	5,32				
		84	38,[illegible]	12,95	33,32	78,55	119,78	157,76	181,09	188,86				

Längen-Klasse	Stärken-Klasse	Anzahl der Stämme	Ein- und Ausbauchungen bei											
			9' Zoll	15' Zoll	21' Zoll	27' Zoll	33' Zoll	39' Zoll	45' Zoll	51' Zoll	57' Zoll	63' Zoll	69' Zoll	75' Zoll
80—89	7—9,75	1	0,26	0,27	0,03	0,21	0,70	1,19	1,43	1,67	1,91	1,90		
	10—12,75	11	6,73	3,18	1,61	5,66	11,42	15,48	18,78	23,06	25,32	25,61		
	13—15,75	53	28,17	12,32	10,51	36,63	63,69	89,01	110,33	125,95	129,50	126,60		
	16—18,75	47	30,44	10,49	12,34	38,06	62,89	85,60	107,16	117,47	122,63	115,13		
	19—21,75	17	19,04	11,05	1,39	13,62	26,09	36,83	46,28	51,07	51,98	47,92		
	22—24,75	7	5,42	3,53	1,75	8,59	13,42	18,51	21,83	23,68	21,01	19,60		
	25—27,75	1	0,37	0,02	1,15	2,54	2,67	3,80	5,44	4,82	2,21	4,09		
	28—30,75	1	2,30	1,86	1,41	0,22	0,73	1,67	2,12	1,81	2,26	1,95		
		138	92,73	42,99	27,31	105,09	181,61	252,09	313,37	349,53	356,82	342,80		
90—99	10—12,75	1	0,66	0,31	0,01	0,59	1,18	1,76	1,85	2,18	2,27	2,60	2,69	2,27
	13—15,75	5	3,95	1,67	0,88	3,17	5,23	7,02	9,32	10,61	12,40	14,19	14,23	11,32
	16—18,75	8	5,69	2,92	0,98	6,89	10,31	14,22	17,88	20,54	22,95	24,63	24,28	20,93
	19—21,75	8	8,13	5,11	0,41	5,51	11,08	15,65	18,20	22,51	24,83	24,91	24,45	19,77
	22—24,75	2	1,42	1,20	0,81	1,08	2,85	4,88	6,40	6,41	8,43	7,96	7,23	6,7
	25—27,75	2	3,08	2,41	0,01	0,93	2,60	4,76	5,69	6,10	7,78	6,44	5,87	4,28
		26	22,45	13,61	3,13	18,17	33,25	48,29	59,34	68,35	78,66	80,73	78,75	65,54

Recapitulation.

Längen-Klasse	Anzahl der Stämme	9' Zoll	15' Zoll	21' Zoll	27' Zoll	33' Zoll	39' Zoll	45' Zoll	51' Zoll	57' Zoll	63' Zoll	69' Zoll	75' Zoll
30—39	24	1,30	13,13	25,69									
40—49	55	1,17	26,71	52,21	63,68								
50—59	95	20,19	16,86	66,95	104,92	126,19							
60—69	145	45,85	2,20	80,88	155,39	220,62	258,91	259,89					
70—79	84	38,71	12,98	33,32	78,55	119,78	157,76	181,09	188,86				
80—89	138	92,73	42,99	27,31	105,09	181,61	252,09	313,37	349,53	356,82	342,80		
90—99	26	22,45	13,61	3,13	18,17	33,25	48,29	59,34	68,35	78,66	80,73	78,75	65,54
Summa	567	219,80	10,71	289,49									

Durchschnittlich pro Stamm

Längen-Klasse	9' Zoll	15' Zoll	21' Zoll	27' Zoll	33' Zoll	39' Zoll	45' Zoll	51' Zoll	57' Zoll	63' Zoll	69' Zoll	75' Zoll
30—39	0,05	0,55	1,07									
40—49	0,02	0,49	0,95	1,16								
50—59	0,21	0,18	0,70	1,10	1,33							
60—69	0,32	0,02	0,56	1,07	1,52	1,79	1,79					
70—79	0,46	0,15	0,40	0,91	1,43	1,88	2,16	2,25				
80—89	0,67	0,31	0,20	0,76	1,32	1,83	2,27	2,53	2,59	2,18		
90—99	0,86	0,12	0,12	0,70	1,28	1,86	2,28	2,63	3,03	3,11	3,03	2,52

Stämme von 40'—49' Länge beginnen dagegen mit einer, wenn auch ganz geringfügigen Einbauchung, gehen dann aber schon bei 15' Höhe in eine ziemlich starke Ausbauchung (0,49) über und erreichen ihre größte Ausbauchung (1,16) bei $\frac{27}{45} = 0{,}60$ ihrer Höhe.

Bei Stämmen von 50'—59' Länge tritt die Einbauchung bei 9' Höhe schon entschiedener hervor und ist ungefähr eben so stark wie die Ausbauchung bei 15' Höhe. Demnächst nimmt die Ausbauchung aber schnell zu und erreicht ihre größte Stärke (1,33) bei $\frac{33}{35} = 0{,}60$ der Höhe der Stämme.

Bei Stämmen von 60'—69' Länge ist die Einbauchung bei 9' Höhe schon bis auf ⅓ Zoll gestiegen und dagegen die Ausbauchung bei 15' Höhe fast bis auf Null gesunken. Die größte Ausbauchung (1,79) finden wir bei diesen Stämmen bei $\frac{42}{65} = 0{,}65$ ihrer Höhe.

Stämme von 70'—79', 80'—89' und 90'—99' Länge stimmen darin überein, daß sie sämmtlich nicht blos bei 9' Höhe sondern auch noch bei 15' Höhe Einbauchungen machen. Die größte Ausbauchung tritt demnächst

für Stämme von 70'—79' Länge bei $\frac{51}{75} = 0{,}68$

    „   „   „ 80'—89' „ „ $\frac{57}{85} = 0{,}67$

    „   „   „ 90'—99' „ „ $\frac{63}{95} = 0{,}66$

ihrer Höhe ein.

Der Punkt wo Kiefern ihre größte Ausbauchung machen, schwankt also weniger als der Punkt, wo sie ihre größte Ausbiegung haben, und liegt zwischen 0,60 bis 0,68 ihrer Höhe. Und wenn bei Stämmen von 30'—39', 40'—49' und 50'—59' Länge der Punkt, wo die größte Ausbauchung stattfindet, vielleicht um 2 bis 3 Fuß höher liegen sollte, als wir angenommen haben (was bei Messungen von 6 zu 6 Fuß ja sehr leicht der Fall sein kann), so würden auch diese Längen=klassen ihre größte Ausbauchung bei 0,66 machen und es würde alsdann bei allen Kiefern, gleichviel zu welcher Längenklasse sie gehören, die größte Ausbauchung im Durchschnitt bei ⅔ ihrer Höhe zu suchen sein.

Dem Maße nach beträgt die größte Ausbauchung

bei Stämmen von 30'—39' Länge = 1,07''

"   "   " 40'—49' " = 1,16''

"   "   " 50'—59' " = 1,33''

"   "   " 60'—69' " = 1,79''

"   "   " 70'—79' " = 2,25''

"   "   " 80'—89' " = 2,59''

"   "   " 90'—99' " = 3,11''

Mit zunehmender Länge der Stämme nimmt also die größte Ausbauchung so erheblich zu, daß dieselbe bei Stämmen von 90'—99' Länge fast dreimal so stark ist, als bei Stämmen von 30'—39' Länge.

Auch dieß verhielt sich bei den Ausbiegungen anders; denn die größte Ausbiegung (von — 0,82) fanden wir nicht bei der höchsten, sondern grade bei der niedrigsten Längenklasse und bei den übrigen Längenklassen trat kein so erheblicher Unterschied zwischen den größten Ausbiegungen ein, daß sich daraus überhaupt irgend eine Regel hätte ableiten lassen.

Gehen wir nun zu der Betrachtung der Ein= und Ausbauchungen in wagerechter Richtung über, so finden wir bei den ersten 4 Höhen= punkten, also bis 27' Höhe hinauf, ein sehr constantes Verhältniß

1. Bei 9' Höhe nehmen die Einbauchungen mit zunehmender Länge der Stämme zu, sie beginnen mit 0,02 für Stämme von 40'—49' Länge und schließen mit 0,86 für Stämme von 90'—99' Länge.

2. Bei 15' Höhe nehmen die Ausbauchungen mit zunehmender Länge der Stämme ab und ganz übereinstimmend hiermit die Ein= bauchungen zu.

3. Bei 21' Höhe nehmen die Ausbauchungen mit zunehmender Länge der Stämme ab.

4. Bei 27' Höhe desgleichen.

Bis zu 27' Höhe hinauf, finden wir also als feststehende Regel, von welcher keine einzige Ausnahme stattfindet, daß mit zunehmender Länge der Stämme die Einbauchungen zu= und die Ausbauchungen abnehmen.

Sollten wir nun nicht berechtigt sein, anzunehmen, daß bei den höhern Punkten dasselbe Verhältniß stattfinden werde? Und doch ver= hält es sich anders. Schon bei 33' Höhe, und noch mehr bei 39' Höhe treten Schwankungen ein, und von 45' Höhe ab tritt grade das umgekehrte Verhältniß ein, d. h. die Ausbauchungen nehmen mit zunehmender Länge der Stämme nicht mehr ab sondern zu. Sie betragen z. B. bei 45′ Höhe

für die Längenklasse 60′—69′ 1,79
" " " 70′—79′ 2,16
" " " 80′—89′ 2,27
" " " 90′—99′ 2,28

Diese Erscheinung ist aber leicht zu erklären, sobald wir uns an die bedeutende Zunahme der größten Ausbauchungen, namentlich bei den 4 höchsten Längenklassen, erinnern. Wenn z. B: bei Stämmen von 90′—99′ Länge die größte Ausbauchung 3,11″, bei Stämmen von 80′—89′ Länge dagegen nur 2,59″ beträgt, so darf es uns bei der erheblichen Differenz von (3,11″ — 2,59″) = 0,52″ nicht Wunder nehmen, daß Stämme von 90′—99′ Länge auch schon bei 57′ Höhe eine größere Ausbauchung machen, als Stämme von 80′—89′ Länge, obgleich letztere bei diesem Höhenpunkte ihre größte Ausbauchung bereits erreicht haben, erstere dagegen noch nicht.

Es bleibt uns, wenn wir bei den Ein= und Ausbauchungen denselben Gang wie bei den Ein= und Ausbiegungen nehmen wollen, nur noch übrig, zu berechnen, wie sich die Ein= und Ausbauchungen bei 9′ Höhe mit zunehmender Stärke der Stämme verhalten. Die Grundlagen zu dieser Berechnung sind in der Zusammenstellung II. vollständig enthalten.

Wir finden dann folgende Durchschnittszahlen:

Stärken=klasse Zoll	Zahl der Stämme	Ein= und Ausbauchungen bei 9′ Höhe im Ganzen	p. Stamm Zoll
4—6,75	20	1,03	0,05
7—9,75	77	7,77	0,10
10—12,75	147	41,72	0,28
13—15,75	168	65,41	0,39
16—18,75	100	58,19	0,58
19—21,75	40	33,33	0,83
22 u. darüber	15	14,11	0,94

und ersehen hieraus, daß die Einbauchungen bei 9′ Höhe nicht blos mit zunehmender Länge, sondern auch mit zunehmender Stärke der Stämme zunehmen.

Es wird Dir nicht entgehen, daß wir bei der Aufsuchung der Regeln über die Ein= und Ausbauchungen mit den Durchschnitts=berechnungen aus 567 Stämmen etwas weiter gekommen sind, als bei Aufsuchung der Regeln über die Ein= und Ausbiegungen mit den Durchschnittsberechnungen aus derselben Anzahl von Stämmen. Aber wie viel fehlt uns dessenungeachtet noch in Bezug auf so manchen Gegenstand, der unser Interesse in Anspruch nimmt, und wie manche Frage müssen wir noch unerledigt lassen, weil die Durchschnittsbe=rechnung aus 567 Stämmen zu deren Beantwortung nicht ausreicht.

Auf eine von diesen Fragen, welche von besonderem Interesse ist, möchte ich wohl noch näher eingehen; ich will Dir aber nicht verhehlen, daß die Untersuchungen, welche ich hierüber anstellen werde, etwas subtiler als die bisherigen sind, und daß dieselben doch zuletzt zu keinem andern Resultate als zu der Ueberzeugung führen, daß 567 Stämme zur Beantwortung der Frage noch nicht ausreichen.

Nach dieser Erklärung muß ich es Deinem Ermessen überlassen, ob Du mir noch weiter folgen, oder dieses Schreiben, ohne das Folgende durchgelesen zu haben, bei Seite legen willst.

Wir haben gefunden — oder glauben wenigstens gefunden zu haben — daß bei 9' Höhe die Einbauchungen

1. mit zunehmender Länge der Stämme zunehmen
2. mit zunehmender Stärke der Stämme zunehmen.

Fassen wir die Sache aber schärfer ins Auge, so finden wir, daß von diesen beiden Sätzen eigentlich noch keiner erwiesen ist. Denn bei der Untersuchung ad 1. hatten ja die den höhern Längenklassen angehörigen Stämme zugleich auch eine größere Stärke als die den untern Längenklassen angehörigen, (die zu der Längenklasse von 30'—39' gehörigen Stämme haben bei 3' Höhe durchschnittlich einen Durchmesser von 7,5" und die zu der Längenklasse von 90'—99' ge=hörigen Stämme durchschnittlich einen Durchmesser von 19") und bei der Untersuchung ad 2. hatten die den höhern Stärkenklassen ange=hörigen Stämme zugleich auch eine größere Länge als die den untern Stärkenklasse angehörigen, (die zu der Stärkenklasse von 4"—6,75" gehörigen Stämme haben durchschnittlich eine Höhe von 40' und die zu der Stärkenklasse von 19"—21,75" gehörigen Stämme haben durchschnittlich eine Höhe von 80'. Wir haben es daher in beiden Fällen mit keinem reinen, sondern mit einem gemischten Verhältniß zu thun gehabt, und wir können weder behaupten, daß die Einbauchung mit zunehmender Länge der Stämme zunimmt, (denn es kann ja auch die größere Stärke der Stämme diese Wirkung hervorgebracht haben) noch, daß sie mit zunehmender Stärke zunimmt, (denn das Wachsen der Einbauchung kann ja auch durch die größere Länge entstanden sein). Nur das können wir mit voller Sicherheit behaupten,

> daß die Einbauchungen bei 9' Höhe mit zunehmender Länge
> und Stärke der Stämme zunehmen,

müssen es dabei aber ganz unbestimmt lassen, ob es vorzugsweise — vielleicht auch ausschließlich — die zunehmende Länge oder vorzugsweise — vielleicht auch ausschließlich — die zunehmende Stärke der Stämme ist, welche diese Wirkung hervorbringt.

Ein Beispiel wird die Sache noch anschaulicher machen. Wenn wir uns vorstellen, daß

1. der Stamm a eben so lang aber doppelt so stark als der Stamm b ist, oder

2. der Stamm a eben so stark, aber doppelt so lang als der Stamm b ist, oder

3. der Stamm a nicht nur doppelt so lang, sondern auch doppelt so stark als der Stamm b ist,

so wissen wir bis jetzt nur, daß in dem ad 3. gedachten Falle die Einbauchung bei 9' Höhe bei dem Stamm a größer sein wird, als bei dem Stamm b. Dagegen wissen wir noch nicht, sondern wünschen erst zu erforschen, ob dasselbe Verhältniß auch in dem ad 1. und eben so in dem ad 2. gedachten Falle stattfindet.

Um diese Frage, so weit es in unsern Kräften steht, zu beantworten, sind noch mehrfache Ermittelungen nöthig. Wir müssen zunächst für jede Unterabtheilung der verschiedenen Längenklassen, und dann wieder für jede Unterabtheilung der verschiedenen Stärkenklassen die durchschnittliche Ein- und Ausbauchung bei 9' Höhe berechnen und hieran unsere weiteren Betrachtungen anknüpfen. Im ersten Falle erhalten wir:

Längenklasse	Stärkenklasse	Zahl der Stämme	Durchschnittliche Ein- und Ausbauchung bei 9' Höhe
30—39	4—6,75	11	0,10
	7—9,75	10	0,14
	10—12,75	2	0,33
	13—15,75	1	0,50
40—49	4—6,75	5	0,05
	7—9,75	22	0,02
	10—12,75	21	0,01
	13—15,75	6	0,09
	16—18,75	1	0,17
50—59	4—6,75	4	0,01
	7—9,75	24	0,10
	10—12,75	30	0,17
	13—15,75	27	0,20
	16—18,75	9	0,30
	19—21,75	1	0,01
60—69	7—9,75	13	0,11
	10—12,75	63	0,31
	13—15,75	49	0,27
	16—18,75	13	0,55
	19—21,75	7	0,60

Längenklasse	Stärkenklasse	Zahl der Stämme	Durchschnittliche Ein- und Ausbauchung bei 9' Höhe
70—79	7—9,75	7	0,36
	10—12,75	19	0,44
	13—15,75	27	0,45
	16—18,75	22	0,57
	19—21,75	7	0,27
	22—24,75	2	0,73
80—89	7—9,75	1	0,26
	10—12,75	11	0,61
	13—15,75	53	0,53
	16—18,75	47	0,65
	19—21,75	17	1,12
	22—24,75	7	0,77
	25—27,75	1	0,37
	28—30,75	1	2,30
90—99	10—12,75	1	0,60
	13—15,75	5	0,70
	16—18,75	8	0,64
	19—21,75	8	1,02
	22—24,75	2	0,74
	25—27,75	2	1,54

Betrachten wir nun z. B. die Längenklasse von 70—79', so gewinnt es nach dieser allerdings den Anschein als wenn Stämme von gleicher Länge mit zunehmender **Stärke** auch stärkere Einbauchungen bei 9' Höhe machten, indem nur bei der Stärkenklasse von 19—21,75″ eine Abweichung hiervon stattfindet. Gehen wir dann aber die Längenklasse von 80'—89', oder auch eine andere Längenklasse, durch, so müssen wir doch einräumen, daß das Sachverhältniß noch nicht ganz klar ist, und daß es der Durchschnittsberechnung aus einer größern Anzahl von Stämmen als aus 567 bedarf, um mit Sicherheit eine Regel hierüber aufstellen zu können.

Im zweiten Falle erhalten wir:

Stärkenklasse	Längenklasse	Zahl der Stämme	Durchschnittliche Ein- und Ausbauchung bei 9' Höhe	Stärkenklasse	Längenklasse	Zahl der Stämme	Durchschnittliche Ein- und Ausbauchung bei 9' Höhe
4—6,75	30—39	11	0,10	16—18,75	40—49	1	0,17
	40—49	5	0,02		50—59	9	0,39
	50—59	4	0,01		60—69	13	0,55
7—9,75	30—39	10	0,11		70—79	22	0,57
	40—49	22	0,02		80—89	47	0,65
	50—59	24	0,19		90—99	8	0,64
	60—69	13	0,11	19—21,75	50—59	1	0,01
	70—79	7	0,36		60—69	7	0,60
	80—89	1	0,26		70—79	7	0,27
10—12,75	30—39	2	0,35		80—89	17	1,12
	40—49	21	0,01		90—99	8	1,02
	50—59	30	0,17	22—24,75	70—79	2	0,73
	60—69	63	0,31		80—89	7	0,77
	70—79	19	0,44		90—99	2	0,74
	80—89	11	0,61	25—27,75	80—89	1	0,57
	90—99	1	0,66		90—99	2	1,54
13—15,75	30—39	1	0,50	28—30,75	80—89	1	2,30
	40—49	6	0,09				
	50—59	27	0,26				
	60—69	49	0,27				
	70—79	27	0,45				
	80—89	53	0,53				
	90—99	5	0,79				

Gehen wir zunächst die Stärkenklasse von 13"—15,75" durch, so scheint es allerdings, als wenn Stämme von gleicher Stärke, mit zunehmender Länge stärkere Einbauchungen machten, betrachten wir dann aber die Stärkenklasse von 19"—21,75" so finden wir einen solchen Wechsel in der Zunahme und Abnahme der Einbauchungen, daß wir wieder bedenklich werden, die eben erst gefundene Regel als richtig anzuerkennen.

Kurz, wir gelangen schließlich zu demjenigen Resultate, welches ich von vorn herein in Aussicht gestellt habe, daß nämlich 567 Stämme noch nicht ausreichen, um die aufgeworfene Frage ganz bestimmt zu beantworten.

Sollten wir uns aber wirklich für berechtigt halten, aus den vorstehenden Zahlen den Schluß zu ziehen, daß die Einbauchungen bei 9' sowohl mit zunehmender Länge als auch mit zunehmender Stärke der Stämme zunehmen, — was bis jetzt doch nur wahrschein= lich, aber keinesweges vollständig erwiesen ist — so sind wir auch hiermit noch nicht viel weiter gelangt, so lange wir das Maß in welchem die Einbauchungen mit zunehmender Läuge oder Stärke der Stämme anwachsen, nicht in Zahlen angeben können. Und hierzu müssen wir uns doch nach den bis jetzt vorliegenden Materialien für ganz unfähig erklären. Wir können nicht einmal behaupten, daß die Zunahme von 10' Länge einen größern oder geringern, oder einen gleichen Einfluß auf die Einbauchung bei 9' Höhe ausübt, wie die Zunahme von 3'' Stärke und noch weniger sind wir daher im Stande, das Maß dieser Einwirkung bei den verschiedenen Längen= und Stär= kenklassen in Zahlen anzugeben.

Willst Du also in dieser, und vielleicht auch noch in manchen andern Beziehungen, zu sicheren Resultaten gelangen, so wird Dir nichts weiter übrig bleiben, als die von mir begonnenen Berechnungen der Ein= und Ausbauchungen fortzusetzen und die von Dir gefundenen Zahlen mit den meinigen zusammenzustellen, um auf diese Weise Durch= schnittszahlen aus einer größern Anzahl von Stämmen zu erhalten.

Wenn Du dann mit Deinen Vermessungen und Berechnungen eben so wie ich bis zum 567ften Stamme vorgeschritten bist, so wirst Du voraussichtlich schon einen großen Unterschied zwischen den Durchschnittsberechnungen aus 1134 Stämmen und zwischen meinen Durchschnittsberechnungen aus 567 finden, und Du wirst ganz un= zweifelhaft über manche Gegenstände schon zu einem ganz bestimmten Urtheile gelangen, über welche wir beide jetzt noch im Dunkeln sind.

Vergiß alsdann aber auch nicht, Freund, daß ich durch die An= regung, welche ich hierzu gegeben habe, doch einige Ansprüche auf Deine Dankbarkeit besitze, und daß Du diese in keiner Weise besser bethätigen kannst, als durch die Mittheilung Deiner Berechnungen, wenn auch vorläufig nur von den in meinem ersten Schreiben ge= dachten 100 Stämmen.

Drittes Schreiben des Oberforstmeisters K. an den Waldbesitzer R.

In meinem er=
sten Schreiben habe
ich die Ein= und Aus=
biegungen, in meinem
zweiten die Ein= und
Ausbauchungen durch=
genommen; jetzt gehe
ich zu der Zusammen=
stellung beider über.
Ich muß Deine Auf=
merksamkeit hierbei
aber in einem noch
höhern Grade in An=
spruch nehmen, als bei
den bisherigen einfachern Untersuchungen.

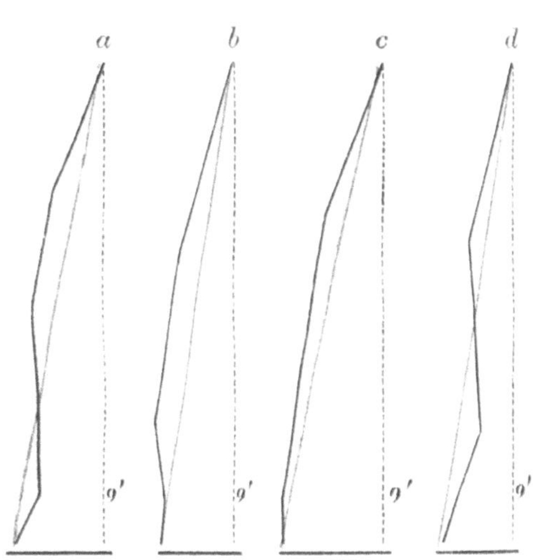

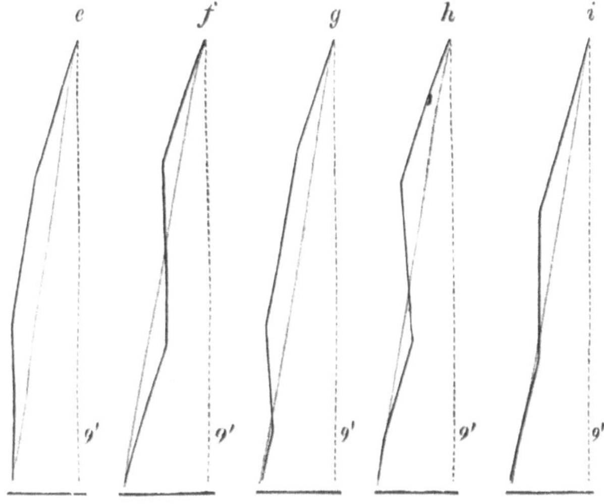

Jeder Stamm kann bei 9' Höhe entweder eine Einbiegung oder eine Ausbiegung oder keines von beiden haben, und gleichzeitig kann jeder Stamm bei 9' Höhe entweder eine Einbauchung oder eine Ausbauchung oder keines von beiden machen. Es sind also 9 Combinationen möglich, welche ich hierneben durch Zeichnungen dargestellt habe.

Bei 9' Höhe macht der Stamm

a eine Einbiegung und eine Einbauchung
b   "   "   "   "   Ausbauchung
c   "   Ausbiegung   "   "   "
d   "   "   "   "   Einbauchung
e keine Ein= oder Ausbiegung aber eine Ausbauchung
f   "   "   "   "   "   "   Einbauchung
g eine Einbiegung aber keine Ein= oder Ausbauchung
h   "   Ausbieguug   "   "   "   "   "
i keine Ein= oder Ausbiegung und eben so wenig eine Ein= und Ausbauchung.

Diese Figuren sind ohne Ausnahme Caricaturen, weil der Maßstab für die Durchmesser ganz unverhältnißmäßig größer ist, als der Maßstab für die Längen, aber sie werden ungeachtet dieses Mißverhältnisses, ihren Zweck erfüllen, Dir die Sache anschaulich zu machen.

Die Form a ist bei Kiefern im allgemeinen die bei weitem vorherrschendste.

Nur bei Stämmen von 30—39' Länge ist die Form b häufiger als die Form a, und bei Stämmen von 40—49' Länge scheinen beide Formen ziemlich gleichmäßig vorzukommen.

Je höher die Kiefer wird, desto entschiedener nimmt sie die Form a an. Von den 567 Stämmen gehören 421 Stämme zu dieser Form.

Die Form b tritt also zunächst bei Kiefern von 30—39' Länge als die vorherrschende Form auf, macht sich bei Stämmen von 40—49' Länge mit der Form a den Rang streitig, muß der letztern von 50' Höhe ab aber weichen, kommt jedoch in einzelnen Exemplaren selbst bei der höchsten Längenklasse noch vor. (Nr. 88). Von den 567 Stämmen gehören 57 der Form b an.

Die Form c ist bei der Kiefer noch seltener als die Form b. Von den 99 Kiefern der Nachweisung a z. B. gehören nur die Stämme Nr. 2, 14, 30, 51, 52 und 61 zu dieser Form und unter den 567 Stämmen kommen nur 35 Stämme von der Form c vor.

Die Form d kommt bei regelmäßigen Kiefern faſt gar nicht mehr vor. Unter den 567 Stämmen befinden ſich nur 2 Stämme von der Form d, welche ich noch als allenfalls regelmäßig habe annehmen können. Unter den 99 Stämmen der Nachweiſung a. dagegen befindet ſich kein Stamm von dieſer Form.

Der Form e gehören aus der Nachweiſung a. die Stämme Nr. 3, 18, 33 an und unter den 567 Stämmen befinden ſich 29 Stämme von dieſer Form.

Die Form f kommt in der Nachweiſung a. nicht vor, unter den 567 Stämmen aber gehören 13 Stämme zu derſelben.

Die Form g haben aus der Nachweiſung a. die Stämme Nr. 6, 19 und 34 und unter den 567 Stämmen gehören 7 Stämme dieſer Form an.

Die Form h hat nur ein Stamm und

die Form i haben nur zwei von den 567 Stämmen.

Daß die Formen g, h, i ſo ſelten vorkommen, kann nicht befremden. Denn ein Stamm mit einer Einbauchung von $0{,}01''$ bei 9' Höhe oder mit einer Ausbauchung von $0{,}01''$ gehört ſchon nicht mehr einer dieſer drei Formen an. Der Mantel des Stammes darf daher auf die Länge von 3' Höhe bis 9' Höhe von dem Mantel des entſprechenden Kegels auch nicht einmal um $\frac{1}{100}''$ abweichen, wenn der Stamm der einen von den drei Formen g, h oder i angehören ſoll.*)

Von den 567 Kiefern gehören alſo

$$
\begin{array}{llll}
\text{zu der Form} & a = 421 \ \text{Stämme} & = 74 \ \text{p. C.} \\
\text{"\quad"\quad"} & b = 57 & = 10 \ \text{"\quad"} \\
\text{"\quad"\quad"} & c = 35 & = 6 \ \text{"\quad"} \\
\text{"\quad"\quad"} & e = 29 & = 5 \ \text{"\quad"} \\
\text{"\quad"\quad"} & f = 13 \\
\text{"\quad"\quad"} & g = 7 \\
\text{"\quad"\quad"} & d = 2 & = 5 \ \text{"\quad"} \\
\text{"\quad"\quad"} & i = 2 \\
\text{"\quad"\quad"} & h = 1 \\
\end{array}
$$

Laß uns nun unter den 99 Kiefern der Nachweiſung a. vier Stämme aufſuchen, nämlich

---

*) Unter den zur Form i gehörigen beiden Stämmen befindet ſich ſogar ein Stamm deſſen Außenfläche bis zu 21' Höhe mit dem Mantel des Kegels genau zuſammenfällt. (Anm. des Verfaſſers.)

1. denjenigen Stamm, welcher bei 9' Höhe die größte Einbiegung
2. „   „   „   „   „   „   „ Ausbiegung
3. „   „   „   „   „   „   „ Einbauchung
4. „   „   „   „   „   „   „ Ausbauchung

hat, und ermitteln, welcher von den 9 Formen a bis i diese vier Stämme angehören. Wir finden dann, daß

1. die größte Einbiegung mit $+ 2{,}75''$ der Stamm Nr. 84
2. „   „   Ausbiegung „ $- 1{,}25''$ „   „   „ 14
3. „   „   Einbauchung „ $2{,}30''$ „   „   „ 84
4. „   „   Ausbauchung „ $0{,}83''$ „   „   „ 14

hat. Wir wollten vier Stämme aufsuchen und haben nur zwei, und zwar von den Formen a und c, gefunden; denn derselbe Stamm, welcher die größte Ausbiegung hat, macht zufällig auch die größte Ausbauchung, und derselbe Stamm, welcher die größte Einbiegung hat, macht zufällig auch die größte Einbauchung. Oder sollte dieses Zusammentreffen vielleicht mehr als bloßer Zufall sein? Sollte vielleicht ein Zusammenhang zwischen den Ein= und Ausbiegungen bei 9' Höhe mit den Ein= und Ausbauchungen daselbst in der Weise stattfinden, daß alle Stämme von einer und derselben Einbiegung auch eine und dieselbe Einbauchung, alle Stämme von einer und derselben Ausbiegung auch eine und dieselbe Ausbauchung haben?

Daß dieß nicht der Fall ist, läßt sich aus der Nachweisung a. sofort ersehen. Denn es haben z. B. die Stämme Nr. 30 und Nr. 52 beide bei 9' Höhe dieselbe Ausbiegung, (mit der Ziffer $- 0{,}25$) aber nicht dieselbe Ausbauchung, sondern resp. $0{,}38''$ und $0{,}56''$, und eben so haben die Stämme Nr. 13 und Nr. 92 beide bei 9' Höhe dieselbe Einbiegung, (mit der Ziffer $+ 1$) aber nicht dieselbe Einbauchung, sondern resp. $0{,}25''$ und $1{,}08''$. Aus diesen einzelnen Stämmen ist aber noch keine bestimmte Regel abzuleiten, also auch nicht die Regel, daß zwischen den Ein= und Ausbiegungen bei 9' Höhe und den Ein= und Ausbauchungen daselbst gar kein Zusammenhang stattfinde.

Haben wir doch auch bei Stämmen von 70' Länge und darüber fast keinen einzigen Stamm von der ∫ Form angetroffen und sind dessen ungeachtet durch die Durchschnittsberechnungen aus mehreren Stämmen zu der Ueberzeugung gelangt, daß die ∫ Form wirklich die Normalform für Kiefern ist; warum sollten wir nicht auch im vorliegenden Falle hoffen dürfen, durch die Zusammenstellung mehrerer Stämme eine Regel aufzufinden, welche wir an einzelnen Stämmen noch nicht entdecken können.

Ich will einmal zwei recht weit auseinandergehende Ein= und Ausbiegungen bei 9′ Höhe wählen, z. B. die Ausbiegung mit der Ziffer — 0,50 und die Einbiegung mit der Ziffer + 2 und will unter den 567 Stämmen alle diejenigen Stämme aufsuchen, welche diese beiden Ziffern haben. Es sind deren resp. 14 und 12. Hierauf will ich die Ein= oder Ausbauchungen dieser 26 Stämme und zwar so zusammenstellen, daß die Ein= und Ausbauchungen derjenigen 14 Stämme, welche bei 9′ Höhe die Ausbiegung mit der Ziffer — 0,50 haben, auf die eine Seite und die Ein= oder Ausbauchungen aller derjenigen Stämme, welche die Einbiegung mit der Ziffer + 2 haben, auf die andere Seite zu stehen kommen. Besteht wirklich ein Zusammenhang zwischen den Ein= und Ausbiegungen einerseits und den Ein= und Ausbauchungen andererseits, so muß dieser durch ein solches Verfahren nothwendig hervortreten.

Also:

— 0,50	+ 2	
Ein= u. Ausbauchungen bei 9′ Höhe	Ein= u. Ausbauchungen bei 9′ Höhe	
Zoll	Zoll	
0,71	0,67	
0,68	1,	
0,64	1,04	
0,59	1,09	
0,56	1,11	
0,50	1,17	
0,44	1,17	
0,44	1,22	
0,25	1,30	
0,19	1,58	
0,14	1,63	
0,10	1,63	
0,05		
0,30		
Summa 4,99	14,61	
Durchschnittlich pro Stamm 0,36	1,22	

Hierbei springt sogleich in die Augen, daß die **14 Stämme** mit der Ziffer — 0,50 fast nur schwarze Zahlen (Ausbauchungen), die Stämme mit der Ziffer + 2 dagegen ausschließlich rothe Zahlen, (Einbauchungen) geliefert haben. Nur der letzte unter den **14 Stämmen** mit der Ziffer — 0,50 macht hiervon eine Ausnahme, indem er bei 9' Höhe keine Ausbauchung sondern eine Einbauchung von 0,30'' macht. Dieser Stamm gehört zu den beiden Stämmen, welche die Form d annehmen, von welcher ich oben gesagt habe, daß sie bei regelmäßigen Kiefern fast gar nicht mehr vorkommt. Aber obgleich dieser Stamm eine gewiß seltene Ausnahme bildet, so erreicht seine Einbauchung dem Maße nach doch nicht einmal die geringste Ausbauchung, welche unter den **12 Stämmen** vorkommt, und die **14 Stämme** gehen von den **12 Stämmen** selbst in ihren nächsten Berührungspunkten immer noch um ⅓ Zoll auseinander. Wäre der Stamm mit der Ein= bauchung 0,30'', — welchen ich übrigens nicht selbst gemessen habe — als ein unregelmäßiger Stamm angesehen und deshalb nicht mit vermessen worden, so würden die Ein= und Ausbauchungen der Stämme mit der Ziffer — 0,50 von den Ein= und Ausbauchungen der Stämme mit der Ziffer + 2, da, wo sie am nächsten zusammentreffen, noch um ¾ Zoll auseinandergehen.

Die **13** ersten Stämme mit der Ziffer — 0,50 gehören sämmtlich der c Form, die **12 Stämme** mit der Ziffer + 2 ohne Ausnahme der a Form an. Die b Form, welche bei Kiefern nächst der a Form am häufigsten vorkommt, ist also im vorliegenden Falle gar nicht vertreten.

Die durchschnittliche Ausbauchung der **14 Stämme** mit der Ziffer — 0,50 beträgt 0,36'' und die durchschnittliche Einbauchung der **12 Stämme** mit der Ziffer + 2 = 1,22''. In ihren durchschnitt= lichen Ein= und Ausbauchungen gehen die **14 Stämme** von den **12** Stämmen also um (0,36 − 1,22) = 1½ Zoll auseinander. Wäre der Stamm mit der Einbauchung 0,30'' als ein unregelmäßiger Stamm angesehen und nicht mitgemessen worden, so würde die durchschnittliche Ausbauchung für Stämme mit der Ziffer — 0,50 nicht 0,36'' sondern 0,41'' betragen, und eben so würde die durchschnittliche Einbauchung für Stämme mit der Ziffer + 2 größer als 1,22'' sein, wenn die **12** Stämme aus denen diese Zahl gezogen ist, nicht zufällig grade ganz besonders vollholzig wären, wie wir dieß weiterhin bei andern Höhen= punkten noch sehen werden.

Ich habe also keineswegs zwei Ziffern ausgewählt, welche geeignet wären, einen innern Zusammenhang zwischen den Ein- und Ausbiegungen einerseits und den Ein- und Ausbauchungen andererseits, besonders scharf hervorzuheben, sondern ich bin im Gegentheil auf 2 Ziffern gestoßen, welche für den vorliegenden Zweck grade besonders ungünstig sind. Und wenn nun dessenungeachtet die Differenz zwischen der durchschnittlichen Ausbauchung der zu der Ziffer — 0,50 gehörigen Stämme und zwischen der durchschnittlichen Einbauchung der zu der Ziffer + 2 gehörigen Stämme 1½ Zoll beträgt, so kann wohl kaum noch ein Zweifel darüber bestehen, daß zwischen den Ein- und Ausbiegungen bei 9' Höhe und zwischen den Ein- und Ausbauchungen daselbst wirklich ein Zusammenhang besteht. Aber welcher Zusammenhang?

Ein einigermaßen richtiges Urtheil wirst Du hierüber schon fällen können, wenn ich die 567 Stämme der Zahl nach

1. nach den Ein- und Ausbiegungen, welche sie bei 9' Höhe von der Ziffer — 1,50 ab bis zur Ziffer + 2,75 hinauf machen und

2. nach den 9 Formen a bis i, welche sie annehmen können, zusammenstelle.

1 — Ziffer der Ein- und Ausbiegungen bei 9' Höhe	2 — Zahl der Stämme	3 — Von der in Colonne 2 angegebenen Zahl der Stämme gehören zur Form								
		a	b	c	d	e	f	g	h	i
— 1,50	1			1						
— 1,25	1			1						
— 1,	3			2					1	
— 0,75	4			4						
— 0,50	14			13	1					
— 0,25	15			14	1					
0	44					29	13			2
+ 0,25	61	30	29					2		
+ 0,50	104	76	23					5		
+ 0,75	93	88	5							
+ 1,	76	76								
+ 1,25	58	58								
+ 1,50	52	52								
+ 1,75	16	16								
+ 2,	12	12								
+ 2,25	5	5								
+ 2,50	5	5								
+ 2,75	3	3								
Summa	567	421	57	35	2	29	13	7	1	2

Aus dieser Zusammenstellung, in welcher ich die Zahlen derjenigen Stämme, welche bei 9' Höhe Einbauchungen machen mit rother Tinte geschrieben habe, ist doch wenigstens schon Folgendes zu entnehmen:

1. daß fast sämmtliche Stämme, welche bei 9' Höhe eine Ausbiegung haben, d. h. die 38 Stämme mit den Ziffern — 1,50 bis zu — 0,25 eben daselbst auch eine Ausbauchung machen.

2. daß auch noch von den 44 Stämmen mit der Ziffer 0 die überwiegende Mehrzahl Ausbauchungen macht.

3. daß selbst noch von den 61 Stämmen mit der Ziffer + 0,25 (also mit einer geringen Einbiegung bei 9' Höhe) eine eben so große Anzahl Ein= wie Ausbauchungen macht.

4. daß mit der Ziffer + 0,50 die Einbauchungen bedeutend überwiegend hervortreten, und

5. von der Ziffer + 1 ab gar keine Ausbauchungen mehr vorkommen.

Abgerundet dürften sich die Ein= und Ausbauchungen bei 9' Höhe zu den Ziffern der Ein= und Ausbiegungen vielleicht folgendermaßen verhalten:

Ziffer für die Ein= und Ausbiegungen bei 9' Höhe	Einbauchungen pro Cent	Ausbauchungen pro Cent
von — 1,50 bis — 0,50	.	100
— 0,25	10	90
0	30	70
+ 0,25	50	50
+ 0,50	70	30
+ 0,75	90	10
+ 1 bis + 2,75	100	.

Eine noch bessere Uebersicht gewinnen wir aber, wenn ich nun auch noch dem Maße nach die durchschnittlichen Ein= und Ausbauchungen angebe, welche die 567 Stämme für die verschiedenen Ziffern von — 1,50 bis + 2,75 machen.

Zahl der Stämme	Ziffer für die Ein= und Ausbiegungen bei 9′ Höhe	Durchschnitt=liche Ein= und Ausbauchung bei 9′ Höhe Zoll
9	− 1,50	0,49
	− 1,25	
	− 1,	
	− 0,75	
14	− 0,50	0,36
15	− 0,25	0,25
44	0	0,09
61	+ 0,25	0,02
104	+ 0,50	0,16
93	+ 0,75	0,36
76	+ 1,	0,54
58	+ 1,25	0,69
52	+ 1,50	0,94
16	+ 1,75	1,18
12	+ 2,	1,22
13	+ 2,25	1,75
	+ 2,50	
	+ 2,75	

Nach dieser Zusammenstellung kann nun wohl kein Zweifel mehr darüber bestehen, daß bei 9′ Höhe ungeachtet mancher einzelnen Ausnahmen, dennoch **in der Regel**

der größeren Ausbiegung eine größere Ausbauchung und

der größeren Einbiegung eine größere Einbauchung entspricht.

Dieser für die Abschätzung stehender Kiefern wichtige Satz läßt sich wissenschaftlich nicht begründen. Man kann vielmehr z. B. behaupten, daß wenn bei der Kiefer die Form b überhaupt vorkommt, sie ja eben so gut bei Stämmen mit der Ziffer + 2, wie bei Stämmen mit der Ziffer + 0,25 vorkommen könnte. Hierauf läßt sich nur erwiedern, daß dieß allerdings so sein könnte, daß es aber factisch niemals so ist. Ich bin über viele Gegenstände, welche ich in diesen Briefen berühre, noch in Ungewißheit, noch zu keinem bestimmten

Abschluß gelangt; darüber aber besteht bei mir nicht mehr der mindeste Zweifel, daß eine regelmäßige Kiefer, welche bei 9' Höhe eine Einbiegung mit der Ziffer + 2 hat, niemals die Form b sondern immer nur die Form a annehmen, niemals bei 9' Höhe eine Ausbauchung, sondern immer nur eine Einbauchung machen kann.

Die so eben gefundene Regel gilt übrigens nicht blos im Allgemeinen, ohne Rücksicht auf Länge und Stärke der Stämme, sondern sie gilt, wie ich durch verschiedene Zusammenstellungen nachweisen kann*), auch für Stämme von gleicher Länge und Stärke

---

*) Um diesen Nachweis zu führen, habe ich mich der Mühe unterzogen, für jede einzelne Höhenklasse die Ein- und Ausbiegungen mit den Ein- und Ausbauchungen in derselben Weise zusammenzustellen, wie es oben im Ganzen geschehen ist, außerdem aber auch noch für die zu jeder Ziffer gehörigen Stämme den durchschnittlichen Durchmesser bei 3' Höhe zu suchen. Bei der Wichtigkeit der Frage, um welche es sich handelt, theile ich die ganze Zusammenstellung hier mit:

Längenklasse.	Ziffer für die Ein- und Ausbiegungen bei 9' Höhe	Zahl der Stämme	Durchschnittliche Ein- und Ausbauchungen bei 9' Höhe	Durchschnittlicher Durchmesser bei 3' Höhe
30—39	− 1,50	.	.	.
	− 1,25	1	0,38	9,50
	− 1,	.	.	.
	− 0,75	.	.	.
	− 0,50	.	.	.
	− 0,25	1	0,41	5,
	0	2	0,30	7,50
	+ 0,25	7	0,97	7,13
	+ 0,50	4	0,06	6,94
	+ 0,75	6	0,07	7,08
	+ 1,	1	0,25	8,75
	+ 1,25	1	0,33	10,
	+ 1,50	1	0,50	13,50
	+ 1,75	.	.	.
	+ 2,	.	.	.
	+ 2,25	.	.	.
	+ 2,50	.	.	.
	+ 2,75	.	.	.
40—49	− 1,50	.	.	.
	− 1,25	.	.	.
	− 1,	.	.	.
	− 0,75	.	.	.

und erhält dadurch erst ihre große Bedeutung. Ein Stamm, welcher 75′ lang und bei 3′ Höhe 14″ stark ist, und welcher bei 9′ Höhe

Längenklasse	Ziffer für die Ein- und Ausbiegungen bei 9′ Höhe	Zahl der Stämme	Durchschnittliche Ein- und Ausbauchungen bei 9′ Höhe	Durchschnittlicher Durchmesser bei 3′ Höhe
40—49	− 0,50	1	0,64	11,50
	− 0,25	2	0,32	9,
	0	7	0,25	10,82
	+ 0,25	11	0,13	9,07
	+ 0,50	11	0,04	9,77
	+ 0,75	10	0,13	10,20
	+ 1,	7	0,30	10,82
	+ 1,25	6	0,17	10,87
	+ 1,50	.	.	.
	+ 1,75	.	.	.
	+ 2,	.	.	.
	+ 2,25	.	.	.
	+ 2,50	.	.	.
	+ 2,75	.	.	.
50—59	− 1,50	.	.	.
	− 1,25	.	.	.
	− 1,	1	0,54	15,25
	− 0,75	2	0,50	15,88
	− 0,50	3	0,39	13,05
	− 0,25	3	0,42	8,75
	0	7	0,12	10,82
	+ 0,25	13	0,01	10,94
	+ 0,50	24	0,13	11,24
	+ 0,75	11	0,31	11,32
	+ 1,	14	0,51	11,70
	+ 1,25	10	0,51	13,55
	+ 1,50	4	0,74	13,56
	+ 1,75	2	0,50	14,12
	+ 2,	.	.	.
	+ 2,25	.	.	.
	+ 2,50	1	2,22	14,
	+ 2,75	.	.	.
60—69	− 1,50	.	.	.
	− 1,25	.	.	.
	− 1,	.	.	.
	− 0,75	2	0,48	12,
	− 0,50	4	0,21	15,19
	− 0,25	6	0,06	12,54

58

eine Einbiegung mit der Ziffer + 1,75 hat, wird also bei 9' Höhe
eine stärkere Einbauchung machen, als ein Stamm von 75' Länge

Längenklasse	Ziffer für die Ein- und Ausbiegungen bei 9' Höhe	Zahl der Stämme	Durchschnittliche Ein- und Ausbauchungen bei 9' Höhe	Durchschnittlicher Durchmesser bei 3' Höhe
60—69	0	14	0,12	13,29
	+ 0,25	18	0,09	12,07
	+ 0,50	28	0,20	12,44
	+ 0,75	24	0,44	13,96
	+ 1,	21	0,46	12,52
	+ 1,25	11	0,6[illegible]	14,39
	+ 1,50	13	0,82	13,15
	+ 1,75	1	0,91	12,
	+ 2,	2	1,09	15,63
	+ 2,25	1	1,32	16,
	+ 2,50	.	.	.
	+ 2,75	.	.	.
70—79	— 1,50	.	.	.
	— 1,25	.	.	.
	— 1,	1	0	18,50
	— 0,75	.	.	.
	— 0,50	4	0,46	16,25
	— 0,25	2	0,18	13,38
	0	6	0,06	13,83
	+ 0,25	3	0,17	15,17
	+ 0,50	14	0,[illegible]	13,63
	+ 0,75	19	0,38	14,67
	+ 1,	11	0,60	13,86
	+ 1,25	11	0,[illegible]	14,68
	+ 1,50	9	1	15,97
	+ 1,75	2	1,1[illegible]	13,25
	+ 2,	1	1,30	21,
	+ 2,25	1	1,40	17,25
	+ 2,50	.	.	.
	+ 2,75	.	.	.
80—89	— 1,50	1	0,40	15,
	— 1,25	.	.	.
	— 1,	1	0,72	23,50
	— 0,75	.	.	.
	— 0,50	2	0,25	13,1[illegible]
	— 0,25	.	.	.
	0	8	0,[illegible]	16,8[illegible]
	+ 0,25	[illegible]	0,[illegible]	15,

und 14″ Stärke, welcher bei 9′ Höhe nur eine Einbiegung mit der Ziffer + 1 hat, u. dergl. m.

Längenklasse	Ziffer für die Ein= und Ausbiegungen bei 9′ Höhe	Zahl der Stämme	Durchschnitt= liche Ein= und Ausbau= chungen bei 9′ Höhe	Durchschnitt= licher Durchmesser bei 3′ Höhe
80—89	+ 0,50	21	0,17	15,40
	+ 0,75	20	0,49	15,69
	+ 1,	16	0,71	16,23
	+ 1,25	16	0,76	15,28
	+ 1,50	24	1,01	17,97
	+ 1,75	4	1,03	14,38
	+ 2,	8	1,23	16,94
	+ 2,25	3	1,38	18,75
	+ 2,50	3	1,97	18,67
	+ 2,75	3	1,82	25,25
90—99	− 1,50	.	.	.
	− 1,25	.	.	.
	− 1,	.	.	.
	− 0,75	.	.	.
	− 0,50	.	.	.
	− 0,25	1	0,10	16,25
	0	.	.	.
	+ 0,25	1	0,10	16,75
	+ 0,50	2	0,36	18,63
	+ 0,75	3	0,33	19,58
	+ 1,	6	0,69	16,58
	+ 1,25	3	0,86	16,92
	+ 1,50	1	1,13	17,25
	+ 1,75	7	1,39	19,86
	+ 2,	1	1,09	27,75
	+ 2,25	.	.	.
	+ 2,50	1	1,99	19,50
	+ 2,75	.	.	.

Ein in der That merkwürdiger Zufall fügt es so, daß bei Stämmen von 40—49′ Länge für die beiden Ziffern 0 und + 1, eine gleiche Anzahl von Stämmen (7) genau einen und denselben durchschnittlichen Durchmesser (10,82″) hat. Und wie verhalten sich nun die Ein= und Ausbauchungen dieser gleich starken und zu derselben Längenklasse gehörigen Stämme? Die 7 Stämme mit der Ziffer 0 machen bei 9′ Höhe eine Ausbauchung von 0,25″, die 7 Stämme mit der Ziffer + 1 dagegen eine Einbauchung von 0,30″.

Stände dieser Fall vereinzelt da, so würde er noch wenig oder gar nichts beweisen, allein man kann dieselbe Regel noch aus sehr vielen andern Positionen herausfinden. Z. B.

Um Dir schon jetzt anschaulich zu machen, weshalb der Satz
daß bei Stämmen von gleicher Stärke und Länge der größern
Ausbiegung bei 9' Höhe in der Regel auch eine größere Aus=
bauchung und der größern Einbiegung eine größere Einbau=
chung entspricht

für die Abschätzung stehender Kiefern von großer Wichtigkeit ist, muß
ich in spätere Erörterungen ein wenig vorgreifen. Der Stamm K
ist, wie wir wissen, 83' lang und bei 3' Höhe 15,5" stark. Denkst
Du Dir einen andern Stamm X von derselben Länge und von der=
selben Stärke bei 3' Höhe, so muß die unterste 6füßige Walze dieses
Stammes zwar denselben Cubikinhalt haben, wie die unterste Walze
des Stammes K, weil beide Stämme bei 3' Höhe gleich stark sind;
alle übrigen 12 Walzen des Stammes X können aber einen größeren
oder kleineren Durchmesser als die entsprechenden Walzen des Stam=
mes K, mithin auch einen größeren oder geringeren Cubikinhalt (Kör=
perraum) haben. Wäre nun der Durchmesser jeder einzelnen Walze
des Stammes X — mit Ausschluß natürlich der untersten — um
einen Zoll länger als bei jeder einzelnen Walze des Stammes K, so
wird der Cubikinhalt, um welchen die einzelnen sechs Fuß langen

---

Bei Stämmen von 50—59' Länge

machen 3 Stämme mit der Ziffer — 0,50 und einem durchschnittlichen Durchmesser
von 13,05" eine Ausbauchung von 0,39", während 4 Stämme mit der Ziffer + 1,50
und einem Durchmesser von 13,56" eine Einbauchung von   machen. Die
durchschnittlichen Durchmesser sind in diesem Fall zwar nicht ganz gleich, die
Differenz zwischen beiden ist aber so unbedeutend, daß sie gegen die Differenz
zwischen den Ein= und Ausbauchungen in keiner Weise in Betracht kommen kann.

Bei Stämmen von 60—69' Länge

machen 14 Stämme mit der Ziffer 0 und 13,29" stark, eine Ausbauchung von 0,12",
dagegen 13 Stämme mit der Ziffer + 1,50 und 13,15" stark eine Einbauchung
von

Bei Stämmen von 70—79' Länge

machen 6 Stämme mit der Ziffer 0 und 13,83" stark eine Ausbauchung von 0,06"
und 11 Stämme mit der Ziffer + 1, und 13,86" stark eine Einbauchung von

Bei Stämmen von 80—89' Länge

machen 21 Stämme mit der Ziffer + 0,50 und 15,40" stark eine Einbauchung
von 0,17" und 16 Stämme mit der Ziffer + 1,25 und 15,28" stark eine Einbau=
chung von

Bei Stämmen von 90—99' Länge

machen 3 Stämme mit der Ziffer + 0,75 und 19,58" stark eine Einbauchung von
und 7 Stämme mit der Ziffer + 1,75 und 19,86" stark eine Einbauchung
von   (Anm. des Verfassers.)

Walzen des Stammes X stärker sind als die entsprechenden Walzen des Stammes K, betragen:

bei der bei 9′ Höhe gemessenen Walze 0,92 C. F.

″	″	″	15′	″	″	″	0,87 ″
″	″	″	21′	″	″	″	0,82 ″
″	″	″	27′	″	″	″	0,77 ″
″	″	″	33′	″	″	″	0,72 ″
″	″	″	39′	″	″	″	0,67 ″
″	″	″	45′	″	″	″	0,62 ″
″	″	″	51′	″	″	″	0,57 ″
″	″	″	57′	″	″	″	0,52 ″
″	″	″	63′	″	″	″	0,42 ″
″	″	″	69′	″	″	″	0,33 ″
″	″	″	75′	″	″	″	0,23 ″

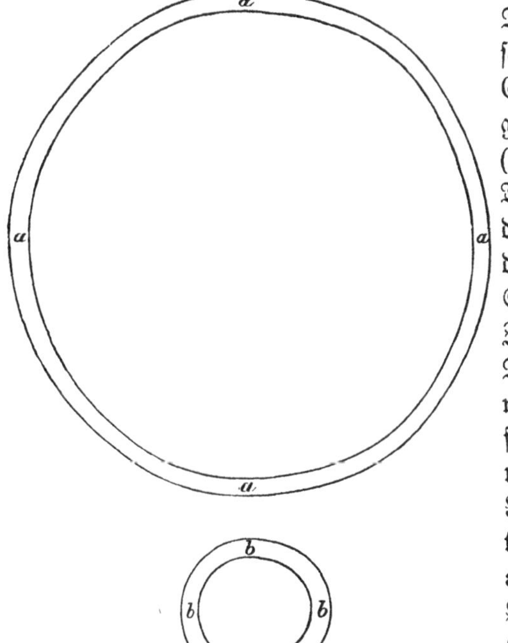

Daß bei 9′ Höhe die Differenz der beiden sechsfüßigen Walzen 0,92 C. F., bei 75′ Höhe dagegen nur 0,23 C. F. (also nur den vierten Theil) beträgt, obgleich doch in beiden Fällen der Durchmesser des Stammes X um einen Zoll länger ist als der Durchmesser des Stammes K, kann nicht befremden, sobald wir die nebenstehenden beiden Ringe a und b betrachten, von denen der Ring a die Differenz der Querdurchschnitte zweier Stämme bei 9′ Höhe, und der Ring b die Differenz der Querdurchschnitte bei 75′ Höhe darstellen mag. In beiden Fällen ist die Breite der Ringe vollkommen gleich, aber dessenungeachtet ist der Ring a dem Flächeninhalte nach viermal so groß als der Ring b.

Im Ganzen ist der Stamm X um 7,46 C. F. stärker als der Stamm K, mit welchem er gleiche Länge und bei 3' Höhe auch gleiche Stärke hat.

Man sagt dann: der Stamm X ist vollholziger als der Stamm K, und diese größere oder geringere Vollholzigkeit bildet bei der Abschätzung stehender Stämme einen sehr wichtigen Factor.

Zwei Stämme von gleicher Stärke und Länge können wie die Stämme K und X in der Vollholzigkeit ihrer ganzen Länge nach verschieden sein; sie können aber auch nur einzelne Walzen, ja selbst eine einzige Walze haben, bei welchen eine Verschiedenheit stattfindet. Im letztern Falle, wenn also nur bei einer Walze eine Verschiedenheit stattfindet, ist, wie Du Dich jetzt überzeugt haben wirst, die bei 9' Höhe gemessene Walze die wichtigste und einflußreichste von allen, und diese ist es ja grade, mit welcher wir uns gegenwärtig beschäftigen.

Die Vollholzigkeit dieser Walze muß selbstredend größer sein, wenn der Stamm bei 9' Höhe eine Ausbauchung macht (die Form b annimmt) als wenn er weder eine Ein= noch eine Ausbauchung macht (die Form g annimmt). Und bei einem Stamme von der Form g wird diese Walze wieder vollholziger sein, als bei einem Stamme von der Form a, d. h. bei einem Stamme, welcher bei 9' Höhe eine Einbauchung macht. Und je mehr die Einbauchung zunimmt, je mehr also bei 9' Höhe die schwarze Linie sich von der rothen in der Richtung nach der Achse des Stammes zu entfernt, desto mehr wird die Vollholzigkeit abnehmen.

Du wirst nunmehr begreifen, wie wichtig es bei der Abschätzung stehender Kiefern sein muß, richtig zu beurtheilen, ob der abzuschätzende Stamm bei 9' Höhe eine starke oder schwach Ausbauchung, oder eine schwache oder starke Einbauchung macht.

Nun ist aber der rothe Strich, welchen ich am Stamm K von a bis b gezogen habe, am stehenden Baum leider nicht vorhanden, und auch bei der lebhaftesten Einbildungskraft wird es Dir nicht gelingen, Dir diesen Strich zu denken, selbst dann nicht, wenn Du eine ganz grade und ganz senkrechte stehende Kiefer, mit vollkommen ausgebildeter und erkennbarer Spitze, vor Dir hast, geschweige denn bei

einer schief stehenden oder krummen Kiefer, oder bei einer Kiefer mit
abgerundeter Krone. Kann der rothe Strich aber nicht gedacht wer=
den, so ist auch der Grad der Ein= oder Ausbauchung nicht zu
erkennen. Wohl aber ist erkennbar und selbst meßbar, ob der Stamm
bei 9' Höhe eine starke oder schwache Ein= oder Ausbiegung hat,
und wenn es daher richtig ist, daß die größere Einbiegung bei 9'
Höhe in der Regel auch eine größere Einbauchung zur Folge hat,
so haben wir ja in der erkennbaren Einbiegung ein Maß für die
nicht erkennbare Einbauchung und dadurch wieder ein Hülfsmittel
zur Beurtheilung der Holzhaltigkeit des untern Theiles des Stammes.

Daß einer größern Ein= oder Ausbiegung bei 9' Höhe eine
größere Ein= oder Ausbauchung nur in der Regel, und nicht immer
entspricht, ist hierbei ein nicht zu verkennender Uebelstand; denn in
einem ungünstigen Falle kann der Taxator durch die Ein= und
Ausbiegung ja auch getäuscht und zu einem unrichtigen Schlusse ver=
leitet werden.

Indessen, Freund, wenn ich Dir ein Heilmittel an die Hand
gebe, und Dir zugleich nicht verschweige, daß dasselbe in 100 Fällen
nur neun und neunzig Mal zu helfen pflegt, so, denke ich, wirst Du
dieses Mittel, so lange Du nicht in dem Besitz eines besseren bist,
anwenden, selbst auf die Gefahr hin, daß dasselbe Dich in 100 Fällen
einmal im Stich läßt.

Ehe ich die Ein= und Ausbauchungen bei 9' Höhe verlasse und
zu höher gelegenen Punkten übergehe, muß ich noch auf einen schon
erwähnten Gegenstand wieder zurückkommen, nämlich darauf, daß die
12 Stämme mit der Ziffer $+ 2$ zufällig besonders vollholzig sind.
Dieß ist schon bei 9' Höhe deutlich zu erkennen. Es betragen näm=
lich nach der obigen Zusammenstellung die durchschnittlichen Einbau=
chungen bei 9' Höhe für Stämm.

$$\text{mit der Ziffer} \quad +1{,}50 \quad . \quad . \quad . \quad 0{,}94''$$
$$+1{,}75 \quad . \quad . \quad . \quad 1{,}18''$$
$$+2{,} \quad . \quad . \quad . \quad 1{,}22''$$
$$+2{,}50 \quad . \quad . \quad . \quad 1{,}73''$$

Wären die gedachten 12 Stämme nicht zufällig etwas vollholziger,
als bei der Ziffer $+ 2$ zu erwarten ist, so würden sie wahrscheinlich
eine durchschnittliche Einbauchung von etwa $1{,}36''$ statt $1{,}22''$ machen.
Wir werden nun sogleich sehen, daß sich diese größere Vollholzig=

kett der 12 Stämme bei höher gelegenen Punkten noch deutlicher herausstellt.

Bei 15' Höhe. Wenn die Ein= und Ausbiegungen bei 9' Höhe auf die Ein= und Ausbauchungen bei 9' Höhe einen Einfluß ausüben, so könnte sich ihr Einfluß ja wohl auch noch weiter, d. h. auch noch auf die Ein= und Ausbauchungen bei 15' Höhe erstrecken. Unmöglich wenigstens ist dieß nicht, und da auch in diesem Falle wieder theoretische Betrachtungen nicht zum Ziele führen können, so habe ich gleich eine Zusammenstellung der Ein= und Ausbiegungen bei 9' Höhe mit den durchschnittlichen Ein= und Ausbauchungen bei 15' Höhe gemacht.

Zahl der Stämme	Ziffer für die Ein= und Ausbiegungen bei 9' Höhe	Durchschnittliche Ein= und Ausbauchung bei 15' Höhe
		Zoll
	− 1,50	
9	− 1,25	0,02
	− 1,	
	− 0,75	
14	− 0,50	0,21
15	− 0,25	0,25
44	0	0,21
61	+ 0,25	0,22
104	+ 0,50	0,18
93	+ 0,75	0,02
76	+ 1,	[illegible]
58	+ 1,25	[illegible]
52	+ 1,50	[illegible]
16	+ 1,75	[illegible]
12	+ 2,	0,48
	+ 2,25	
13	+ 2,50	1,
	+ 2,75	

Hieraus ergiebt sich zunächst, daß für Stämme mit den Ziffern − 1,50 bis zu der Ziffer + 0,25 eine Einwirkung der Ein= und Ausbiegungen bei 9' Höhe auf die Ein= und Ausbauchungen bei 15' Höhe

nur noch in so fern stattfindet, als diese Stämme in ihrer Ge=
sammtheit bei 15' Höhe vollholziger sind als die nachfolgenden
Stämme. Unter sich lassen sie eine Einwirkung der Ein= und Aus=
biegung bei 9' Höhe auf die Ein= und Ausbauchung bei 15' Höhe
nicht mehr erkennen. Von der Ziffer + 0,50 ab beginnt dagegen
wirklich eine Abnahme der Ausbauchungen und eine Zunahme der
Einbauchungen. Nur die bewußten 12 Stämme mit der Ziffer + 2
machen hiervon eine Ausnahme, und zeigen auch bei 15' Höhe wie=
der ihre Vollholzigkeit. Wäre die durchschnittliche Einbauchung dieser
12 Stämme $0{,}75''$ statt $0{,}43''$ so würden wir von der Ziffer + 0,25
ab eine ziemlich regelmäßige Zahlenreihe erhalten haben.

Wir gelangen daher zu der Folgerung,

> daß einer größern Einbiegung bei 9' Höhe auch noch eine
> größere Einbauchung bei 15' Höhe entspricht, dagegen
> eine größere Ausbiegung keine größere Ausbauchung zur
> Folge hat.

Die Einwirkung der größern oder geringern Einbiegung bei 9'
Höhe auf die Einbauchungen bei 15' Höhe ist jedoch schon gerin=
ger geworden, als die Einwirkung derselben auf die Einbauchungen
bei 9' Höhe.

Bei 21' Höhe ergiebt die Zusammenstellung folgende Zahlen:
(s. S. 66).

Es sind nur wenige rothe Zahlen (Einbauchungen) welche wir
bei 21' Höhe antreffen; weil die bei weitem meisten Stämme bei
21' Höhe schon Ausbauchungen machen. Wenn aber die 12 Stämme
mit der Ziffer + 2 nicht zufällig so vollholzig wären, so würden wir
bei ihnen doch auch wahrscheinlich $0{,}20''$ statt 0,02'' erhalten haben.

Gehen wir näher auf die obigen Zahlen ein, so finden wir, daß

der Ziffer	− 1	die Ausbauchung		0,54
"	" − 0,25	"	"	0,59
"	" + 0,75	"	"	0,55
"	" + 1	"	"	0,52

entspricht. Dazwischen liegen stärkere Ausbauchungen und es findet
daher bis zur Ziffer + 1 eine solche Schwankung in den Zahlen
statt, daß wir einen Zusammenhang zwischen den Ein= und Ausbie=
gungen bei 9' Höhe mit den Ausbauchungen bei 21' Höhe nicht

Zahl der Stämme	Ziffer für die Ein= und Ausbiegungen bei 9' Höhe	Durchschnittliche Ein= und Ausbauchung bei 21' Höhe
9	− 1,50 − 1,25 − 1, − 0,75	0,54
14	− 0,50	0,79
15	− 0,25	0,59
44	0	0,73
61	+ 0,25	0,67
104	+ 0,50	0 68
93	+ 0,75	0,55
76	+ 1,	0,52
58	+ 1,25	0,35
52	+ 1,50	0,23
16	+ 1,75	0,18
12	+ 2,	0,02
13	+ 2,25 + 2,50 + 2,75	0,31

mehr erkennen können. In ihrer Gesammtheit sind jedoch diese Stämme augenscheinlich vollholziger als die nachfolgenden, und mit der Ziffer + 1,25 beginnt ein regelmäßiges Fallen der Ausbauchungen und ein regelmäßiges Steigen der Einbauchungen, vorausgesetzt, daß wir für die bewußten 12 Stämme eine durchschnittliche Einbauchung von 0,20 annehmen.

Wir werden daher als Regel annehmen können, daß von der Ziffer + 1,25 ab eine größere Einbiegung bei 9' Höhe selbst noch bei 21' Höhe eine größere Einbauchung (resp. geringere Ausbauchung) zur Folge hat.

Bei 27' Höhe scheidet die Längenklasse von 30—39' aus und wir haben es deshalb nicht mehr mit 567 sondern nur noch mit 543 Stämmen zu thun. Nach der nachfolgenden Zusammenstellung

Zahl der Stämme (von 40 — 99')	Ziffer für die Ein= und Ausbiegungen bei 9' Höhe	Durchschnitt= liche Ein= und Ausbauchung bei 27' Höhe
8	− 1,50 − 1,25 − 1, − 0,75	0,78
14	− 0,50	1,27
14	− 0,25	0,80
42	0	1,18
54	+ 0,25	1,13
100	+ 0,50	1,07
87	+ 0,75	1,03
75	+ 1,	0,98
57	+ 1,25	0,86
51	+ 1,50	0,78
16	+ 1,75	0,34
12	+ 2,	0,72
13	+ 2,25 + 2,50 + 2,75	0,36

gewinnt es den Anschein, als wenn die Einwirkung der Einbiegungen bei 9' Höhe auf die Ausbauchungen bei 27' Höhe ganz aufgehört habe, indem Stämme mit der Ziffer + 1,50 dieselbe Ausbauchung wie Stämme mit der Ziffer − 1, und Stämme mit der Ziffer + 2,50 eine sogar noch etwas stärkere Ausbauchung wie Stämme mit der Ziffer + 1,75 haben. Die Zahl der vermessenen und berechneten Stämme ist jedoch zu gering, um hierüber schon definitiv absprechen zu können, und ich halte es meinerseits nicht für unmöglich, daß die Einbiegung bei 9' Höhe für Stämme mit sehr hohen Ziffern z. B. von + 1,75 ab auch noch auf die Ausbauchungen bei 27' Höhe einen Einfluß ausübt, und erst mit 33' Höhe endigt.*)

---

*) Ich habe die Berechnungen noch weiter und zwar bis 75' Höhe fortgesetzt, und theile dieselben hier mit, weil aus denselben wenigstens so viel hervorgeht, daß bei den höher gelegenen Punkten nicht etwa das umgekehrte Verhältniß, wie bis zu 27' Höhe, also eine Kreuzung der Mantellinien, eintritt.

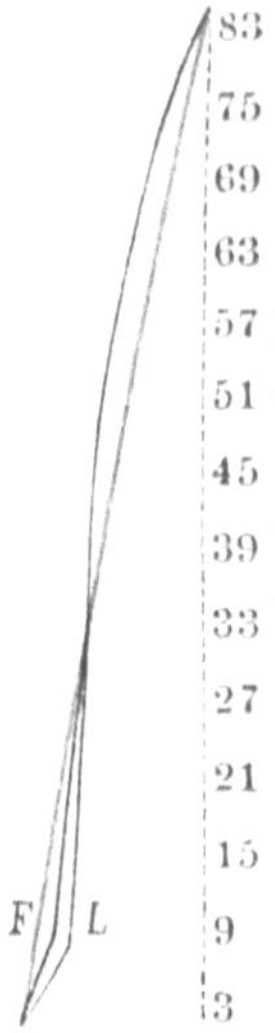

Um die aufgefundenen Regeln durch Zeichnungen noch anschaulicher zu machen, habe ich hier eine Figur gezeichnet, welche zwei auf einander liegende Stämme von 15,5″ Stärke bei 3′ Höhe, und von 83′ Länge darstellen soll, von denen der eine (zur Linken, welchen ich F nennen will) bei 9′ Höhe eine Einbiegung mit der Ziffer + 0,25 hat und zugleich eine Einbauchung von 0,09 macht; der zweite (zur Rechten, welchen ich L nennen will) dagegen eine Einbiegung mit der Ziffer + 2,25 und zugleich eine Einbauchung von 1,50″ hat.

Der Durchmesser des Stammes F bei 9′ Höhe beträgt dann 14,25″, der Durchmesser des Stammes L dagegen 12,75″. Bei 15′ Höhe nähern sich die Mantellinien der beiden Stämme bereits (die Einwirkung der Einbiegungen bei 9′ Höhe auf die Einbauchungen ist bei 15′ Höhe schon schwächer geworden als bei 9′ Höhe). Bei 21′ Höhe ist die Annäherung noch größer, desgleichen bei 27′ Höhe und bei 33′ Höhe fallen die Mantellinien beider Stämme zusammen.

Zahl der Stämme (von 50—99′)	Ziffer für die Ein- und Ausbiegung bei 9′ Höhe	Durchschnittliche Ausbauchung bei 33′ Höhe
8	− 1,50 − 1,25 − 1, − 0,75	1,26
13	− 0,50	1,54
12	− 0,25	1,29
35	0	1,73
43	+ 0,25	1,50
89	+ 0,50	1,40
77	+ 0,75	1,45
68	+ 1,	1,43
51	+ 1,25	1,31
51	+ 1,50	1,33
16	+ 1,75	0,92
12	+ 2,	1,17
13	+ 2,25 + 2,50 + 2,75	1,02

Wenn wir die Fläche zwischen der Mantellinie von F und der Mantellinie von L um die Achse des Stammes so lange herumbewegen, bis die beiden Mantellinien wieder in ihre vorige Lage gekommen sind, so haben wir einen Raum beschrieben und um den Cubikinhalt dieses Raumes ist der Stamm F stärker als der Stamm L, welcher mit ihm gleiche Länge und bei 3' Höhe gleiche Stärke hat.

Durch die Thatsache, daß die Einwirkung der Ein= und Ausbiegungen bei 9' Höhe sich nicht auf die Ein= und Ausbauchungen bei 9' Höhe beschränkt, sondern sich — insbesondere bei starken Einbiegungen — noch weit über diesen Höhenpunkt hinaus und im Durchschnitt etwa bis zu ⅓ der Höhe des ganzen Schaftes erstreckt, erhalten die Ein= und Ausbiegungen bei 9' Höhe erst ihre ganze volle Bedeutung. Nun müßte der Stamm L bei den übrigen zwei Dritteln seiner Länge schon erheblich vollholziger sein als der Stamm F, um den Mangel an Vollholzigkeit an dem untern Drittel wieder zu ersetzen. Und wenn er dieß nicht ist, wenn er vielmehr zufällig auch noch an seinem obern Theile abholziger sein sollte als der Stamm F, dann werden wir einen auffallend großen Unterschied in dem Cubik=

Zahl der Stämme (von 60—99')	Ziffer für die Ein= und Ausbiegung bei 9' Höhe	Durchschnittliche Ein= und Ausbauchung bei	
		39' Höhe	45'
5	— 1,50 — 1,25 — 1, — 0,75	1,70	1,92
10	— 0,50	1,86	2,38
9	— 0,25	1,75	1,91
28	0	2,17	2,30
30	+ 0,25	1,84	1,99
65	+ 0,50	1,85	1,95
66	+ 0,75	1,83	2,12
54	+ 1,	1,84	2,07
41	+ 1,25	1,76	2,01
47	+ 1,50	1,82	2,17
14	+ 1,75	1,17	1,93
12	+ 2,	1,78	2,07
12	+ 2,25 + 2,50 + 2,75	1,61	2,04

inhalte (Körperraume) zweier Stämme von gleicher Länge und von gleichem Durchmesser bei 3′ Höhe finden.

Für die Beurtheilung der Vollholzigkeit oder Abholzigkeit des untern Theiles einer stehenden Kiefer — bis etwa zu ⅓ ihrer Länge — haben wir also in den Ein- und Ausbiegungen bei 9′ Höhe einen guten Anhalt. Ein bestimmtes Merkmal zur Beurtheilung der Vollholzigkeit oder Abholzigkeit des obern Theiles des Stammes weiß ich Dir dagegen nicht anzugeben. Erkennbar aber ist die Holzhaltigkeit auch des obern Theiles und jeder geübter Taxator wird Dir von jedweder regelmäßig gewachsenen Kiefer, welche Du ihm zeigst, sagen können, ob dieselbe in ihrem obern Theile besonders vollholzig, oder besonders abholzig, oder keins von beiden ist.

Wenn Du dann aber die Frage an ihn richtest, woran er dieß erkenne, so wird er Dir entweder kein bestimmtes Merkmal angeben können, weil er bei seiner Abschätzung blos dem äußern Eindruck auf das Auge folgt, ohne über die Ursache dieses Eindruckes zu einem klaren Bewußtsein zu gelangen, oder er wird bei dem einen Stamm dieses, bei dem andern jenes, bei dem dritten vielleicht mehrere Merk-

Zahl der Stämme (von 70 — 99′)	Ziffer für die Ein- und Ausbiegung bei 9′ Höhe	Durchschnittliche Ausbauchung bei 51′ Höhe
3	− 1,50 − 1,25 − 1, − 0,75	3,33
6	− 0,50	2,20
3	− 0,25	2,13
14	0	2,43
12	+ 0,25	2,53
37	+ 0,50	2,25
42	+ 0,75	2,60
33	+ 1,	2,46
30	+ 1,25	2,29
34	+ 1,50	2,50
13	+ 1,75	2,38
10	+ 2,	2,53
11	+ 2,25 + 2,50 + 2,75	2,48

male zugleich anführen, von denen Du auch kein einziges erkennen

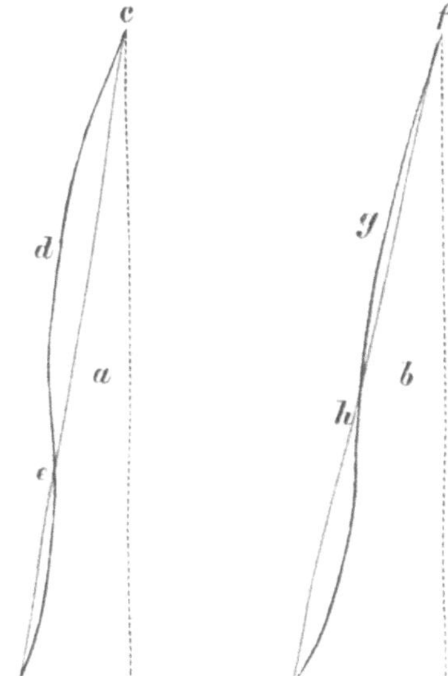

kannst. Er wird Dir z. B. vielleicht sagen: Bei dem in seinem oberen Theile vollholzigen Stamme a erkenne ich die starke Wölbung der Linie c d e, während mir bei dem abholzigen Stamme b die Linie f g h als eine grade Linie erscheint. Und Du wirst ihm dann erwiedern müssen: Bei aller Anstrengung kann ich die Krümmung der Linie c d e nicht erkennen, vielmehr erscheinen mir beide Linien f g h und c d e als grade Linien. Und in der That, Freund, ist die Krümmung der Linie c d e auch bei einem recht vollholzigen Stamme doch eine so geringe, daß man von dem ungeübten Auge noch nicht verlangen kann, dieselbe wahrzunehmen.

Zahl der Stämme (von 80—99')	Ziffer für die Ein- und Ausbiegung bei 9' Höhe	Durchschnittliche Ein- und Ausbauchung bei	
		57'	63'
		Höhe	
2	$-1{,}50$		
	$-1{,}25$	2,31	2,75
	$-1{,}$		
	$-0{,}75$		
2	$-0{,}50$	1,84	1,84
1	$-0{,}25$	3,36	3,46
8	0	2,45	2,26
9	$+0{,}25$	2,92	2,72.
23	$+0{,}50$	2,59	2,32
23	$+0{,}75$	2,77	2,60
22	$+1{,}$	2,81	2,76
19	$+1{,}25$	2,51	2,58
25	$+1{,}50$	2,50	2,46
11	$+1{,}75$	2,79	2,86
9	$+2{,}$	2,56	2,49
	$+2{,}25$		
10	$+2{,}50$	2,89	2,99
	$+2{,}75$		

Nach vielen vergeblichen Anstrengungen, welche ich gemacht habe, um für den Anfänger ein sicheres Merkmal zur Beurtheilung der Ausbauchungen am obern Theile des Stammes aufzufinden, möchte ich fast bezweifeln, daß es überhaupt jemals gelingen wird, auch für den obern Theil des Stammes ein einziges und zwar eben so einfaches Merkmal aufzufinden, wie ich es Dir für den untern Theil mitgetheilt habe. Indessen will ich über die Sache noch nicht ohne weiteres absprechen, und am wenigsten möchte ich Dich, Freund, etwa abhalten, Untersuchungen in dieser Beziehung anzustellen, wenn Du Dich hierzu vielleicht berufen fühlen solltest. Im Gegentheil wünsche ich lebhaft, Dich hierzu zu ermuntern, und verweise Dich deshalb auf den unvergänglichen Ruhm, der Dir zu Theil werden muß, wenn Du, als Laie, eine Entdeckung machen solltest, welche allen Forstmännern bisher entgangen ist.

Du würdest diese Untersuchungen aber jedenfalls nicht anders mit Nutzen anstellen können, als wenn Du diejenigen Kiefern, welche Du vermessen und berechnen willst, noch stehend recht genau betrachtest

Zahl der Stämme (von 90—99')	Ziffer für die Ein= und Ausbiegung bei 9' Höhe	Durchschnittliche Ein= und Ausbauchung bei	
		69' Höhe	75'
	− 1,50		
	− 1,25		
	− 1,		
	− 0,75		
	− 0,50		
1	− 0,25	2,55	2,40
.	0	.	.
1	+ 0,25	3,38	2,94
2	+ 0,50	2,65	2,29
3	+ 0,75	2,85	2,10
6	+ 1,	3,32	2,88
3	+ 1,25	2,89	2,20
1	+ 1,50	3,62	3,75
7	+ 1,25	2,88	2,34
1	+ 2,	3,06	1,97
	+ 2,25		
1	+ 2,50	3,59	3,35
	+ 2,75		

Anm. des Verfassers.

und dann die Berechnung der Ein= und Ausbauchungen so bald als
möglich auf die Fällung folgen läßt. Wenn Du dann die Berech=
nung mit dem Bilde vergleichst, welches Dir von dem stehenden
Stamme noch vorschwebt, und nun zu der Betrachtung und Berech=
nung neuer Stämme übergehst, so wird es Dir bald einmal begeg=
nen, daß Dir an irgend einem recht vollholzigen Stamme die Linie
c d e doch etwas gekrümmt vorkommt. Das Auge ist dann durch
die fortgesetzten Betrachtungen und durch die Vergleichung der Be=
rechnungen mit dem Bilde der entsprechenden Stämme schon geschärft,
und je länger Du deine Untersuchungen fortsetzest, desto deutlicher
wirst Du die wahre Form des obern Theiles des Stammes erkennen.

Während Du also nach einem Merkmale suchst, durch welches
Du späterhin die Fertigkeit erwerben willst, die Holzhaltigkeit des
obern Theiles des Stammes richtig zu schätzen, — ein Merkmal,
welches Du möglicherweise niemals finden wirst, — hast Du unver=
merkt die Fertigkeit selbst, auf welche es ankommt, erworben, und
das, sollte ich meinen, ist ein Gewinn, welcher allein schon Dich für
alle Anstrengungen, welche Du gemacht hast, entschädigen wird.

Betrachte und berechne daher recht viele Stämme, und wenn Du
dann vorläufig bis zu der Zahl 100 gekommen bist, dann vergiß nicht,
was ich Dir schon mehrmals ans Herz gelegt habe, auch mir Deine
Berechnungen mitzutheilen.

Viertes Schreiben des Oberforstmeisters K. an den Waldbesitzer N.

Wenn der obere Durchmesser eines abgestumpften Kegels $= 2\,r$, der untere Durchmesser $= 2\,R$ und die Höhe $= h$ ist, so ist der Körperraum desselben $= \dfrac{\pi h}{3} \cdot (R^2 + r^2 + Rr)$.

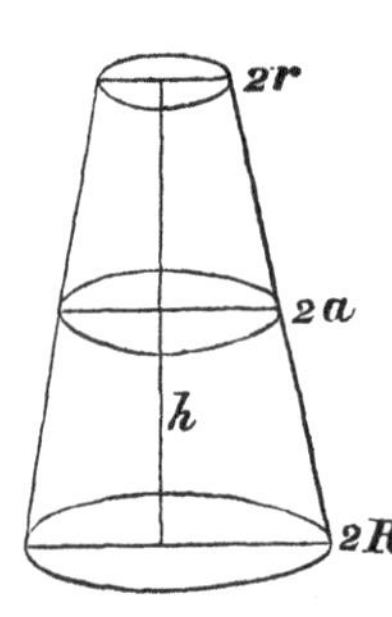

Die Form eines Kiefernschaftes, welcher am Stamm und Zopfende abgeschnitten und von den Aesten befreit ist, weicht nun zwar von der Form des abgestumpften Kegels bald mehr bald weniger ab, indessen würden wir uns zur Berechnung des Cubikinhaltes (Körperraumes) der Kiefernbauhölzer doch vielleicht der obigen Formel bedienen, wenn dieselbe kürzer und einfacher wäre als sie ist. Die Unmöglichkeit, nach dieser Formel während der Wintermonate, welche die Zeit des Forstmanns ohnehin außergewöhnlich in Anspruch nehmen, Tausende von Stämmen zu berechnen, zwingt uns aber, ein kürzeres und einfacheres Verfahren anzuwenden, selbst auf die Gefahr hin, den Cubikinhalt danach nicht ganz richtig zu berechnen.

In der Regel wenden wir die Formel $a^2\,\pi h$ an, stellen uns also den zu berechnenden Theil des Schaftes als eine Walze (Cylinder) vor und berechnen den Cubikinhalt aus der Länge desselben und aus demjenigen Durchmesser, welchen er in der Mitte seiner Länge hat. Wäre der Schaft ein abgestumpfter Kegel, was er, wie ich wiederhole, nicht ist, so würden wir den Cubikinhalt desselben nach der Formel $a^2\,\pi\,h$ zu niedrig und zwar um $\dfrac{\pi h}{12}\,(R - r)^{2}{}^{*})$ zu gering berechnen.

----

*) Da $a = \dfrac{R + r}{2}$ ist, so ist $a^2\,\pi h = \pi h \cdot \left(\dfrac{R + r}{4}\right)^2$ und die Differenz um welche

Bei kurzen Stammabschnitten und bei einem geringen Unterschiede zwischen dem obern und untern Durchmesser ist diese Differenz verschwindend klein. Mit zunehmender Länge des Schaftes aber und zunehmendem Unterschiede der beiden Durchmesser wächst sie mit Riesenschritten.

Bei einem abgestumpften Kegel, dessen Länge (h) 6 Fuß, dessen unterer Halbmesser (R) 1 Fuß und dessen oberer Halbmesser (r) $\frac{11}{12}$ Fuß (11 Zoll) ist, beträgt die Differenz nur 0,0109 C. F., also etwa $\frac{1}{100}$ Cubikfuß auf circa 17 Cubikfuß. Bei einem abgestumpften Kegel von 36' Länge, mit einem untern Halbmesser von $\frac{9}{12}$ Fuß und einem obern Halbmesser von $\frac{5}{12}$ Fuß beträgt dieselbe dagegen schon 1,047 C. F. auf circa 39 C. F., und bei einem abgestumpften Kegel von 72' Länge mit einem untern Halbmesser von $\frac{11}{12}$ Fuß und einem obern Halbmesser von $\frac{2}{12}$ Fuß beträgt sie 18,85 C. F. auf circa 119 C. F Wenn also ein Schaft von 72' Länge, 14 Zoll unterm und 2 Zoll oberm Durchmesser genau die Form eines abgestumpften Kegels hätte, so würde er thatsächlich 119 C. F. enthalten, während wir ihn bei Anwendung der Formel $a^2 \pi h$ nur zu 101 C. F. berechnen. Der Schaft ist aber, wie ich immer wiederholen muß, kein abgestumpfter Kegel, und es berechtigt uns nichts zu der Annahme, daß wir ihn nach der Formel $a^2 \pi h$ um 18 C. F. zu niedrig berechnen. Insbesondere ist die Voraussetzung, daß $a = \dfrac{R + r}{2}$ sei, eine durch nichts begründete, die wohl auf abgestumpfte Kegel, nicht aber auf Kiefernbauholzstämme paßt, bei welchen je nachdem sie am Stubben hoch oder niedrig abgeschnitten, kurz oder lang ausgehalten werden, und je nachdem sie

---

wir den abgestumpften Kegel bei Anwendung der Formel $a^2 \pi h$ zu niedrig berechnen, beträgt also

$$\frac{\pi h (R^2 + r^2 + Rr)}{3} - \frac{\pi h (R + r)^2}{4}$$

$$= \frac{4 \pi h (R^2 + r^2 + Rr) - 3 \pi h (R + r)^2}{12}$$

$$= \frac{\pi h}{12} \cdot (4 R^2 + 4 r^2 + 4 Rr - 3 R^2 - 6 Rr - 3 r^2)$$

$$= \frac{\pi h}{12} \cdot (R^2 - 2 r R + r^2)$$

$$= \frac{\pi h}{12} \cdot (R - r)^2$$

(Anm. des Verfassers.)

vollholzig sind oder nicht, a bald mehr bald weniger als $\dfrac{R + r}{2}$ be=
tragen wird.

Der oben und unten abgeschnittene und von seinen Aesten be=
freite Schaft ist aber eben so wenig eine Walze wie ein abgestumpfter
Kegel, und wir werden uns daher mit der Formel $a^2 \pi h$, wenn die=
selbe auch für den gewöhnlichen Gebrauch in der Praxis ausreichen
mag, bei wissenschaftlichen Untersuchungen nicht begnügen können,
sondern uns zunächst nach einer richtigeren Formel als der Formel
$\dfrac{\pi h}{3} (R^2 + r^2 + Rr)$ oder der Formel $a^2 \pi h$ umsehen müssen. Welche
Formel aber ist die richtige? Und wenn der oben und unten abge=
schnittene Schaft weder eine Walze noch ein abgestumpfter Kegel ist,
was ist er denn? Nichts, Freund, ist er, als ein unregelmäßiger Körper,
welcher alle unsere Bemühungen, eine einfache und zugleich mathe=
matisch richtige Formel für die Berechnung des Cubikinhaltes desselben
aufzufinden, zu Schanden macht. Bemühe Dich also nicht, eine solche
Formel aufzufinden, denn es wird Dir voraussichtlich doch niemals
gelingen. Du wirst Dich aber von der Erfolglosigkeit solcher Be=
mühungen auch sogleich überzeugen, wenn Du die Nachweisung a.
noch einmal zur Hand nimmst, und die Ein= und Ausbiegungen be=
trachtest, welche die Stämme dieser Nachweisung machen. Diese Ein=
und Ausbiegungen sind ja nichts weiter als Unregelmäßigkeiten oder
vielmehr Abweichungen von der regelmäßigen mathematischen Form,
und diese Unregelmäßigkeiten bilden so sehr die Regel, daß jeder so=
gleich erkennen muß, wie fruchtlos alle Bemühungen, eine einfache
und dabei doch richtige Formel für die Berechnung des ganzen Schaftes
aufzufinden, ausfallen müssen.

Wie ermitteln wir denn aber den Cubikinhalt des Schaftes mög=
lichst genau, wenn der ganze Stamm kein regelmäßiger Körper ist
und die Anwendung einer mathematischen Formel nicht zuläßt?

Die Sache ist an sich ganz einfach, nur die Ausführung ist weit=
läuftig. Wir müssen den Schaft in so viele kleine Abschnitte zerlegen,
daß die Außenfläche jedes einzelnen derselben keine irgend beachtens=
werthe Ein= oder Ausbiegung mehr macht, also in so viele Abschnitte,
daß wir jeden derselben als einen regelmäßigen Körper betrachten und
berechnen können. Wie klein diese Abschnitte mindestens sein müssen,

können wir nur durch Versuche feststellen. Ich habe meinerseits Anfangs 3 Fuß lange Abschnitte gemacht, bin dann zu 6 Fuß und dann zu 12 Fuß langen Abschnitten übergegangen, zuletzt aber doch zu 6 füßigen Abschnitten zurückgekehrt, weil ich fand, daß die Berechnung nach 3 füßigen Abschnitten fast ganz dieselben Resultate wie die Berechnung nach 6 füßigen Abschnitten lieferte, dagegen die Berechnung nach 12 füßigen Abschnitten schon so merklich hiervon abwich, daß ich Anstand nehmen mußte, dieselbe anzuwenden. In vielen Fällen würde es genügen, wenn nur die untersten und obersten Abschnitte 6 Fuß lang genommen, die Mitte des Schaftes dagegen in längeren Abschnitten berechnet würde. Die hieraus entspringende Erleichterung in der Berechnung erschien mir jedoch zu unbedeutend, um den Vortheil der Gleichmäßigkeit dafür aufzugeben. Ich habe daher alle meine Berechnungen nach 6 füßigen Abschnitten angelegt.

Die einzelnen 6 füßigen Abschnitte habe ich als Walzen behandelt, also nach der Formel $a^2 \pi h$ berechnet. Für solche kurze Abschnitte würde die Anwendung der Formel $\dfrac{\pi h}{3}(R^2 + r^2 + Rr)$ allerdings richtiger sein, indessen habe ich oben bereits durch ein specielles Beispiel nachgewiesen, wie unbedeutend bei so kurzen Abschnitten und bei einer geringen Abweichung des obern von dem untern Halbmesser die Differenz zwischen den Resultaten beider Berechnungsarten ist. Der Unterschied ist in der That zu gering, und die Zeitersparung bei Anwendung der Formel $a^2 \pi h$ zu groß, um nicht selbst bei wissenschaftlichen Untersuchungen bei der einfacheren Formel stehen zu bleiben.

Wenn wir den Schaft, oder einen Theil desselben, als Walze oder als abgestumpften Kegel berechnen, so sehen wir jeden Querdurchschnitt als eine Kreisfläche an und berechnen diese, wenn der Durchmesser $= 2a$ ist nach der Formel $a^2 \pi$. In vielen Fällen, und

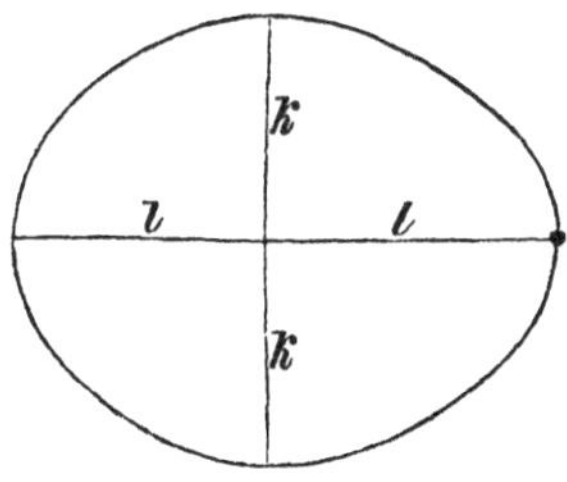

namentlich bei den untern Abschnitten, hat der Querdurchschnitt aber mehr die Form einer Ellipse als die Form einer Kreisfläche und müßte daher, wenn die längere Achse $= 2l$ und die kürzere Achse $= 2k$ ist, nach der Formel $lk\pi$ berechnet werden.

Wenden wir bei der Vermessung die Kluppe, (das Schiebemaaß) und nicht das Meßband, an, so messen wir in der Regel den größten und den kleinsten Durchmesser und halbiren die Summe beider Durch=messer, um a zu finden; der Querdurchschnitt ist alsdann nach unserer Berechnung $= \dfrac{(1+k)^2\,\pi}{4}$ während er in Wirklichkeit $1k\pi$ groß ist. Wir erhalten auf diese Weise einen um $\dfrac{(1+k)^2}{4}\pi - 1k\pi$ oder um $\dfrac{\pi}{2}(1-k)^2$ zu großen Flächeninhalt. Ist z. B. der längere Durchmesser $21 = 20''$, 1 also $= 10''$, der kürzere Durchmesser $2k$ dagegen $= 19''$, k also $= 9\,{}_5''$, so ist der Flächeninhalt der Ellipse $= 298,{}_{45}\,\square''$, wäh=rend die Berechnung einer Kreisfläche von $19,{}_5''$ Durchmesser $298,{}_{65}\,\square''$ also $0,{}_{20}\,\square''$ zu viel ergiebt. Der Fehler wird aber größer, sobald wir das Meßband anwenden, also den Umfang des Querdurchschnittes messen, und die Berechnung dann so anlegen, als wenn dieser Umfang eine Kreislinie wäre. Im vorstehenden Beispiele würde der Umfang der Ellipse $61,{}_{27357}'''$*) und die nach einem solchen Umfange berech=nete Kreisfläche $\left(\dfrac{U^2}{4\,\pi}\right) = 298,{}_{77}\,\square''$ betragen. Der Querdurchschnitt würde also um $0,{}_{32}\,\square''$ zu hoch berechnet sein.

Ist der längste Durchmesser $20''$, der kürzeste $18''$ so werden die Fehler schon größer. Der wahre Flächeninhalt beträgt dann $282,{}_{74}\,\square''$, der nach den beiden Durchmessern berechnete Flächeninhalt $283,{}_{53}\,\square''$ und der nach dem Umfange berechnete Flächeninhalt $284,{}_{01}\,\square''$.

Ist der längste Durchmesser $20''$, der kürzeste $16''$ so erhalten wir resp. $251,{}_{33}\,\square''$, $254,{}_{47}\,\square''$ und $256,{}_{69}\,\square''$.

Ist der längste Durchmesser $20''$, der kürzeste $14''$ so erhalten wir resp. $219,{}_{91}\,\square''$, $226,{}_{98}\,\square''$ und $232,{}_{52}\,\square''$.

---

*) Sind 1 und k die Hälften der beiden Achsen der Ellipse, und setzt man $\dfrac{1^2 - k^2}{1^2} = \alpha^2$ so ist der Umfang der Ellipse $= 2\,1\pi\left(1 - \dfrac{\alpha^2}{4} - \dfrac{1}{3}\left(\dfrac{1\cdot 3}{2\cdot 4}\alpha^2\right)^2 - \dfrac{1}{5}\left(\dfrac{1\cdot 3\cdot 5}{2\cdot 4\cdot 6}\alpha^3\right)^2 - \dfrac{1}{7}\left(\dfrac{1\cdot 3\cdot 5\cdot 7}{2\cdot 4\cdot 6\cdot 8}\alpha^4\right)^2 \ldots\ldots\right)$

Für den vorliegenden Zweck ist es schon mehr als ausreichend, wenn man das Glied $\dfrac{1}{3}\left(\dfrac{1\cdot 3}{2\cdot 4}\alpha^2\right)^2$ noch mit berücksichtigt. Die folgenden Glieder sind für unsere Berechnungen ganz einflußlos, und nur der Vollständigkeit der Formel wegen hinzugefügt. (Anm. des Verfassers.)

Glücklicherweise kommen Querdurchschnitte mit dem Verhältniß von 20 zu 14 des längsten und kürzesten Durchmesser nicht vor, und selbst Querdurchschnitte mit dem Verhältnisse von 20 zu 16 gehören zu den seltenen Ausnahmen. Dagegen habe ich sehr viele Querdurchschnitte angetroffen bei welchen das Verhältniß von 20 zu 18 besteht, und Querdurchschnitte mit dem Verhältniß von 20 zu 19 oder zu 19½ bilden sogar die Regel und kommen — wenigstens in der Nähe der Meeresküste — häufiger vor als Querdurchschnitte von der Kreisform.

Bei dem Verhältniß von 20 : 19 ist der Unterschied zwischen der Berechnung nach dem Umfange und der Berechnung nach den beiden Durchmessern äußerst gering und man sollte daher glauben, daß bei der Kiefer im großen Durchschnitt die Vermessung mit der Kluppe fast ganz dieselben Resultate ergeben müßte als die Vermessung mit dem Meßbande. Dieß ist jedoch nicht der Fall. Bei der großen Wichtigkeit des Gegenstandes glaubte ich mich auf die vorstehenden mathematischen Berechnungen nicht ohne weiteres verlassen zu dürfen, sondern habe eine große Anzahl stehender Kiefern bei 4' Höhe sowohl mit dem Meßbande als auch mit der Kluppe, also doppelt, gemessen und beide Messungen verglichen. Dabei stimmten in vielen Fällen die Resultate beider Messungen genau überein, während sie in andern Fällen nicht unerheblich divergirten. Im großen Durchschnitt erhielt ich bei der Messung mit dem Meßbande einen höheren, und zwar einen zwischen 1 und 2 p. C. höheren Flächeninhalt als bei der Messung mit der Kluppe. Die größte Differenz fand ich bei solchen Stämmen, deren Rinde sehr blättrig oder mit Moos und Flechten stark überzogen war, und bei diesen ist die Verschiedenheit in dem gefundenen Cubikinhalte leicht zu erklären. Bei der Vermessung mit der Kluppe stößt man nämlich entweder das Moos und die blättrige Rinde mit den Schenkeln der Kluppe ab, oder man preßt die Gegenstände so fest zusammen, daß sie auf die Vermessung fast ganz ohne Einfluß bleiben. Das Meßband dagegen läßt sich nicht so straff anziehen, daß das Moos oder die blättrige Rinde fest an den Stamm gedrückt würde.

Bei diesen Untersuchungen erhielt ich mit dem Meßbande zuweilen aber auch einen geringern Flächeninhalt als mit der Kluppe, oder stieß auf andere Differenzen, welche schwer zu erklären sind. Ich nehme an, daß dergleichen Differenzen in der Regel aus der unregel=

mäßigen Figur des Querdurchschnittes, in Verbindung mit einer un=
richtigen Anlegung der Kluppe entspringen. Wenn nämlich der Quer=
durchschnitt weder ein Kreis noch eine Ellipse, sondern eine unregel=

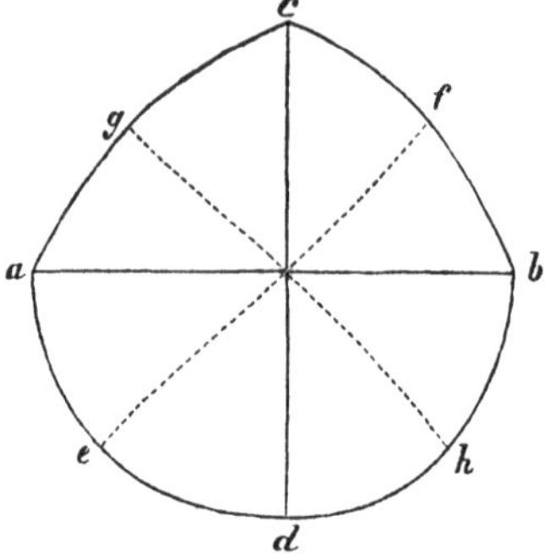

mäßige Figur, wie z. B. die neben=
stehende ist, so müßte man, um den
richtigen Cubikinhalt wenigstens an=
nähernd zu finden, die Durchmesser
ab und ef (oder auch cd und gh)
messen. Dieß geschieht aber niemals,
sondern man mißt mit der Kluppe
immer über Kreuz, also entweder a b
und cd oder ef und gh. Im er=
stern Falle erhält man einen größern,
im letztern einen kleinern Flächeninhalt als bei der Vermessung mit
dem Meßbande.

Obgleich man nun, wie ich glaube, bei der Anwendung des
Meßbandes im großen Durchschnitt einen um mindestens 1 p. C. zu
großen Cubikinhalt erhalten wird, so gebe ich bei wissenschaftli=
chen Untersuchungen dem Meßbande doch den Vorzug vor der
Kluppe, weil sich starke schwere Hölzer, wenn sie am Boden liegen,
mit der Kluppe gar nicht genau messen lassen.

Man darf hierbei nur nicht übersehen, daß die Messung nicht
an einem einzigen Punkte des Stammes, sondern bei 3', 9', 15' Länge
u. s. w. also an 10 bis 15 verschiedenen Stellen vorgenommen wer=
den muß, und daß es oft schon mit großen Schwierigkeiten verknüpft
ist, an allen diesen Punkten eine so große Oeffnung unter den Stamm
hervorzubringen, um das Meßband hindurchschieben zu können.
An allen diesen Stellen so viel Raum zu schaffen, um mit Sicher=
heit die Kluppe anzuwenden, ist ganz unausführbar.

Und andererseits ist es wieder bei wissenschaftlichen Untersuchun=
gen nicht zulässig, sich damit zu begnügen, den Durchmesser nur nach
einer Richtung hin mit der Kluppe zu messen, wenn dieß auch für
die im gewöhnlichen Geschäftsverkehr vorkommenden Messungen in
vielen Fällen ausreichen mag.

Aus diesem und aus einigen andern minder erheblichen Gründen
habe ich alle meine Messungen mit dem Meßbande ausgeführt.

Wir wollen nun zur speciellen Berechnung eines einzelnen Stam=

mes übergehen und hierzu wieder unsern alten Bekannten, den Stamm K, wählen. Die Durchmesser dieses Stammes an den verschiedenen Höhenpunkten kennen wir bereits; sie sind:

$$
\begin{array}{rll}
\text{bei} & 3 & \text{Höhe } 15,\text{5}'' \\
'' & 9 & '' \quad 13,\text{5}'' \\
'' & 15 & '' \quad 12,\text{75}'' \\
'' & 21 & '' \quad 12,\ '' \\
'' & 27 & '' \quad 11,\text{25}'' \\
'' & 33 & '' \quad 10,\text{5}'' \\
'' & 39 & '' \quad 9,\text{75}'' \\
'' & 45 & '' \quad 9,\ '' \\
'' & 51 & '' \quad 8,\text{25}'' \\
'' & 57 & '' \quad 7,\text{5}'' \\
'' & 63 & '' \quad 6,\ '' \\
'' & 69 & '' \quad 4,\text{5}'' \\
'' & 75 & '' \quad 3,\ '' \\
\end{array}
$$

Die erste (unterste) sechsfüßige Walze hat also einen mittlern Durchmesser von 15,5'', die zweite (von 6 bis 12' Höhe) von 13,5'' u. s. w. Die 13ste (von 72 bis 78' Höhe) von 3''. Außerdem bleibt von diesem 83 Fuß hohen Stamme noch ein Zopfende von 5' Länge übrig, welches nicht mit berechnet wird, weil dasselbe schwächer als 3'' stark ist.

Zur Berechnung des Cubikinhalts der einzelnen Walzen könnten wir uns der Anlage (III) bedienen; da diese jedoch den Cubikinhalt nur für 1 Fuß lange Walzen nachweist, und wir es zunächst hauptsächlich mit sechs Fuß langen Walzen zu thun haben, so habe ich zu unserer Erleichterung in der Anlage (IV) noch eine besondere Berechnung für den Cubikinhalt sechsfüßiger Walzen angelegt. Nunmehr ist die Berechnung ganz leicht. (Siehe nachfolgende Tabelle Seite 84.)

III.
Körperraum (Cubikinhalt)
einer Walze von einem Fuß (12 Zoll) Länge.

Durchmesser in Zollen	Körperraum in Cubikfußen	Durchmesser in Zollen	Körperraum in Cubikfußen	Durchmesser in Zollen	Körperraum in Cubikfußen	Durchmesser in Zollen	Körperraum in Cubikfußen	Durchmesser in Zollen	Körperraum in Cubikfußen
0,25	0,00034	8,	0,34907	16,	1,39626	24,	3,14159	32,	5,58504
0,50	0,00136	8,25	0,37122	16,25	1,44023	24,25	3,20738	32,25	5,67265
0,75	0,00307	8,50	0,39406	16,50	1,44489	24,50	3,27385	32,50	5,76094
1,	0,00545	8,75	0,41758	16,75	1,53023	24,75	3,34100	32,75	5,84991
1,25	0,00852	9,	0,44179	17,	1,57625	25,	3,40684	33,	5,93956
1,50	0,01227	9,25	0,46667	17,25	1,62295	25,25	3,47736	33,25	6,02990
1,75	0,01670	9,50	0,49224	17,50	1,67033	25,50	3,54656	33,50	6,12091
2,	0,02182	9,75	0,51848	17,75	1,71840	25,75	3,61644	33,75	6,21261
2,25	0,02761	10,	0,54541	18,	1,76714	26,	3,68700	34,	6,30499
2,50	0,03409	10,25	0,57303	18,25	1,81657	26,25	3,75825	34,25	6,39805
2,75	0,04125	10,50	0,60132	18,50	1,86668	26,50	3,83017	34,50	6,49179
3,	0,04909	10,75	0,63030	18,75	1,91747	26,75	3,90278	34,75	6,58622
3,25	0,05761	11,	0,65995	19,	1,96895	27,	3,97607	35,	6,68133
3,50	0,06681	11,25	0,69029	19,25	2,02110	27,25	4,05004	35,25	6,77711
3,75	0,07670	11,50	0,72131	19,50	2,07394	27,50	4,12470	35,50	6,87358
4,	0,08727	11,75	0,75301	19,75	2,12746	27,75	4,20003	35,75	6,97074
4,25	0,09852	12,	0,78540	20,	2,18166	28,	4,27605	36,	7,06857
4,50	0,11045	12,25	0,81846	20,25	2,23654	28,25	4,35275		
4,75	0,12306	12,50	0,85221	20,50	2,29210	28,50	4,43013		
5,	0,13635	12,75	0,88664	20,75	2,34835	28,75	4,50819		
5,25	0,15033	13,	0,92175	21,	2,40528	29,	4,58694		
5,50	0,16499	13,25	0,93754	21,25	2,46289	29,25	4,66636		
5,75	0,18033	13,50	0,99402	21,50	2,52118	29,50	4,74647		
6,	0,19635	13,75	1,03117	21,75	2,58015	29,75	4,82726		
6,25	0,21305	14,	1,06901	22,	2,63981	30,	4,90873		
6,50	0,23044	14,25	1,10753	22,25	2,70014	30,25	4,99088		
6,75	0,24850	14,50	1,14673	22,50	2,76116	30,50	5,07372		
7,	0,26725	14,75	1,18662	22,75	2,82286	30,75	5,13723		
7,25	0,28669	15,	1,22718	23,	2,88524	31,	5,24143		
7,50	0,30680	15,25	1,26843	23,25	2,94831	31,25	5,32631		
7,75	0,32759	15,50	1,31036	23,50	3,01205	31,50	5,41187		
		15,75	1,35297	23,75	3,07648	31,75	5,49812		

IV.
Körperraum (Cubikinhalt) einer Walze von sechs Fuß Länge.

Durchmesser in Zollen	Körperraum in Cubikfußen	Durchmesser in Zollen	Körperraum in Cubikfußen	Durchmesser in Zollen	Körperraum in Cubikfußen	Durchmesser in Zollen	Körperraum in Cubikfußen	Durchmesser in Zollen	Körperraum in Cubikfußen
0,25		8,	2,09	16,	8,38	24,	18,83	32,	33,51
0,50	0,01	8,25	2,23	16,25	8,64	24,25	19,24	32,25	34,04
0,75	0,02	8,50	2,36	16,50	8,91	24,50	19,64	32,50	34,57
1,	0,03	8,75	2,51	16,75	9,18	24,75	20,05	32,75	35,10
1,25	0,05	9,	2,65	17,	9,46	25,	20,45	33,	35,64
1,50	0,07	9,25	2,80	17,25	9,74	25,25	20,56	33,25	36,18
1,75	0,10	9,50	2,95	17,50	10,02	25,50	21,28	33,50	36,73
2,	0,13	9,75	3,11	17,75	10,31	25,75	21,70	33,75	37,29
2,25	0,17	10,	3,27	18,	10,60	26,	22,12	34,	37,83
2,50	0,20	10,25	3,44	18,25	10,90	26,25	22,55	34,25	38,39
2,75	0,25	10,50	3,61	18,50	11,20	26,50	22,98	34,50	38,95
3,	0,29	10,75	3,78	18,75	11,50	26,75	23,42	34,75	39,52
3,25	0,35	11,	3,96	19,	11,81	27,	23,86	35,	40,09
3,50	0,40	11,25	4,14	19,25	12,13	27,25	24,30	35,25	40,66
3,75	0,46	11,50	4,33	19,50	12,44	27,50	24,75	35,50	41,24
4,	0,52	11,75	4,52	19,75	12,76	27,75	25,20	35,75	41,82
4,25	0,59	12,	4,71	20,	13,09	28,	25,66	36,	42,41
4,50	0,66	12,25	4,91	20,25	13,42	28,25	26,12		
4,75	0,74	12,50	5,11	20,50	13,75	28,50	26,58		
5,	0,82	12,75	5,32	20,75	14,09	28,75	27,05		
5,25	0,90	13,	5,53	21,	14,43	29,	27,52		
5,50	0,99	13,25	5,75	21,25	14,78	29,25	28,00		
5,75	1,08	13,50	5,96	21,50	15,13	29,50	28,48		
6,	1,18	13,75	6,19	21,75	15,48	29,75	28,96		
6,25	1,28	14,	6,41	22,	15,84	30,	29,45		
6,50	1,38	14,25	6,65	22,25	16,20	30,25	29,95		
6,75	1,49	14,50	6,88	22,50	16,57	30,50	30,44		
7,	1,60	14,75	7,12	22,75	16,94	30,75	30,94		
7,25	1,72	15,	7,36	23,	17,31	31,	31,45		
7,50	1,84	15,25	7,61	23,25	17,69	31,25	31,96		
7,75	1,97	15,50	7,86	23,50	18,07	31,50	32,47		
		15,75	8,12	23,75	18,46	31,75	32,99		

Höhe	Durchmesser der sechsfüßi= gen Walzen Zoll	Cubikfuße
3	15,5	7,66
9	13,5	5,96
15	12,75	5,32
21	12,	4,71
27	11,25	4,14
33	10,5	3,61
39	9,75	3,11
45	9,	2,65
51	8,25	2,23
57	7,5	1,84
63	6,	1,18
69	4,5	0,66
75	3,	0,29
		43,56

Wenn Du darauf achtest, daß die 4 untersten Walzen des Stammes **K** zusammengenommen einen eben so großen Cubikinhalt haben wie die 9 oberen zusammengenommen, so wirst Du selbst ein= sehen, wie wichtig bei der Abschätzung stehender Stämme die richtige Würdigung des untern Theiles des Stammes ist. Der Tarator darf allerdings, wenn er genau schätzen will, keinen Theil des Stammes vernachläſſigen; geht er aber deſſenungeachtet einmal leicht zu Werke, so bestraft sich eine Vernachläſſigung der untern Hälfte immer ungleich strenger als eine Vernachläſſigung der obern Hälfte. Ich habe dieß schon früher angedeutet und muß immer wieder hierauf zurückkommen, weil ich zu oft die Erfahrung gemacht habe, daß Anfänger im Ab= schätzen ihr Auge fast ausschließlich nach oben richten und über dem Entfernteren das näher liegende und wichtigere vernachläſſigen.

Da wir den Durchmesser des Stammes K bei 9', 27', 45', und 63' gemessen haben, so sind wir dadurch in den Stand gesetzt, ihn auch nach 18füßigen statt nach 6füßigen Walzen zu berechnen, und das Ergebniß mit dem Cubikinhalte des nach 6füßigen Walzen be= rechneten Stammes zu vergleichen. Wir erhalten dann vier 18füßige Walzen, von denen die vierte von 54' bis 72' Höhe geht. Demnächst bleibt uns noch eine 6 füßige Walze von 72′ — 78′ Höhe übrig, welche wir besonders berechnen müssen.

Also:

Höhe	Durchmesser der 18füßigen Walzen Zoll	Cubikfuße
9	13,5	17,89
27	11,25	12,43
45	9,	7,95
63	6,	3,53
75	3,	0,29
	(6füßig)	42,09

Die Berechnung nach 18 füßigen Walzen ergiebt etwa 1½ C. F. weniger als die Berechnung nach 6 füßigen Walzen, und bei einer weiteren Vergleichung finden wir, daß die größte Differenz durch die 1 ste 18 füßige Walze entsteht, welche nur 17,89 C. F. enthält, während die ersten drei 6 füßigen Walzen zusammen 19,14 C. F. enthalten.

Wollen wir noch weiter gehen und die Berechnung nach 30 füßigen Walzen anlegen, so finden wir den Durchmesser der 1 sten Walze bei 15′, der 2ten bei 45′ und behalten dann noch drei 6 füßige Walzen übrig. Also:

Höhe	Durchmesser der 30füßigen Walzen Zoll	Cubikfuße
15	12,75	26,60
45	9,	13,25
63	6,	1,18
69	4,5	0,66
75	3,	0,29
		41,98

Die größte Differenz liegt auch hier wieder in der ersten 30 füßigen Walze, welche nur 26,60 C. F. enthält, während die ersten fünf 6 füßigen Walzen 27,99 C. F. enthalten.

Bei der Berechnung nach 42 füßigen Walzen erhalten wir:

Höhe	Durchmesser der 42füßigen Walzen Zoll	Cubikfuße
21	12,	32,99
45	9,	2,65
51	8,25	2,23
57	7,5	1,84
63	6,	1,18
69	4,5	0,60
75	3,	0,29
		41,84

(Die Werte 9, bis 3, sind mit der Klammer „6füßig" zusammengefaßt.)

Ferner bei der Berechnung nach 54 füßigen Walzen:

Höhe	Durchmesser der 54füßigen Walzen Zoll	Cubikfuße
27	11,25	37,28
57	7,5	1,84
63	6,	1,18
69	4,5	0,66
75	3,	0,29
		41,25

(Die Werte 7,5 bis 3, sind mit der Klammer „6füßig" zusammengefaßt.)

Und bei der Berechnung nach 66 füßigen Walzen:

Höhe	Durchmesser der 66füßigen Walzen Zoll	Cubikfuße
33	10,5	39,69
69	4,5	0,66
75	3,	0,29
		40,64

(Die Werte 4,5 und 3, sind mit der Klammer „6füßig" zusammengefaßt.)

Berechnen wir endlich den ganzen Schaft (excl. Zopfende) als eine einzige 78 Fuß lange Walze, so finden wir den mittlern Durchmesser bei 39' mit 9,75'' und erhalten einen Cubikinhalt von 40,44 C. F. Wir haben also bei einem und demselben Stamme einen nicht unerheblich verschiedenen Cubikinhalt erhalten, je nachdem wir die Berechnung nach kürzeren oder längeren Walzen angelegt haben. Denn wir erhielten bei der Berechnung

nach 6 füßigen Walzen = 43,56 C. F.
" 18 " " = 42,09 "
" 30 " " = 41,98 "
" 42 " " = 41,84 "
" 54 " " = 41,25 "
" 66 " " = 40,64 "
" 78 " " = 40,44 "

Wenn wir aus diesem einen Stamme einen Schluß ziehen wollten, so könnte es nur der sein, daß der wahre Cubikinhalt — welcher durch die Berechnung ganz kleiner Abschnitte gefunden wird — größer ist als der durch die Berechnung längerer Abschnitte gefundene, und daß der Cubikinhalt um so kleiner und um so unrichtiger wird, je länger man die Abschnitte wählt. Dieser Satz erweist sich jedoch, sobald wir aus einer größern Anzahl von Stämmen den Durchschnitt ziehen, nur in seiner ersten Hälfte als richtig.

d. ⎯⎯⎯ In der Anlage (d.) habe ich nachgewiesen, wie sich der Cubikinhalt der 99 Stämme der Nachweisung a. verhält, je nachdem diese Stämme nach 6, 18, 30 2c. füßigen Walzen berechnet werden. Zuerst habe ich alle diejenigen Stämme zusammengestellt, deren letzte Walze bei 21' Höhe gemessen ist, welche also nach 30 füßigen Walzen nicht mehr berechnet werden können; dann alle diejenigen Stämme, welche zwar noch nach 30 füßigen Walzen, aber nicht mehr nach 42 füßigen Walzen berechnet werden können 2c. 2c. Zur Prüfung dieser Nachweisung (d.) liegen Dir alle Materialien, nämlich die Nachweisung a. und die Anlagen III. und IV. vor.

In derselben Weise habe ich die Berechnungen aber auch noch für 100 andere Stämme fortgesetzt, und aus der Zusammenstellung dieser 99 und 100 Stämme eine ziemlich regelmäßige Zahlenreihe erhalten, nämlich:

Zahl der Stämme	Cubikinhalt nach						
	6	18	30	42	54	66	78
	füßigen Walzen						
18	56,54	53,87					
35	243,50	234,36	232,68				
55	798,97	773,73	764,18	766,42			
38	1075,64	1051,42	1022,34	1013,95	1033,93		
25	1077,17	1051,07	1042,69	1026,70	1031,83	1048,47	
28	2259,21	2210,07	2189,98	2164,48	2153,95	2172,12	2203,34
	100	95					
	100	96	96				
	100	97	96	96			
	100	98	95	94	96		
	100	98	97	95	96	97	
	100	98	97	95	95	96	98

Oder, in Prozenten ausgedrückt, den Cubikinhalt nach 6füß. Walzen zu 100 angenommen ...

Die Berechnung nach 6füßigen Walzen ergiebt daher immer den höchsten Cubikinhalt, demnächst nimmt der Cubikinhalt bei der Berechnung nach längeren Walzen bis zu einem gewissen Punkte ab und endlich bei der Berechnung noch nach längeren Walzen allmälig wieder zu. Wenn noch irgend ein Zweifel darüber bestände, daß die Form eines langen am Zopf abgeschnittenen Kiefernschaftes von der Form des abgekürzten Kegels erheblich abweicht, so würde in diesen Zahlen der Beweis dafür liegen. Denn wenn ein solcher Stamm auch nur annähernd die Form des abgekürzten Kegels hätte, so müßte sein Cubikinhalt fortdauernd um so mehr abnehmen, in je längern Stücken er nach den Formel $a^2 \pi h$ berechnet würde, was, wie wir so eben gesehen haben, nicht der Fall ist.

Der Punkt, von wo ab der Cubikinhalt wieder zunimmt, ist nicht bei allen Längenklassen derselbe, sondern fällt wahrscheinlich mit demjenigen Höhenpunkte zusammen, wo die Stämme im Durchschnitt die größte Ausbauchung machen. Ist diese Voraussetzung richtig, so wird man den geringsten Cubikinhalt erhalten, wenn man Stämme

von 40—49' Länge nach 30 füßigen Walzen

    „ 50 ·59' „   „ 36 „   „

von 60—69′ Länge nach 42füßigen Walzen
„ 70—79′ „ „ 48 „ „
„ 80—89′ „ „ 54 „ „

berechnet. Dies ist jedoch bis jetzt eine bloße Hypothese, welche noch der Bestätigung durch weitere Untersuchungen bedarf. Bei vielen einzelnen Stämmen trifft diese Regel — wenn sie überhaupt richtig ist — jedenfalls nicht zu, wie Du schon an dem Stamm K sehen kannst, welcher bei 57′ Höhe die größte Ausbauchung macht und doch bei der Berechnung nach 75füßigen Walzen einen geringeren Cubik- inhalt liefert als bei der Berechnung nach 66 und 54füßigen Walzen.

Aus den vorstehenden Berechnungen ergiebt sich also, daß man z. B. bei dem Verkauf von 42′ langen Kiefern Bauholz und bei der Berechnung desselben in einer einzigen Walze einen um 5 bis 6 Pro- zent zu geringen Cubikinhalt in Rechnung stellt, und daß daher auch die Abschätzung eines Schlages, wenn sie vollkommen richtig ist, rech- nungsmäßig um 5 bis 6 Prozent zu hoch erscheinen muß, sobald aus dem Schlage viel Bauholz verkauft und dieses so berechnet wird, wie es in der Regel üblich und im gewöhnlichen Verkehr auch ganz zweck- mäßig ist.

Bei einzelnen Stämmen der Nachweisung d. ist die Differenz aber oft noch weit größer, als sie sich aus dem Durchschnitt vieler Stämme herausstellt.

Bei der Berechnung nach 30füßigen Walzen liefert z. B.
der Stamm Nr. 53 einen um 7 p. C.
„ „ „ 55 „ „ 8 „
„ „ „ 54 „ „ 9 „
„ „ „ 36 „ „ 10 „
Bei der Berechnung nach 42füßigen Walzen
der Stamm Nr. 84 einen um 8 p. C.
„ „ „ 82 „ „ 9 „
„ „ „ 53 „ „ 12 „
„ „ „ 51 „ „ 13 „
Bei der Berechnung nach 54füßigen Walzen
der Stamm Nr. 65 einen um 9 p. C.
„ „ „ 57 „ „ 13 „
„ „ „ 58 „ „ 14 „
„ „ „ 52 „ „ 15 „

Bei der Berechnung nach 66 füßigen Walzen

der Stamm Nr. 71 einen um 7 p.C.

„   „   „ 65   „   „ 11 „

„   „   „ 58   „   „ 12 „

„   „   „ 76   „   „ 12 „

Bei der Berechnung nach 78 füßigen Walzen

der Stamm Nr. 87 einen um 10 p.C.

„   „   „ 94   „   „ 10 „

„   „   „ 76   „   „ 11 „

„   „   „ 96   „   „ 11 „

geringeren Cubikinhalt als bei der Berechnung nach 6 füßigen Walzen.

Und andererseits hat bei der Berechnung nach 30 füßigen Walzen

der Stamm Nr. 52 einen um 4 p.C.,

bei der Berechnung nach 42 füßigen Walzen

der Stamm Nr. 41 einen um 3 p.C.,

bei der Berechnung nach 54 füßigen Walzen

der Stamm Nr. 67 einen um 5 p.C.,

bei der Berechnung nach 66 füßigen Walzen

der Stamm Nr. 88 einen um 6 p.C.,

bei der Berechnung nach 78 füßigen Walzen

der Stamm Nr. 100 einen um 5 p.C.

höheren Cubikinhalt, als bei der Berechnung nach 6 füßigen Walzen.

Die Vergleichung der einzelnen Stämme der Anlage (d.) führt noch zu mancher andern interessanten Wahrnehmung.

Die Stämme Nr. 51 und 52 haben nach 6 füßigen Walzen berechnet einen Cubikinhalt von resp. 23,40 C. F. und 28,08 C. F. (Differenz = 4,68 C. F.), nach 30 füßigen Walzen von resp. 21,75 C. F. und 29,29 C. F. (Differenz = 7,54 C. F.) und nach 54 füßigen Walzen von 23,86 C. F. und 23,86 C. F. (Differenz = 0).

Ein ähnliches Verhältniß findet bei den Stämmen Nr. 78 und 80 statt.

Von den Stämmen Nr. 67 und 68 enthält letzterer

nach 6 füßigen Walzen 0,69 C. F. mehr

„ 54   „   „ 7,56 „ „ weniger

und „ 66   „   „ 2,72 „ „ mehr

als ersterer.

Von den Stämmen Nr. 81 und Nr. 95 enthält letzterer
nach 6 füßigen Walzen 3,18 C. F. w e n i g e r
„ 66 „ „ 4,42 „ „ m e h r
als ersterer.

Von den Stämmen Nr. 80 und Nr. 88 enthält letzterer
nach 6 füßigen Walzen 3,56 C. F. w e n i g e r
„ 78 „ „ 5, „ „ m e h r
als ersterer.

Diese Betrachtungen führen uns zu der Frage: Wie soll denn die Abschätzung stehender Kiefern bewirkt werden, nach dem wirklichen Cubikinhalte, oder nach demjenigen, welcher künftig, nachdem der Baum eingeschlagen ist, in Rechnung gestellt wird?

Soll ich bei der Abschätzung Deines Waldes, wenn Du die mei= sten Kiefern als Bauholz von 42′ Länge verkaufst,

den Stamm Nr. 51 zu 23 oder zu 20 C. F.
„ „ „ 54 „ 55 „ „ 50 „
„ „ „ 84 „ 150 „ „ 137 „

abschätzen, und soll ich zu den Gehülfen, welche ich beim Abschätzen einübe, sagen: Der Stamm Nr. 41 hat einen etwas geringern oder einen etwas h ö h e r n Cubikinhalt als der unmittelbar daneben stehende Stamm Nr. 76? Und, wenn es bei Dir üblich ist, alle Stämme welche überhaupt Bauholz liefern, bis z u 3″ Stärke auszu= halten und als e i n e Walze zu berechnen, hat dann A. oder B. die Wette gewonnen, wenn A. behauptet der Stamm Nr. 96 habe über 75 C. F., B. dagegen, er habe noch nicht einmal 70 C. F.?

Die vorstehenden Fragen werden sich vielleicht vollständiger be= antworten lassen, wenn wir zuvörderst noch untersuchen, wie sich denn der wirkliche Cubikinhalt desjenigen Holzes, welches n i c h t als Bauholz verkauft, sondern in Klaftern eingeschlagen wird, zu dem in Rechnung gestellten Cubikinhalte verhält.

Du läßt, wie ich weiß, in Deinen Forsten in Uebereinstimmung mit dem in den Preußischen Staatsforsten eingeführten Verfahren die Klaftern 12′ breit, 3′ tief und 3′ und 1½″ hoch setzen, und wirst daher auch wahrscheinlich bei der Balance gegen die Abschätzung eben so, wie es bei uns eingeführt ist, die Klafter Klobenholz zu 75 C. F. und die Klafter Knüppelholz zu 60 C. F. feste Holzmasse berechnen. Diese Zahlen, welche sich auf Untersuchungen gründen, die in den letzten Decennien des vorigen Jahrhunderts angestellt wurden, und den durchschnittlichen Cubikinhalt für Eichen, Buchen, Birken, Erlen, Kiefern, Rothtannen, überhaupt für a l l e im Walde vorkommenden Holzarten angeben sollen, sind für K i e f e r n holz jedenfalls zu niedrig.*)

____

*) Ich habe mit dem Oberförster C l a u s i u s zu Zerrin den Cubikinhalt einer halben Klafter Kiefern Knüppelholz, welche zu diesem Behufe nicht besonders auf= gesetzt, sondern im Walde bereits aufgesetzt von uns vorgefunden wurde, und das vorgeschriebene Maß hatte, in der Weise ermittelt, daß wir mit dem Meßbande jede einzelne dreifüßige Walze (Knüppel) in der Mitte maßen und danach den Cubikinhalt berechneten. Wir erhielten:

Anzahl der 3füßigen Walzen	Durchmesser der Walzen Zoll	Cubikfuß pro Einheit	Cubikfuß im Ganzen
2	3,	0,15	0,30
8	3,25	0,17	1,36
8	3,5	0,20	1,60
10	3,75	0,23	2,30
9	4,	0,26	2,34
12	4,25	0,30	3,60
20	4,5	0,33	6,60
17	4,75	0,37	6,29
20	5,	0,41	8,20
7	5,25	0,45	3,15
7	5,5	0,49	3,43
1	5,75	0,54	0,54
1	6,	0,59	0,59
		Summa	40,30

Ferner habe ich mit dem Forst=Inspector B l a n k e n b u r g und dem Oberför= ster W e g n e r zu Balster den Cubikinhalt einer halben Klafter Kiefern Kloben= holz in der Weise ermittelt, daß wir dreifüßige Walzen, welche mehr als 6 Zoll mittlern Durchmesser hatten, gleichfalls mit dem Meßbande maßen, den Cubik= inhalt derselben berechneten und sie dann nach Vorschrift der Hauordnung, nach welcher

Walzen von	6— 8″ Durchmesser in	2 Scheite
"	" 8—10″	" " 4 "
"	" 10—12″	" " 6 "
"	" 12—14″	" " 8 "
"	" 14—16″	" " 10 "

Es kommt jedoch im vorliegenden Falle weniger auf die Richtigkeit der Durchschnittszahlen an und für sich, als darauf an, ob die Durch=

Walzen von 16—18″ Durchmesser in 12 Scheite
„ „ 18—20″ „ „ 16 „
„ „ 20—21″ „ „ 18 „
u. s. w. gespalten werden sollen, spalten und aufsetzen ließen. Wir erhielten:

Anzahl der 3füßigen Walzen	Durchmesser der Walzen Zoll	Cubikfuß pro Einheit	Cubikfuß im Ganzen
1	15,	3,68	3,68
1	13,75	3,09	3,09
1	13,	2,77	2,77
2	12,,	2,56	5,12
1	12,25	2,46	2,46
1	11,75	2,26	2,26
2	11,5	2,16	4,32
2	11,	1,98	3,96
2	10,5	1,80	3,60
2	10,25	1,72	3,44
1	9,75	1,56	1,56
1	9,5	1,48	1,48
2	9,	1,33	2,66
1	9,25	1,40	1,40
1	8,	1,05	1,05
		Summa	42,85

Hierauf sind in den verschiedensten Theilen des Cösliner Regierungs=Bezirks nach meiner Anleitung, und zum Theil in meinem Beisein, noch 110 Klaftern Kiefern Klobenholz und 59 Klaftern Kiefern Knüppelholz unter sehr verschiedenen Verhältnissen vermessen und berechnet worden, von denen erstere im Durchschnitt 83 C. F. und letztere 78 C. F. pro Klafter feste Holzmasse ergeben haben.

Das Maximum an fester Holzmasse, welches hierbei in einer Klafter Kiefern Klobenholz gefunden ist, beträgt 92,89 C. F., das Minimum 68,34 C. F. Bei dem Kiefern Knüppelholz beträgt das Maximum 92,06 C. F., das Minimum 63,02 C. F. Stützen und Unterlagen sind nicht mit gemessen und berechnet.

Es hat sich hierbei herausgestellt, daß es ohne Einfluß auf den Cubikinhalt des Klobenholzes ist, ob man dazu schwache oder starke Walzen verwendet, vorausgesetzt, daß diese Walzen nach Vorschrift der Hauordnung gespalten werden. Der Oberförster Trammnitz zu Linichen hat z. B. in einem und demselben Schlage eine Klafter Kiefern Klobenholz aus 14 starken und eine andere Klafter aus 108

ſchnittszahlen, welche ſie auch ſein mögen, grade für den Beſtand, welcher abgeſchätzt werden ſoll, paſſen. Dieß wird aber in den meiſten Fällen nicht der Fall ſein. Denn welche Einrichtung Du in Deinen Forſten auch treffen, wie hoch, wie breit, wie tief Du die Klaftern auch ſetzen, wie fein oder wie grob Du die Scheite auch ſpalten, wie dicht oder wie loſe Du dieſelben auch aufeinanderſetzen magſt, niemals wirſt Du doch dahin gelangen, daß die Klaftern in dem einen Schlage dieſelbe feſte Holzmaſſe enthalten, wie in dem andern. Du magſt daher auch Durchſchnittszahlen nehmen, welche Du willſt, ſo werden dieſelben immer nur für einzelne Fälle paſſen, in vielen andern Fällen dagegen nicht zutreffen. Angenommen alſo, Du berechneſt das Klobenholz durchſchnittlich zu 75 C. F., das Holz ſei aber in dem abzuſchätzenden Beſtande von ſolcher Beſchaffenheit, und werde ſo geſpalten und ſo geſetzt, daß die Klafter 82 C. F. feſte Holzmaſſe enthalte, ſo begehſt Du bei der Berechnung der feſten Holzmaſſe einen Fehler von 9 p. C. Wir wollen dieß auf einen ſpeciellen Fall anwenden.

Der Stamm Nr. 95 enthält bei der Berechnung nach ſechsfüßigen Walzen 82 C. F. und wird daher, wenn er als Klafterholz aufgearbeitet wird, nach der obigen Vorausſetzung grade eine Klafter liefern. Dieſe Klafter wirſt Du aber ſpäterhin nicht mit 82 C. F., ſondern mit 75 C. F. gegen die Schätzung balanciren. Wenn Du nun an den Stamm herantrittſt um ihn abzuſchätzen, wie wirſt Du ihn anſprechen, zu 82 oder zu 75 C. F. Ehe Du Dich hierüber entſcheideſt, ſiehe Dir aber den Stamm noch einmal an; er iſt vielleicht von ſolcher Beſchaffenheit, daß ſich ſpäterhin doch noch ein Käufer findet, welcher ihn bis zu 78′ Länge als Bauholz benutzen kann. Wenn Du ihn dann nach dem mittlern Durchmeſſer als Bauholz berechneſt, ſo wirſt Du ihn mit 78 C. F. in Rechnung ſtellen. Wie willſt Du ihn nun bei der Ungewißheit, welches Schickſal nach meh=

ſchwachen Walzen aufarbeiten laſſen, von denen erſtere 88,59 C. F. und letztere 88,45 C. F. feſte Holzmaſſe enthielt.

Bei mehreren Klaftern iſt der mittlere Durchmeſſer der einzelnen Walzen mit der Kluppe gemeſſen, und es hat ſich auch hierbei kein Unterſchied gegen die Vermeſſung mit dem Meßbande herausgeſtellt.

Mit Nutzholzklaftern ſind keine Verſuche angeſtellt, weil dergleichen hier überhaupt ſelten aufgearbeitet werden. (Anm. des Verfaſſers.)

reren Jahren den Baum treffen wird, abschätzen, zu 82 C. F. oder 78 C. F. oder zu 75 C. F.? Du wirst zugeben, daß wir uns hier= über vollkommen klar werden müssen, ehe wir zur Abschätzung stehen= der Bäume übergehen können.

Soviel wird Dir sofort einleuchten, daß man sich bei dem einzelnen Stamme nicht darauf einlassen kann, die Abschätzung nach der künftigen Verwendung desselben einzurichten, weil man ja ganz außer Stande ist, dieß bei jedem einzelnen Stamme auch nur muthmaßlich anzugeben.

Eher läßt sich der Vorschlag hören, daß der Taxator da, wo solche Verhältnisse, wie in den Preußischen Staatsforsten bestehen, d. h. wo die Durchschnittszahlen für die feste Holzmasse der Klaftern Kiefernholz zu gering ist, sich von vorn herein daran gewöhnt, jeden einzelnen Kiefern=Stamm um einen bestimmten Procentsatz z. B. um 10 p. C. niedriger anzusprechen, als die wirkliche Holzmasse desselben beträgt, also einen Stamm von 20 C. F. zu 18 C. F., einen Stamm von 100 C. F. zu 90 C. F. Es würde gar keine Schwierigkeit haben, das Auge hieran zu gewöhnen, indessen bin ich doch auch mit diesem Verfahren nicht einverstanden. Das Verhältniß der wirklichen Holz= masse zu der in Rechnung zu stellenden bleibt sich ja nicht überall gleich. Verkaufst Du aus einem Schlage 90 p. C. als Bauholz, welches Du so lang als möglich aushältst und nach dem mittlern Durchmesser berechnest, so wird der Unterschied zwischen der wahren und der in Rechnung gestellten Holzmasse vielleicht kaum 5 p. C. betragen. Hältst Du das Bauholz aber durchschnittlich nur 42' lang aus, und schlägst den Zopf in das Klafterholz, so beträgt die Differenz schon jedenfalls mehr als 5 p. C. Noch größer aber wird dieselbe sein, und wahr= scheinlich 10 p. C. übersteigen, wenn Du viele Blöcke von 24' Länge verkaufst und den Zopf als Klafterholz aufarbeiten läßt. Und wenn Du genöthigt bist, schwaches Stangenholz abzutreiben und aufklaftern zu lassen, so kann die Differenz auch wohl bis 20 p. C. steigen. Wenn der Taxator sich daher daran gewöhnen wollte, jeden Stamm z. B. um 10 p. C. niedriger abzuschätzen, als der wahre Cubikinhalt desselben beträgt, so würde dieß in einzelnen Schlägen zutreffen (d. h. der unrichtigen Verrechnung des Holzes entsprechen), in andern Fällen aber zu hoch oder zu niedrig sein.

Ein dritter Vorschlag, welcher dahin geht, im Voraus annähernd zu bestimmen, wie hoch für den abzuschätzenden Bestand die in Rechnung zu stellende Holzmasse gegen die wirkliche Holzmasse muthmaßlich zurückbleiben wird, und nach diesem Verhältniß dann jeden einzelnen Stamm niedriger abzuschätzen, also z. B. einen Stamm von 100 C. F. in dem einen Schlage oder ganzen Bezirke zu 95 C. F., in dem andern zu 90 und in dem dritten vielleicht zu 85 C. F. abzuschätzen, muß vollends als ganz unpraktisch von der Hand gewiesen werden. Der Taxator hat wahrlich genug zu thun, den Cubikinhalt, welchen er sich für bestimmte Formen eines Stammes eingeprägt hat, unverrückt festzuhalten und denselben unter den Tau=senden an ihm vorübergehender Stämme mit stets wechselnden For=men nicht aus dem Gedächtniß zu verlieren; er würde dieß aber gar nicht mehr im Stande sein, und sofort im Ansprechen unsicher werden, wenn er einen und denselben Stamm heute so und morgen anders schätzen müßte.

Wir sind durch diese Betrachtungen der Lösung der Frage aber nunmehr ganz nahe gerückt. Was kann wohl einfacher sein, als daß wir, unbekümmert um die künftige Verrechnung, jeden einzelnen Stamm nach seinem wirklichen Cubikinhalte, wie dieser sich aus der Berechnung nach sechsfüßigen Walzen ergiebt, ansprechen, und dann erst nachträglich, nachdem der ganze Bestand abgeschätzt ist, die Ver=hältnisse dieses Bestandes nach allen Seiten hin ins Auge fassen und von der gesammten geschätzten Holzmasse denjenigen Abzug machen, welchen wir hiernach für erforderlich halten, um die richtige Schätzung mit der unrichtigen Berechnung, welche künftig stattfinden wird, im Voraus in Uebereinstimmung zu bringen.

Fünftes Schreiben des Oberforstmeisters K. an den Waldbesitzer N.

Der Stamm K ist kein wirklich von mir gemessener Stamm, und es ist daher nicht unmöglich, daß es in der ganzen Welt keinen Stamm giebt, welcher genau dieselben Dimensionen hat, welche ich dem Stamm K gegeben habe. Angenommen aber, daß es einen solchen Stamm gäbe, und daß derselbe noch stehend (auf dem Stamm) bei 4′ Höhe von der Erde gemessen würde, so würde er an diesem Punkte wahrscheinlich 15,25″ Durchmesser haben.*) Ein Cylinder

---

*) Die 99 Kiefern der Nachweisung a. sind sämmtlich noch stehend bei 4′ Höhe gemessen worden. Von diesen 99 Kiefern haben
1 = 54 Stämme bei 3′ Höhe weniger als 13″ Durchmesser.
2 = 45 Stämme 13″—30″ Durchmesser.
    Von den erstern beträgt die Summe der Durchmesser
        a. bei 3′ Höhe..........469,25″
        b. „ 4′ „ ....455,25″
        bei 4′ Höhe weniger .. 14,″
d. i. durchschnittlich pro Stamm 0,26″.
    Von den letztern beträgt die Summe der Durchmesser
        a. bei 3′ Höhe..........824,25″
        b. „ 4′ „ ....812,75″
        bei 4′ Höhe weniger .. 11,50″
d. i. durchschnittlich pro Stamm 0,26″.

Während man nun glauben sollte, daß der Unterschied zwischen dem bei 3′ und dem bei 4′ Höhe gemessenen Durchmesser bei schwächeren Stämmen geringer sein müßte als bei stärkeren, weil bei ersteren der Abfall geringer ist, beträgt die Differenz in beiden Fällen gleich viel. Dieß beruht darin, daß die Messung bei 4′ Höhe bei sämmtlichen 99 Kiefern am stehenden Stamme, die Messung bei 3′ Höhe dagegen am liegenden Stamme stattgefunden hat, und daß bei der letztern Abmessung nicht von einem festen, sondern von einem veränderlichen Punkte ausgegangen ist. Bei ganz schwachen Stämmen, welche fast unmittelbar an der Erde abgeschnitten werden, kommt der Punkt, wo der Stamm bei 3′ Höhe gemessen wird, beinahe um einen Fuß tiefer zu liegen, als der Punkt, wo die Messung bei 4′ am stehenden Stamme stattfindet; bei starken Stämmen dagegen, welche 6″ bis 12″ hoch gestämmt werden, kommen beide Punkte sehr nahe an-

(eine Walze) von demselben Durchmesser, welchen der Stamm K bei 4' Höhe hat, also von 15,25″ und von derselben Höhe wie jener, also von 83', hat einen Cubikinhalt von 105,28 C. F. Der Stamm K dagegen (oder vielmehr der Schaft desselben bis zu 3″ Stärke) hat nach der jüngst von uns angelegten Berechnung 43,56 C. F. Wollen wir das Verhältniß des Cubikinhaltes des Cylinders zu dem Cubikinhalte des Schaftes durch einen Decimalbruch ausdrücken, so erhalten wir nach dem Verhältniß $105{,}28 : 43{,}56 = 1 : x$ die Zahl 0,41.

Hätte der Stamm F dieselbe Länge wie der Stamm K, also 83', und bei 4' Höhe dieselbe Stärke wie dieser, also 15,25″, aber, wegen größerer Vollholzigkeit, einen höhern Cubikinhalt z. B. 48 C. F., so würden wir für den Stamm F nach dem Verhältniß $105{,}28 : 48 = 1 : x$ eine h ö h e r e Verhältnißzahl, nämlich 0,46 erhalten. Und umgekehrt würden wir für den Stamm L von 83' Länge und 15,25″ Stärke, eine g e r i n g e r e Verhältnißzahl, nämlich 0,36 erhalten, wenn dieser Stamm wegen größerer Abholzigkeit nur 38 C. F. enthalten sollte.

---

einander zu liegen. Würden alle Stämme ohne Ausnahme bei 1' Höhe gefällt, so könnte entweder die Vermessung bei 4' Höhe am stehenden Stamm oder die Vermessung bei 3' Höhe am liegenden Stamm erspart werden, weil selbstredend beide Vermessungen dasselbe Resultat liefern müßten.

Hieraus ergiebt sich übrigens, daß der von mir so häufig gebrauchte Ausdruck: bei 3', 9' 2c. 75' Höhe des Stammes streng genommen ein unrichtiger ist, weil, wenn die Höhe des Stubbens z. B. 6 Zoll beträgt, die Vermessung des Durch=messers der sechsfüßigen Walzen eigentlich nicht bei 3' 2c. sondern bei 3½', 9½', 75½' Höhe des Stammes stattgefunden hat. Andere Stämme sind dagegen factisch bei 3¼', 9¼' u. s. w. und wieder andere bei 3¾', 9¾' u. s. w. Höhe gemessen worden.

In den Staatsforsten des Cösliner Regierungs=Bezirks werden die Stämme mit Säge und Art im Allgemeinen tief gefällt, und es bleibt selbst bei starken Kiefernstämmen selten ein Stubben von 1 Fuß Höhe stehen. Bei dieser Art der Fällung beträgt, wie wir oben gesehen haben, der Unterschied zwischen dem bei 4' Höhe (am stehenden Stamme) und dem bei 3' Höhe (am liegenden Stamme) gemessenen Durchmesser im Durchschnitt ¼ Zoll. Bei vielen einzelnen Stäm=men ist aber entweder gar keine Differenz oder andererseits eine Differenz von ½ oder ¾ Zoll, ja in einigen Fällen sogar von 1 Zoll vorhanden.

Diese Ungleichheit beruht theils in dem verschiedenen Wuchse der Stämme, theils in Unebenheiten des Bodens am Fuße derselben, theils aber auch darin, daß es unmöglich ist, in allen Forsten eines ausgedehnten Landstriches alle Stämme von gleicher Stärke auch in gleicher Höhe stämmen zu lassen. Selbst in einem und demselben Schlage zeichnen sich einzelne Holzhauer vor andern durch größere Geschicklichkeit im tiefen Abschneiden der Stämme aus; wie wäre es da wohl möglich, eine vollkommene Uebereinstimmung in Revieren durchzuführen, welche zum Theil 30 Meilen von einander entfernt liegen.   (Anm. des Verfassers.)

Die Höhe der Verhältnißzahl zwischen dem Cubikinhalte des Schaftes und dem Cubikinhalte des entsprechenden Cylinders steht also im Zusammenhange mit der Vollholzigkeit des Schaftes, und da diese wieder von der Form des Schaftes abhängig ist, so hat man die gedachte Verhältnißzahl die Formzahl genannt, ein Ausdruck, welchen ich beibehalten will. Die Formzahl ist also nichts anderes, als ein Ausdruck für die Vollholzigkeit oder Abholzigkeit des Schaftes. Je vollholziger dieser ist, desto höher muß die Formzahl sein, je abholziger derselbe ist, desto niedriger muß sie sein.

Der Durchmesser bei 4' Höhe, welcher von jetzt ab unter allen Durchmessern des Stammes die hervorragendste Rolle spielen wird, will ich kurz „den Durchmesser" nennen. Wenn ich also ohne weitere Bezeichnung von dem Durchmesser eines Stammes spreche, so verstehe ich darunter nicht etwa den in der Mitte des Stammes gemessenen Durchmesser, oder den Durchmesser am untern Ende des Schaftes, wo derselbe mit der Säge vom Stubben getrennt ist, sondern den bei 4' Höhe am stehenden Stamme gemessenen Durchmesser. Man hat diesen Durchmesser auch wohl den Durchmesser bei Brusthöhe genannt; da es aber kleine und große Menschen giebt, so ist dieser Ausdruck nicht ganz richtig und kann, wie ich aus Erfahrung weiß, leicht dahin führen, daß das Meßband oder die Kluppe unrichtig angelegt wird.

Die Anlage (e.) weist die Formzahlen für die 99 Stämme der Nachweisung a. nach. Die Summe dieser 99 Formzahlen beträgt 44,33. Dividirt man diese Summe mit der Anzahl der Stämme, also mit 99, so erhält man $\frac{44,33}{99} = 0{,}448$ als durchschnittliche oder mittlere Formzahl für jeden einzelnen Stamm. Man kann aber auch für eine einzelne Höhen= oder Stärkenklasse die mittlere Formzahl suchen. So beträgt z. B. für die 14 Stämme von 30'—39' Höhe die Summe der Formzahlen 6,82 und die mittlere Formzahl $\frac{6,82}{14} = 0{,}487$. Von diesen 14 Stämmen gehören 10 Stämme der Stärkenklasse 4"—6,75" und 4 Stämme der Stärkenklasse 7"—9,75" an. Für die ersteren beträgt die mittlere Formzahl $\frac{4,92}{10} = 0{,}492$ und für die letzteren $\frac{1,90}{4} = 0{,}475$. Auf diese Weise kann man die mittlere Formzahl für jede einzelne Höhen= und Stärkenklasse der 99 Stämme suchen und erhält dann aus der Zusammenstellung derselben die Nachweisung (f.), welche ich Dir nicht so wohl wegen der Zahlen die dieselbe enthält, als um Dir den Gang anschaulich zu machen, welchen ich genommen habe, mittheile. Die Zahlen dieser Nachweisung haben nämlich für

V.

Mittlere Formzahlen

| Längenklassen | Stärken | | | | | | | | | | | | | | |
| | 4″—6,75″ | | | 7″—9,75″ | | | 10″—12,75″ | | | 13″—15,75″ | | | 16″—18,75″ | | |
	Zahl der Stämme	Summa der Formzahlen	Mittlere Formzahl	Zahl der Stämme	Summa der Formzahlen	Mittlere Formzahl	Zahl der Stämme	Summa der Formzahlen	Mittlere Formzahl	Zahl der Stämme	Summa der Formzahlen	Mittlere Formzahl	Zahl der Stämme	Summa der Formzahlen	Mittlere Formzahl
30′—39′	17	8,17	0,481	22	10,39	0,472	4	1,73	0,433	3	1,33	0,443	·	·	·
40′—49′	23	10,64	0,463	37	17,05	0,461	39	17,47	0,448	14	5,95	0,425	1	0,42	0,420
50′—59′	22	10,01	0,455	90	41,05	0,456	102	45,84	0,449	51	21,83	0,428	9	3,67	0,408
60′—69′	3	1,27	0,423	77	36,22	0,470	240	107,42	0,448	121	52,51	0,434	25	10,35	0,414
70′—79′	·	·	·	39	17,89	0,459	130	58,92	0,453	87	39,07	0,449	42	18,15	0,432
80′—89′	·	·	·	5	2,36	0,472	58	25,48	0,463	110	49,61	0,457	86	37,41	0,435
90′—99′	·	·	·	·	·	·	1	0,44	0,440	9	4,26	0,473	20	8,96	0,448
Summa	65	30,09	0,463	270	124,96	0,463	571	257,30	0,451	395	174,56	0,442	183	78,96	0,431

sammengestellt, an welche wir jetzt unsre Betrachtungen anknüpfen wollen. Es müssen jedoch vorläufig aus dieser Nachweisung aus Gründen, welche ich späterhin anführen werde, die 65 Stämme der ersten Verticalcolonne, also die Stämme von 4″—6,75″ Durchmesser, noch ausscheiden, so daß wir es für jetzt nur mit 1548 Stämmen zu thun haben.

Was Du aus der Nachweisung (V.) nicht ersehen kannst und was ich Dir daher besonders mittheilen muß, ist, wie weit bei ein= zelnen Stämmen die Formzahl herabsinkt und wie hoch sie bei andern hinaufsteigt.

Die niedrigsten Formzahlen, welche ich unter den 1548 Stämmen gefunden habe, betragen:

mich weiter keinen Werth, weil ich die Formzahl nicht allein für diese 99 Stämme, auch nicht blos für diejenigen 567 Stämme, deren Ein= und Ausbiegungen und Ein= und Ausbauchungen von mir berechnet sind, sondern für 1613 Kiefern berechnet habe. Aus den Formzahlen dieser 1613 Stämme ist die anliegende Nachweisung (V.) zu=

V.

aus 1613 Kiefern.

Klassen

19"—21,75"			22"—24,75"			25"—27,75"			28"—30,75"			Summa		
Zahl der Stämme	Summa der Formzahlen	Mittlere Formzahl	Zahl der Stämme	Summa der Formzahlen	Mittlere Formzahl	Zahl der Stämme	Summa der Formzahlen	Mittlere Formzahl	Zahl der Stämme	Summa der Formzahlen	Mittlere Formzahl	Zahl der Stämme	Summa der Formzahlen	Mittlere Formzahl
.	.	.	.	.	.	.	.	.	.	.	.	46	21,62	0,470
.	.	.	.	.	.	.	.	.	.	.	.	114	51,53	0,452
.	.	.	.	.	.	.	.	.	.	.	.	274	122,40	0,447
14	5,87	0,419	2	0,84	0,420	.	.	.	.	.	.	482	214,48	0,445
13	5,39	0,415	3	1,21	0,403	4	1,72	0,430	2	0,85	0,425	320	143,20	0,448
32	13,95	0,436	16	6,81	0,426	13	5,32	0,409	4	1,54	0,385	321	142,48	0,444
13	5,88	0,452	8	3,44	0,430	5	1,96	0,392	.	.	.	56	24,94	0,445
72	31,09	0,432	29	12;30	0,424	22	9,00	0,409	6	2,39	0,398	1613	720,65	0,447

bei 1 Stamm 0,34

„ 2 Stämmen 0,35

„ 8 „ 0,36

Die höchsten Formzahlen dagegen betragen:

bei 2 Stämmen 0,57

„ 3 „ 0,56

„ 5 „ 0,55

Wenn ich unter 1548 Stämmen, von denen die meisten nicht von mir selbst sondern nur nach meiner Anleitung von andern zuverlässigen Forstbeamten gemessen sind, nur zwei oder gar nur einen Stamm von einer ungewöhnlichen Beschaffenheit finde, so nehme ich ein solches Resultat mit großer Vorsicht oder vielmehr mit einem ge=

wiſſen Mißtrauen auf. Es kann ein Stamm gemeſſen ſein, welcher bei 4' Höhe oder an ſeinem Gipfel irgend eine Beſchädigung erlitten hatte und deshalb nicht mehr zu den regelmäßigen Stämmen hätte gezählt werden ſollen; es kann aber auch unter ſo vielen Stämmen wohl einmal ein Verſehen bei der Vermeſſung vorgekommen und z. B. ein Stamm um eine Walzenlänge, alſo um 6 Fuß kürzer oder länger notirt ſein, als er wirklich war. Wenigſtens geht man jeden=falls ſicherer, wenn man die Extreme fortläßt, und ich nehme daher vorläufig an,

„daß bei regelmäßigen Kiefern von 7″ Durchmeſſer und darüber deren Schaft in 6 füßigen Walzen bis zur Stärke von 3 Zoll vermeſſen wird, die Formzahl nicht unter 0,36 herabſinkt, und nicht über 0,56 hinaufſteigt.“

Bei den einzelnen Stärkenklaſſen habe ich (mit Fortlaſſung der 5 Stämme mit den Formzahlen 0,34, 0,35 und 0,57) als niedrigſte und höchſte Formzahl gefunden

$$
\begin{array}{lll}
\text{von } 7\!-\ 9{,}75'' \text{ Durchmeſſer} & 0{,}38 - 0{,}56 \\
\quad\text{„ } 10\!-\!12{,}75'' & \text{„} & 0{,}36 - 0{,}56 \\
\quad\text{„ } 13\!-\!15{,}75'' & \text{„} & 0{,}36 - 0{,}56 \\
\quad\text{„ } 16\!-\!18{,}75'' & \text{„} & 0{,}36 - 0{,}52 \\
\quad\text{„ } 19\!-\!21{,}75'' & \text{„} & 0{,}36 - 0{,}53 \\
\quad\text{„ } 22\!-\!24{,}75'' & \text{„} & 0{,}39 - 0{,}48 \\
\quad\text{„ } 25\!-\!27{,}75'' & \text{„} & 0{,}37 - 0{,}50 \\
\quad\text{„ } 28\!-\!30{,}75'' & \text{„} & 0{,}37 - 0{,}47 \\
\end{array}
$$

Die niedrigſte Formzahl ſcheint hiernach bei allen Stärken=klaſſen ziemlich dieſelbe zu bleiben, wenigſtens iſt aus der vorſtehenden Zuſammenſtellung nicht zu erſehen, ob ſie von 7″ bis zu 30,75″ ab= oder zunimmt. Die höchſte Formzahl dagegen nimmt offenbar mit zunehmender Stärke der Stämme ab, indem ſich unter allen Stämmen von 16″ Durchmeſſer und darüber nicht ein einziger Stamm mit der Formzahl 0,56 oder 0,55 oder auch nur 0,54 befindet. Es iſt daher mit ziemlicher Sicherheit anzunehmen, daß auch die mittlere Form=zahl mit zunehmender Stärke der Stämme ſinken wird. Und ſo ver=hält es ſich nach Ausweis der Nachweiſung V. auch wirklich, indem die Stämme

$$
\begin{array}{lll}
\text{von } 7\!-\ 9{,}75'' \text{ Durchmeſſer} & 0{,}46 \\
\quad\text{„ } 10\!-\!12{,}75'' & \text{„} & 0{,}15 \\
\end{array}
$$

von 13—15,75'' Durchmesser 0,44

„ 16—18,75'' „ 0,43

„ 19—21,75'' „ 0,43

„ 22—24,75'' „ 0,42

„ 25—27,75'' „ 0,41

„ 28—30,75'' „ 0,40

als mittlere Formzahl haben.

Es drängt sich uns hierbei von selbst die Frage auf, ob nicht vielleicht auch die Höhe der Stämme Einfluß auf die Formzahl hat, und ob letztere mit zunehmender Höhe der Stämme eben so wie mit zunehmender Stärke derselben abnimmt, oder vielleicht umgekehrt zunimmt. Lassen wir bei der Beantwortung dieser Frage die 65 Stämme von 4—6,75'' Durchmesser ebenfalls vorläufig unberücksichtigt, so erhalten wir

Längen-klasse	Zahl der Stämme	Summa der Formzahlen	Mittlere Formzahl
30'—39'	29	13,45	0,464
40'—49'	91	40,89	0,449
50'—59'	252	112,39	0,446
60'—69'	479	213,21	0,445
70'—79'	320	143,20	0,448
80'—89'	321	142,48	0,444
90'—99'	56	24,94	0,445
	1548	690,56	0,446

Wenn wir auch annehmen wollten, daß die Formzahl für Stämme von 70—79' Länge durch Zufälligkeiten etwas hoch ausgefallen sei und durch fortgesetzte Berechnungen sich niedriger, etwa auf 0,415 sowie die Formzahl für Stämme von 90—99' Höhe auf 0,444 stellen werde, so ist doch auch dann noch der Abfall von 0,464 bis auf 0,444 so unbedeutend, daß derselbe kaum in Betracht kommen kann. Hierzu kommt noch, daß zu den geringern Längenklassen auch verhältnißmäßig weit mehr Stämme der geringeren Stärkenklassen gehören als zu den höheren Längenklassen, und da die geringeren Stärkenklassen, wie wir gesehen haben, eine höhere mittlere Formzahl haben, als die höheren Stärkenklassen, so kann dieß selbstredend nicht ohne

Rückwirkung auf die Formzahl der niedrigeren Längenklassen bleiben. Ja, wenn wir die mittlere Formzahl der Längenklassen nicht in der Colonne „Summa" sondern innerhalb der einzelnen Stärkenklassen verfolgen, so gewinnt es eher den Anschein, als wenn die mittlere Formzahl mit zunehmender Höhe der Stämme zu= als abnehme; in= dessen wirken hierbei wahrscheinlich rein zufällige Verhältnisse mit ein, auf deren Erörterung ich späterhin noch eingehen werde.

Ich nehme deshalb an

daß die mittlere Formzahl zwar mit zunehmender S t ä r k e der Stämme abnimmt, daß dagegen die Höhe der Stämme auf die Formzahl entweder gar keinen, oder doch nur einen sehr geringen Einfluß ausübt.

Die 1613 Stämme der Nachweisung V. sind von sehr verschie= denem Boden und aus sehr verschiedenartigen Beständen entnommen. Von jedem einzelnen dieser Stämme kenne ich das Jagen und die Abtheilung aus welchem derselbe entnommen ist, und von jeder Ab= theilung sind mir wieder die Boden= und Bestandsverhältnisse bekannt. In Bezug auf den Schluß der Bestände giebt es von dem ganz frei= stehenden bis zu dem ganz geschlossen aufgewachsenen Stamme keinen Grad von Dichtigkeit des Bestandes, welcher unberücksichtigt geblieben wäre; die meisten Stämme aber sind aus Beständen von mittelmäßi= gem Schlusse entnommen. Von den Bodenarten sind dagegen meh= rere gar nicht vertreten; z. B. der feuchte humusreiche Sandboden, welcher zu dem Kiefernboden 1ster Klasse gehört; ferner der Kalkboden mit einer Beimengung von mehr als 20 p. C. Kalk; sodann der durch langjährige Benutzung als Ackerland vollständig ausgesogene Sand= boden, auf welchem die Kiefer ein Alter von höchstens 60—80 Jahren zu erreichen pflegt; ebenso der flachgründige Boden jeder Art, mag der Untergrund nun in Ortstein oder in einer Kiesunterlage oder in Letten oder in Wasser bestehen. Es sind also alle Bodenarten, welche noch unter die 5te Pfeilsche Bodenklasse für Kiefern herabgehen, gar nicht vertreten, und selbst von Boden der 5ten Pfeilschen Klasse ist nur eine geringe Anzahl f r e i s t e h e n d e r Stämme entnommen worden. Dagegen sind mit Ausschluß des feuchten humusreichen Sandbodens und des Kalkbodens die bessern Bodenarten sämmtlich vertreten, selbst diejenigen, welche für die Erziehung von Nadelholz zu gut sind, z. B. der humusreiche Mergelboden, auf welchem die Kiefer bis zum 40sten

Jahre Jahresringe von durchschnittlich ¼ Zoll macht (also mit 40 Jah=
ren am Stammende 20 Zoll stark wird), auf welchem sie aber kein
hohes Alter erreicht und ein überaus schlechtes Bau= und Brennholz
liefert. Die bei weitem meisten Kiefern aber sind von einem tiefgrün=
digen Sandboden entnommen, welcher je nach der größern oder ge=
ringern Beimischung von Lehm und Humus zur 2ten, 3ten und 4ten
Pfeil'schen Bodenklasse gehört.

Es ist unvermeidlich, daß man bei der Anstellung von Unter=
suchungen, wie dieselben von mir vorgenommen sind, Anfangs mit
einer gewissen Auswahl zu Werke geht, und auch ich habe mich hier=
von nicht frei halten können, sondern in der ersten Zeit nach beson=
ders vollholzigen und nach besonders abholzigen Stämmen gesucht.
Späterhin hat jedoch eine solche Auswahl nicht mehr stattgefunden,
und es sind daher Stämme 1ster, 2ter und 3ter Größe und selbst
unterdrückte Stämme, wie sie grade zum Hiebe kamen, insofern
sie nur regelmäßig gewachsen waren, ohne weitere Auswahl,
aufgemessen worden.

Ich habe Dir jetzt, so weit es in meinen Kräften steht, ein ge=
treues Bild von den Verhältnissen gegeben, aus welchen die 1613
Stämme der Nachweisung V. entnommen sind, und gehe nunmehr zu
einer der interessantesten und wichtigsten, aber äußerst schwer zu be=
antwortenden Fragen über, nämlich zu der Frage, ob die mittleren
Formzahlen, welche nach der Nachweisung V. für Stämme von

$$7 - 9{,}_{75}''\ \text{Stärke}\ 0{,}_{463}$$
$$10 - 12{,}_{75}''\ \quad''\quad 0{,}_{451}$$
$$13 - 15{,}_{75}''\ \quad''\quad 0{,}_{442}$$
$$16 - 18{,}_{75}''\ \quad''\quad 0{,}_{431}$$
$$19 - 21{,}_{75}''\ \quad''\quad 0{,}_{432}$$
$$22 - 24{,}_{75}''\ \quad''\quad 0{,}_{424}$$
$$25 - 27{,}_{75}''\ \quad''\quad 0{,}_{409}$$
$$28 - 30{,}_{75}''\ \quad''\quad 0{,}_{398}$$

betragen, andere geworden sein würden, wenn sie aus 1613 unter
ganz andern Verhältnissen aufgewachsenen Stämmen, jedoch von
genau derselben Länge und demselben Durchmesser, wie
jene, zusammengestellt wären.

Wenn diese 1613 Stämme in Schweden oder am Fuße der
Alpen aber unter sonst ganz gleichen Boden und Bestandsverhältnissen

aufgemessen wären, würden wir dann dieselben oder höhere oder nie=
drigere mittlere Formzahlen erhalten haben?

Wenn sie sämmtlich entweder nur von Kiefernboden 1ster Klasse
oder sämmtlich nur von Kiefernboden 4ter Klasse aber unter sonst
ganz gleichen klimatischen und Bestandsverhältnissen entnommen wären;
würden die mittleren Formzahlen dann andere geworden sein?

Wenn in jedem Bestande nur die Stämme 1ster Größe oder
wenn nur im dichtesten Schluß oder nur ganz frei aufgewachsene
Stämme ausgewählt und gemessen wären, würde dieß unter sonst
ganz gleichen klimatischen und Bodenverhältnissen einen Einfluß auf
die mittleren Formzahlen gehabt haben?

So schwierig die Beantwortung dieser Fragen auch ist,*) so bin

---

*) Wie groß die Schwierigkeiten sind, welche sich einer gründlichen Beant=
wortung dieser Fragen entgegenstellen, will ich an einem einzelnen Falle zeigen,
nach welchem sich dann ja die andern Fälle leicht beurtheilen lassen. Ich wähle
dazu die Frage:

Haben im großen Durchschnitt zwei Kiefern, welche dieselbe Länge und
denselben Durchmesser haben, welche auch auf demselben Boden und in
demselben Klima erwachsen sind, von denen aber die eine im vollen Schlusse,
die andere ganz frei aufgewachsen ist, dieselbe Formzahl oder nicht? Und
welche von beiden hat im letztern Falle die höhere Formzahl?

Man könnte im ersten Augenblicke versucht werden zu glauben, daß zu der
Beantwortung dieser Frage nichts weiter erforderlich sei, als circa 30 im Schlusse
aufgewachsene Stämme und eben so 30 ganz frei aufgewachsene Stämme fällen
zu lassen, zu vermessen, zu berechnen und die mittlere Formzahl der erstern mit
der mittlern Formzahl der letztern zu vergleichen; allein, so einfach liegt die
Sache doch nicht. Zuvörderst wird man unter keinen Umständen die mittlere
Formzahl von 30 Stämmen von 7—9,75'' Durchmesser mit der mittlern Formzahl
von 30 Stämmen von 28—30,75'' Durchmesser vergleichen können, sondern es
werden, nachdem ich gefunden habe, daß die mittlere Formzahl mit zunehmender
Stärke der Stämme abnimmt, die zu vergleichenden Stämme doch mindestens
derselben Stärkenklasse angehören müssen. Man wird dieselben aber auch nicht
einmal aus verschiedenen Längenklassen entnehmen können. Denn wenn ich auch
gefunden habe, daß die Länge des Stammes im allgemeinen keinen erheblichen
Einfluß auf die Formzahl ausübt, so ist diese Wahrnehmung doch nicht so sicher,
um bei so subtilen Untersuchungen, wie hier angestellt werden sollen, von der
Länge der Stämme ganz abstrahiren und z. B. 30 Stämme von 10—12,75''
Stärke und 40—49' Höhe, welche im freien Stande erwachsen sind, mit 30 Stäm=
men von 10—12,75'' Stärke und 80—90' Höhe, welche im Schluß erwachsen sind,
vergleichen zu können. Bei mir wenigstens würde, wenn ich einen Unterschied
in der Formzahl der beiderseitigen Stämme gefunden hätte, immer der Zweifel
zurückbleiben, ob dieser Unterschied denn wirklich lediglich als eine Folge des
dichteren oder geringeren Schlusses der Stämme anzusehen sei, oder ob nicht die
verschiedene Höhe der Stämme doch auch einigen Einfluß darauf gehabt habe.

ich durch fortgesetzte Vergleichungen der Formzahlen der 1613 Kiefern, wobei mir die genaue Kenntniß von dem früheren Standorte derselben außerordentlich zu Statten kam, doch wenigstens zu einem nicht unwichtigen Resultate gelangt. Ich habe nämlich bestätigt gefunden, was auch von andern Forstmännern schon als wahrscheinlich angenommen ist, daß mittlere Formzahlen um so mehr zunehmen, je älter die Stämme von gleichen Dimensionen sind. Wenn

---

Es müssen also die 30 im freien Stande erwachsenen Kiefern derselben Längen- und Stärkenklasse angehören, wie die 30 im Schluß erwachsenen Stämme, wenn die mittlere Formzahlen beider mit einander verglichen werden sollen.

Eben so müssen sie aber auch derselben Bodenklasse angehören und überhaupt, mit Ausschluß des geschlossenern oder freieren Standes, in allen Beziehungen unter ganz gleichen Verhältnissen aufgewachsen sein, damit man, wenn man einen Unterschied in der Formzahl findet, über den Grund und die Veranlassung zu diesem Unterschiede durchaus nicht mehr in Zweifel sein kann.

Die Schwierigkeiten, welche aus diesen Bedingungen entspringen, werden noch dadurch vermehrt, daß nur einige wenige Höhen- und Stärkenklassen hierzu benutzt werden können. Es ist in unserm Clima ganz unmöglich, daß eine regelmäßige Kiefer von 13'' Durchmesser und 35' Länge im Schluß aufgewachsen sein kann. Wenn man daher auch 30 ganz frei aufgewachsene Stämme von 13'' Durchmesser und 35' Länge gefunden hat, so kann man diese doch zu einer Vergleichung mit im Schluß erwachsenen Stämmen nicht benutzen, weil man in ganz Deutschland keinen einzigen geschlossen aufgewachsenen Stamm von denselben Dimensionen finden würde. Eben so unmöglich ist es aber auch, daß eine Kiefer von 13'' Durchmesser und 95' Länge ganz frei aufgewachsen sein kann. Eine solche Kiefer muß, auch wenn sie nicht ganz frei stehen sollte, ganz geschlossen aufgewachsen und kann erst in späteren Jahren freigestellt sein. Wenn man daher den Einfluß des freiern oder geschlossenern Standes an Stämmen von 13—15,75'' Durchmesser untersuchen will, so kann man hierzu die Höhenklassen von 30—39', 40—49', 80—89', 90—99' jedenfalls nicht benutzen und wird sich vielleicht auf die einzige Höhenklassen von 60—69' beschränken müssen. Wie lange kann man unter diesen Umständen aber suchen, ehe man zu 30 im Schluß erwachsenen Stämmen 30 andere im freien Stande erwachsene Stämme findet, welche derselben Längen- und Stärkenklasse als jene angehören, und auf demselben Boden erwachsen sind!

Zu allen diesen Schwierigkeiten tritt noch hinzu, daß man die zu den Untersuchungen geeigneten Stämme doch nicht überall einschlagen kann, wo man sie grade vorfindet, und daß man der Wissenschaft zu Liebe die Wirthschaftsführung nicht ändern darf, sondern auf diejenigen Schläge beschränkt ist, welche grade zum Hiebe kommen.

Aus diesem einen Falle wird sich leicht beurtheilen lassen, welche außerordentlichen Schwierigkeiten auch in andern Fällen, z. B. wenn es darauf ankommt, den Einfluß der verschiedenen Bodenarten auf die Formzahl zu ermitteln, u. dgl. m., diesen Untersuchungen entgegentreten.　　　　(Anm. des Verfassers.)

von 40 Stämmen (von gleicher Länge und gleichem Durchmesser) 20 Stämme 80 Jahr und 20 Stämme 120 Jahr alt sind, so werden die erstern eine niedrigere mittlere Formzahl haben, als die letztern. Alles also, was den Zuwachs der Kiefern befördert, drückt die Formzahl herab. Kiefern auf gutem Boden haben unter sonst gleichen Verhältnissen eine geringere Formzahl, als Kiefern auf schlechtem Boden; die im freien Stande aufgewachsenen Stämme unter sonst gleichen Verhältnissen ebenfalls eine geringere Formzahl, als die im Schluß erwachsenen Stämme. Mit andern Worten: Je feiner die Jahresringe am Stammende sind, desto höher ist in der Regel die Formzahl, so daß man, wenn man durch einen beendigten Schlag geht, aus welchem das eingeschlagene Holz bereits abgefahren ist, und die Jahresringe an den stehen gebliebenen Stubben betrachtet, aus der Größe dieser Ringe allenfalls einen Schluß auf die mittlere Formzahl der eingeschlagenen Stämme machen kann, ohne diese Stämme selbst jemals gesehen zu haben.

Dieß alles gilt natürlich nicht von dem einzelnen Stamme, sondern nur von dem Durchschnitt aus einer größeren Anzahl von Stämmen. Der einzelne Stamm kann sehr starke Jahresringe haben und doch vollholzig sein und umgekehrt.

Eben so wenig wage ich die obige Regel auf Verhältnisse auszudehnen, welche zu beobachten ich keine Gelegenheit gehabt habe. Es ist zwar nicht unwahrscheinlich, daß unter sonst gleichen Verhältnissen die mittleren Formzahlen für Kiefern in Baiern niedriger sein werden als in Schweden, aber als erwiesen ist dieß doch noch nicht anzunehmen. Eben so ist es nicht unwahrscheinlich, daß für Kiefern auf der 5ten Pfeilschen Bodenklasse und auf denjenigen Bodenklassen, welche noch unter diese herabgehen, — für welche Pfeil aber keine Erfahrungstafeln mehr aufgestellt hat, — die mittleren Formzahlen höher sein werden, als auf der 4ten Bodenklasse; allein die Möglichkeit ist wenigstens nicht ausgeschlossen, daß die Sache sich anders verhält und daß die mittleren Formzahlen nur bis zu einem bestimmten Punkte mit abnehmender Bodenkraft steigen, dann aber, mit noch weiterer Abnahme der Bodenkraft, wieder anfangen zu sinken. Es ist dieß, wie gesagt, nicht wahrscheinlich, aber es ist wenigstens nicht unmöglich.

Auf einen Gegenstand habe ich bei den von mir angestellten

Untersuchungen meine Aufmerksamkeit leider zu spät gerichtet, nämlich darauf, ob Stämme 1ster, 2ter, 3ter Größe bei gleicher Länge und gleichem Durchmesser und unter sonst gleichen Verhältnissen eine verschiedene mittlere Formzahl haben. Die Frage ist die, ob ein Stamm von z. B. 15″ Durchmesser und 70′ Höhe, welcher in dem Bestande A. als Stamm 1ster Größe auftritt, eine andere Formzahl haben wird als ein anderer Stamm von 15″ Durchmesser und 70′ Höhe, welcher in dem Bestande C. nur ein Stamm 3″ Größe ist, vorausgesetzt, daß in beiden Beständen die Boden- und Bestandsverhältnisse — nicht aber das Alter des Bestandes — dieselben sind. Nach den in der letzten Zeit von mir angestellten Beobachtungen ist es höchst wahrscheinlich, daß dieß allerdings der Fall ist, und daß Stämme 1ster Größe eine niedrigere Formzahl als Stämme 2ter Größe von denselben Dimensionen und diese wieder eine niedrigere Formzahl als Stämme 3ter Größe haben. Dieß entspricht aber auch vollkommen der Regel, daß der ältere Stamm bei gleicher Länge und gleichem Durchmesser eine höhere Formzahl hat als der jüngere. Denn wenn Stämme von 15″ Durchmesser und 70′ Höhe in dem Bestande A. zu den Stämmen 1ster Größe, in dem Bestande C. dagegen zu den Stämmen 3ter Größe gehören, und die Boden und sonstigen Verhältnisse auf beiden Flächen dieselben sind, so muß der Bestand A. nothwendig jünger sein als der Bestand C. und es werden daher auch die Stämme 1ster Größe, deren Formzahl mit den Stämmen 3ter Größe von gleichen Dimensionen verglichen werden sollen, jünger sein als die letztern.*)

---

*) Daß die ganz frei aufgewachsenen Stämme, sobald nur der Schaft derselben berechnet wird, eine niedrigere Formzahl haben als die im Schluß aufgewachsenen, läßt sich schon dadurch erklären, daß erstere ungleich astreicher sind, und daß dem Schafte durch jeden von ihm abgehenden Ast etwas von der Holzmasse entzogen wird, welche ihm sonst zugeflossen sein würde. Ob nun aber die Holzmasse des Astes grade so viel beträgt, als der Verlust, welchen der Stamm dadurch erlitten hat, oder mehr oder weniger, mit andern Worten, ob, wenn sämmtliche Aeste mit berechnet werden, der im Freien aufgewachsene Stamm dieselbe Formzahl oder eine höhere oder niedrigere haben wird, als der im Schluß erwachsene Stamm von gleicher Länge und Stärke, ist schwer zu beweisen. Ein einziges Paar Stämme von gleichen Dimensionen kann hierbei nicht entscheiden, oberflächliche Untersuchungen an vielen Stämmen haben gar keinen Werth, genaue Untersuchungen dagegen an einer großen Anzahl von Stämmen sind so außerordentlich mühsam und zeitraubend, daß sich nicht leicht Jemand entschließen wird, sich dieser Arbeit zu unterziehen.　　　　(Anm. des Verfassers.)

Die höchsten mittlern Formzahlen welche ich aus einem grö=
ßern Durchschnitt von Stämmen in geschlossenen Beständen der
3ten bis 4ten Bodenklasse gefunden habe, sind:

bei 7— 9,75″ Durchmesser 0,47
„ 10—12,75″ „ 0,47
„ 13—15,75″ „ 0,46
„ 16—18,75″ „ 0,45
„ 19—21,75″ „ 0,45

und die geringsten Formzahlen von Beständen auf humusreichem Lehm=
boden und mittelmäßigem Schluß, zum Theil auch ganz freiem Stande

bei 7— 9,75″ Durchmesser 0,45
„ 10—12,75″ „ 0,44
„ 13—15,75″ „ 0,42
„ 16—18,75″ „ 0,41
„ 19— 21,75″ „ 0,40

Die höheren Formzahlen sind aus einer Zusammenstellung von
693 Stämmen und die niedrigeren aus einer Zusammenstellung von
688 Stämmen hervorgegangen.

Bei der Stärkenklasse von 22″ Durchmesser und darüber ist die
Anzahl der von mir berechneten Stämme, wenn sie nach den ver=
schiedenen Boden= und sonstigen Verhältnissen noch getrennt werden
sollen, zu gering, um daraus mittlere Formzahlen berechnen und einen
irgend sichern Schluß ziehen zu können. Wahrscheinlich werden aber
die Einwirkungen der verschiedenen Boden= und sonstigen Verhält=
nissen auf die mittlere Formzahl um so größer, je höher die Stär=
kenklassen hinaufgehen.

Ich bin Dir nun noch eine Aufklärung darüber schuldig, wes=
halb ich die 4—6,75″ starken Stämme bei den Betrachtungen über
die Formzahl bis jetzt unberücksichtigt gelassen habe, obgleich die Nach=
weisung V. doch die mittlere Formzahl aus 65 Stämmen von 4—6,75″
Durchmesser enthält.

Bei der Berechnung des Cubikinhaltes der 1613 Stämme sind,
wie Du weißt, diejenigen 6 füßigen Walzen des Schaftes nicht mehr
mit berechnet, deren mittlerer Durchmesser nicht mehr 3″ beträgt.
Von diesen 1613 Stämmen habe ich aber nebenbei doch viele Stämme
noch bis zu 1″ Stärke vermessen und berechnet, um mich zu über=
zeugen, welchen Einfluß auf die Formzahl die Weglassung der unter

3″ starken Walzen des Schaftes hat. Dabei habe ich gefunden, daß bei Stämmen von 7″ Durchmesser und darüber, der Einfluß ein sehr geringer wird und insbesondere bei stärkern Stämmen gar keine Beachtung mehr verdient, während bei schwächern als 7″ starken Stämmen die Formzahl erheblich schwankt, je nachdem der Cubikinhalt der unter 3″ starken Walzen des Schaftes noch mit berücksichtigt wird oder nicht. So hat z. B. ein von mir gemessener Stamm von 10″ Durchmesser und 52′ Länge folgende Dimensionen 2c.

bei 3′ Höhe 10,25″ = 3,44 C. F.

" 9 " 8,75″ = 2,51 "

" 15 " 8,25″ = 2,23 "

" 21 " 7,50″ = 1,84 "

" 27 " 7,″ = 1,60 "

" 33 " 5,75″ = 1,08 "

" 39 " 4,″ = 0,52 "

13,22 C. F. (Formzahl 0,466)

" 45 " 1,75″ = 0,10 "

13,32 C. F. (Formzahl 0,469)

Die Formzahl wird also bei diesem Stamme dadurch, daß der Cubikinhalt der unter 3″ starken Walzen des Schaftes mit berechnet wird, nur um 0,003 erhöht. Dagegen hat ein Stamm von 5″ Durchmesser und 32′ Länge folgende Dimensionen 2c.

bei 3′ Höhe 5″ = 0,82 C. F.

" 9 " 4″ = 0,52 "

" 15 " 3,25″ = 0,35 "

" 21 " 3″ = 0,29 "

1,98 C. F. (Formzahl 0,454)

" 27 " 1,75″ = 10 "

2,08 C. F. (Formzahl 0,477)

Bei diesem Stamme wird also die Formzahl um 0,023 höher, wenn die unter 3″ starken Walzen mit zur Berechnung kommen.

Hätte ich den Cubikinhalt des Schaftes durchgehends bis zu 1″ Stärke berechnet, so würde ich bei Stämmen von 10—12,75″ Durchmesser und bei allen stärkern Stämmen wahrscheinlich dieselben mittlern Formzahlen wie in der Nachweisung V., dagegen bei Stämmen von 7—9,75″ Durchmesser eine etwas höhere und bei Stämmen von

112

4—6,75" Durchmesser eine **erheblich** höhere mittlere Formzahl als 0,463 gefunden haben.*)

<hr>

*) Es scheint mir hier der passendste Ort zu sein, noch auf einige andere Veränderungen einzugehen, welche die Formzahl erleiden muß, wenn der Stamm in anderer Weise vermessen und berechnet wird, als es von mir geschehen ist.

Zuvörderst will ich des Falles gedenken, daß die Berechnung des Cubikinhaltes sich nicht auf den Schaft beschränkt, sondern sich auf die **Aeste** mit erstreckt. Hierbei ist aber wieder zu unterscheiden, ob die Aeste nur so weit, als sie in den Preußischen Staatsforsten noch in das Knüppelholz gelegt werden, also bis zu 3" Stärke der Walzen, oder ob sie noch weiter, bis zu 1" Stärke herab, zur Berechnung gezogen werden.

Im ersteren Falle erleidet bei schwachen Stämmen (von 7" bis 13" Durchmesser) die Formzahl durch das Hinzutreten der Aeste gar keine Veränderung, weil solche Stämme noch keine Aeste von 3" Stärke haben. Das Knüppelholz, welches schwache Stämme allerdings liefern, und welches dem quantitativen Verhältniß nach um so unbedeutender wird, je schwächer und länger der Stamm ist, rührt von dem **Schafte**, nicht von den **Aesten** her. Mit zunehmender Stärke der Stämme stößt man nun — und zwar zuerst bei den im freien Stande erwachsenen, im Verhältniß zu ihrer Stärke sehr kurzen Kiefern — auf einzelne Stämme, welche einige wenige Aeste von 3" Stärke und darüber haben. Es werden dieß in der Regel solche Stämme sein, bei welchen man allenfalls zweifelhaft sein kann, ob man sie noch zu den regelmäßigen rechnen soll oder nicht, wie z. B. die Stämme Nr. 41 und Nr. 42 der Nachweisung a.

Zu je stärkeren Stämmen man übergeht, desto mehr nimmt nicht nur die Anzahl der Stämme zu, welche Aeste von 3" Stärke und darüber haben, sondern auch die Masse dieser Aeste selbst. Aber auch selbst bei sehr starken, jedoch zugleich im Schluß erwachsenen, Kiefern kommen einzelne Stämme vor, welche gar kein Astholz von 3" Stärke und darüber haben, und wenn ich das Quantum des über 3" starken Astholzes bei Stämmen von 25" Durchmesser und darüber im großen Durchschnitt zu 5 p. C. der gesammten Holzmasse angebe, so greife ich nach den hiesigen Verhältnissen, aus denen doch die 1613 Stämme hervorgegangen sind, jedenfalls nicht zu niedrig. Wären daher bei diesen 1613 Stämmen die über 3" starken Aeste mit zur Berechnung gekommen, so würde die Folge wahrscheinlich die gewesen sein, daß die mittlere Formzahl für Stämme von 7—9,75" und 10—12,75" Durchmesser unverändert resp. 0,46 und 0,45 geblieben, dann aber allmälig nicht bis auf 0,40 sondern nur bis auf 0,42 gesunken wäre.

Von größerem Einfluß auf die Formzahl ist die Mitberechnung **aller** — auch der unter 3" starken — Aeste, und dieser Einfluß beginnt gleich bei der niedrigsten Stärken- und Höhenklasse. Es wäre sehr wünschenswerth, wenn wir hierüber zuverlässige Ermittelungen aus einer hinreichend großen Anzahl von Stämmen besäßen, und ich selbst hatte einmal die Absicht meine Untersuchungen auf die ganze Holzmasse des Stammes, mit Einschluß der kleinsten Aeste, auszudehnen, allein ich bin vor der Schwierigkeit der Arbeit zurückgeschreckt, und ich muß bekennen, daß ich es auch jetzt noch, wo ich dieses schreibe, nicht bereue, mich bei meinen Untersuchungen auf den **Schaft** beschränkt zu haben. Der Cubikinhalt des geringen Astholzes und des Reisholzes läßt sich nämlich, wenn

Noch über einen zweiten Punkt habe ich mir eine Aufklärung vorbehalten, nämlich darüber, weshalb ich vorläufig annehme, daß

---

man zu genauen Resultaten gelangen will, nur in einem, zu diesem Behufe besonders eingerichteten, geräumigen Gefäße, mittelst Untertauchens in Wasser, ermitteln. Alle andern Methoden, selbst die Ermittelung des Cubikinhalts vermittelst des Gewichtes, noch weit mehr aber die Vermessung mit der Kluppe oder dem Meßbande, oder das Aufsetzen in Klaftern, liefern zu unsichere Resultate um benutzt werden zu können. Nun kann man aber ein solches Gefäß nicht überall mit sich herumführen und eben so wenig die zu vermessenden Stämme, oder auch nur die Aeste und Zweige derselben, Meilen weit bis zu dem Gefäße anfahren lassen, und es müßte daher die Untersuchung an manchen Stämmen und für manche Verhältnisse unterbleiben, auf deren genaue Erforschung es grade ganz besonders ankommen kann. Hierzu tritt noch der große Zeitaufwand, welchen bei diesem Verfahren die Berechnung des Ast- und Reisholzes erfordert. In demselben Zeitraum von 4 Jahren, in welchem 1613 Schäfte theils von mir selbst, theils nach meiner Anweisung vermessen sind, hätte ich vielleicht nur 200 Stämme mit Einschluß aller Aeste und Zweige vermessen und berechnen können.

Wie viele der 43 Stärken- und Längenklassen der Nachweisung V. würden dann gar nicht vertreten sein, und in wie vielen würde sich vielleicht ein einziger Stamm befinden, der aber zufällig grade besonders vollholzig oder besonders abholzig sein könnte und daher gar keinen sichern Anhalt gewähren würde. Endlich zog ich noch einen Umstand in Betracht, mit welchem allerdings die Wissenschaft nichts zu thun hat, sondern nur die Praxis, nämlich den, daß die Berechnung des Cubikinhaltes des Reisholzes für die Verwaltung der Preußischen Staatsforsten keinen erheblichen Nutzen haben würde, da bei uns in der Regel nur die Derbholzmasse bis zu 3'' Stärke abgeschätzt, und in den Controlbüchern die Balance nur gegen diese geschätzte Masse geführt wird, die Reisholzmasse der Stämme also gar nicht in Betracht kommt. Alles dieses bestimmte mich, mich auf die Berechnung des Schaftes und zwar bis zu 3'' Stärke zu beschränken.

Von nicht unerheblichem Einflusse auf die mittleren Formzahlen ist ferner die Art der Vermessung und Berechnung des Schaftes. Bei der Berechnung nach 42 füßigen Walzen erhält man einen um etwa 5 p. C. geringeren Cubikinhalt als bei der Berechnung nach 6 füßigen Walzen und um eben diesen Betrag muß alsdann natürlich auch die Formzahl geringer ausfallen. Wenn die mittlere Formzahl bei der Berechnung nach 6 füßigen Walzen daher 0,45 beträgt, so wird sie bei der Berechnung nach 42 füßigen Walzen nur 0,425 betragen.

Endlich ist auch der Punkt, wo am stehenden Stamme das Meßband oder die Kluppe angelegt wird, um den Durchmesser des Stammes und zugleich die Grundfläche des dem Stamme entsprechenden Cylinders zu finden, für die Höhe der Formzahl sehr entscheidend. Der Durchmesser des Stammes ist bei 5' Höhe geringer als bei 4' Höhe; der Cubikinhalt des Cylinders, (des Divisors) wird also, wenn der Stamm bei 5' Höhe statt bei 4' Höhe gemessen wird, ebenfalls geringer ausfallen, der Cubikinhalt des Stammes aber, (der Dividendus) bleibt in beiden Fällen derselbe, und es muß daher die Formzahl (der Quotient) um so höher werden, je höher das Meßband oder die Kluppe angelegt wird.

Der Stamm K, welcher bei 4' Höhe einen Durchmesser von 15,25'' und die

die Länge der Stämme entweder von gar keinem oder doch nur von einem geringen Einflusse auf die Höhe der Formzahl ist.

Wenn wir diejenigen Längen= und Stärkenklassen fortlassen, bei welchen die mittlere Formzahl nicht aus mindestens 20 Stämmen be= rechnet ist, so finden wir bei Stämmen von 10" Stärke und darüber, nach der Nachweisung V., mit zunehmender Länge der Stämme auch eine ziemlich regelmäßige Zunahme der Formzahlen. So betragen z. B. innerhalb der Stärkenkasse von 13—15,₇₅" Durchmesser die mittleren Formzahlen

$$\text{bei der Längenklasse von } 50'—59' — 0{,}_{428}$$
$$\text{\textquotedbl \quad \textquotedbl \quad \textquotedbl \quad \textquotedbl } 60'—69' — 0{,}_{434}$$
$$\text{\textquotedbl \quad \textquotedbl \quad \textquotedbl \quad \textquotedbl } 70'—79' — 0{,}_{449}$$
$$\text{\textquotedbl \quad \textquotedbl \quad \textquotedbl \quad \textquotedbl } 80'—89' — 0{,}_{457}$$

Ferner innerhalb der Stärkenklasse von 16—18,₇₅" Durchmesser

$$\text{bei der Längenklasse von } 60'—69' — 0{,}_{414}$$
$$\text{\textquotedbl \quad \textquotedbl \quad \textquotedbl \quad \textquotedbl } 70'—79' — 0{,}_{432}$$
$$\text{\textquotedbl \quad \textquotedbl \quad \textquotedbl \quad \textquotedbl } 80'—89' — 0{,}_{435}$$
$$\text{\textquotedbl \quad \textquotedbl \quad \textquotedbl \quad \textquotedbl } 90'—99' — 0{,}_{448}$$

Wenn mir blos diese Zahlen gegeben würden, und die Verhält= nisse, aus denen sie hervorgegangen sind, unbekannt wären, so würde ich unfehlbar zu dem Schlusse gelangen, daß die mittlere Formzahl, während sie mit zunehmender Stärke der Stämme abnimmt, mit zu= nehmender Länge derselben zunimmt, und ich würde hierbei auch un= geachtet der entgegenstehenden Ansicht aller Forstschriftsteller, welche über diesen Gegenstand bisher geschrieben haben, und ungeachtet der

---

Formzahl $\frac{4356}{10528} = 0{,}_{41}$ hat, wird bei 5' Höhe etwa 14,₇₅" Durchmesser haben, und die Formzahl desselben beträgt, wenn man diesen Durchmesser als den Durch= messer des Cylinders annimmt, $\frac{4356}{9849} = 0{,}_{44}$.

Wollte man die Formzahl dagegen nach dem Durchmesser berechnen, welchen der Stamm bei ½' oder 1' Höhe hat, (was Niemand thun wird, weil hier der Einfluß der Wurzeln auf die Stammbildung noch nicht aufgehört hat, und der Querdurchschnitt in der Regel ganz unregelmäßig ist) so würde man eine bedeu= tend niedrigere Formzahl als bei 4' Höhe erhalten.

Der Ausdruck „Formzahl" ist also ein unbestimmter. Derjenige, welcher ihn braucht, muß erst erläutern, was er darunter versteht. Unter allen Umständen aber ist es ein Ausdruck für die Holzhaltigkeit, sei es des Schaftes oder des ganzen Stammes, oder eines Theiles des Schaftes oder Stammes.   (Anm. d. Verf.)

mit dieser Schlußfolgerung nicht übereinstimmenden Zahlen bei den Stärkenklassen von 25—27,75" und 28—30,75". Durchmesser stehen bleiben. Da mir jedoch von einem jeden der 1613 Stämme der Nachweisung V. der Standort genau bekannt ist, so konnte es mir nicht entgehen, daß zufällig in Folge der in den letzten 4 Jahren hier geführten Schläge, die Mehrzahl der zu den höhern Längenklassen gehörigen Stämme von der 3ten und 4ten Bodenklasse, die Mehr=zahl der zu den geringeren Längenklassen gehörigen Stämme dagegen von den bessern Bodenklassen entnommen ist. Wenn nun die mitt=leren Formzahlen mit abnehmender Bodenkraft zunehmen, so konnte der erwähnte Umstand nicht ohne Einfluß auf die Formzahlen sowohl der höhern als der niedrigern Längenklassen bleiben, und ich glaube deshalb keinen Fehler zu begehen, wenn ich vorläufig annehme,

daß bei Kiefern von 7" Durchmesser und darüber die Länge der Stämme auf die mittlere Formzahl entweder von gar keinem oder doch höchstens von einem sehr geringen Einflusse ist.

Von den mittlern Formzahlen kann man, so wichtig deren Ermittelung für gewisse andere Zwecke ist, bei der Abschätzung der Formzahl des einzelnen stehenden Stammes gar keinen Gebrauch machen, weil eben die Formzahl des einzelnen Stammes von der mittlern Formzahl oft sehr bedeutend abweicht. Ueberhaupt ist die genaue Schätzung der Formzahl am stehenden Stamme durchaus nicht leicht, ja, meines Erachtens mindestens ebenso schwer, wenn nicht schwerer, als die Abschätzung des richtigen Cubikinhalts des Stammes selbst. Es würde sich deshalb auch nicht rechtfertigen lassen, von dem ange=henden Taxator zu verlangen, daß er sich zuvörderst die Fertigkeit im Abschätzen der richtigen Formzahl erwerben, und dann erst im Ab=schätzen des Cubikinhaltes einüben solle. Durch ein solches Verfahren würde man den Zweck, dem Taxator die Einübung im Ansprechen des Cubikinhaltes stehender Stämme zu erleichtern, verfehlen, und ihm nur unnöthige Hindernisse bereiten. Und doch kann man an=dererseits den angehenden Taxator nicht davon entbinden, innerhalb gewisser Grenzen sich im Ansprechen auch der Formzahl einzuüben. Alles was ich in dieser Beziehung von ihm verlange, beschränkt sich aber darauf, daß er sich die Fertigkeit erwerben soll, bei der Betrach=tung des stehenden Stammes anzugeben, ob der Stamm eine nie=drige, mittelmäßige oder hohe Formzahl hat, oder mit andern

Worten, ob der Stamm vollholzig oder abholzig oder keins von beiden ist. Auch dieß ist, wie ich im Voraus bemerke, nicht leicht, indessen übersteigt es doch nicht menschliche Kräfte, und ich will nunmehr dieses Schreiben damit schließen, Dir zur Erwerbung dieser Fertigkeit eine Anleitung zu geben.

Die erste Schwierigkeit, welche uns hierbei entgegen tritt, besteht in dem Umstande, daß die Grenze zwischen der niedrigen, mittelmäßigen (nicht mittlern) und hohen Formzahl nicht bei allen Stärkenklassen dieselbe bleibt.

Wenn bei Stämmen von 7—9,75″ Durchmesser die Formzahlen zwischen 0,36 und 0,56, bei Stämmen von 28—30,75″ Durchmesser dagegen zwischen 0,36 und 0,47 schwanken, so müssen selbstredend die drei Unterabtheilungen, welche wir bei den Formzahlen bilden wollen, bei erstern andere Abgrenzungen erhalten, als bei letztern. Bei den Stämmen von 7—9,75″ Stärke z. B. muß man alle Formzahlen, welche der Formzahl 0,39 näher liegen als der Formzahl 0,46 zu den niedrigen, dagegen alle diejenigen, welche 0,53 näher liegen als 0,46 zu den hohen, und, wie sich hiernach von selbst versteht, alle welche 0,46 näher liegen als 0,39 oder 0,53 zu den mittelmäßigen Formzahlen rechnen. Dagegen rechne ich bei Stämmen von 28—30,75″ Durchmesser zu den mittelmäßigen Formzahlen alle diejenigen, welche 0,41 näher liegen als 0,38 oder 0,45. Welche Formzahlen hiernach bei sämmtlichen Stärkenklassen als mittelmäßig anzusehen sind, geht aus der nachstehenden Zusammenstellung hervor:

Stärkenklassen	Mittelmäßige Formzahlen		
7″— 9,75″	von 0,42	bis	0,50
10″—12,75″	„ 0,42	„	0,50
13″—15,75″	„ 0,42	„	0,49
16″—18,75″	„ 0,42	„	0,48
19″—21,75″	„ 0,41	„	0,47
22″—24,75″	„ 0,41	„	0,46
25″—27,75″	„ 0,40	„	0,44
28″—30,75″	„ 0,40	„	0,43

Die niedrigen und hohen Formzahlen ergeben sich hieraus von selbst.

Diese Zahlen sollst Du nicht etwa auswendig lernen, sondern Dir an denselben nur das Sachverhältniß anschaulich machen. Wenn Du einen stehenden Stamm von 19″—21,75″ Durchmesser mit der Formzahl 0,49 für vollholzig erklärst, so bin ich zufriedengestellt und es ist mir dann vollkommen gleichgültig, ob Du es weißt oder nicht weißt, wo die mittelmäßigen Formzahlen bei dieser Stärkenklasse auf= hören und die hohen Formzahlen anfangen. Außerdem halte ich an diesen Zahlen aber auch nicht einmal pedantisch fest, und werde Dir gern Gerechtigkeit widerfahren lassen, wenn Du auch einmal einen Stamm von 19″—21,75″ Durchmesser mit der Formzahl 0,47 für vollholzig oder mit der Formzahl 0,48 nicht für vollholzig hältst.

Du wirst erkennen, daß durch diesen, wenn auch nicht erheblichen, Spielraum die Einschätzung der Formzahlen nach den drei Abtheilun= gen hoch, mittelmäßig, niedrig, doch sehr erleichtert wird.

Die eigentlichen Schwierigkeiten beginnen dann auch erst mit der Einübung im Ansprechen selbst.

Der Anfänger fehlt in der Regel darin, daß er recht grade und senkrecht stehende Stämme für vollholziger anspricht als krumme oder schief stehende Stämme. Wenn aber der grade Stamm a dieselben Dimensionen hat wie der schief stehende oder an mehreren Stellen gekrümmte Stamm b, so muß auch die Formzahl von a genau die= selbe sein als von b und es kann nur auf einer Augentäuschung be= ruhen, wenn a vollholziger erscheinen sollte als b. Noch häufiger fehlt der Anfänger darin, daß er sehr hohe, schlanke Stämme für vollholzig, kurze starke Stämme dagegen für abholzig hält; er übersieht dabei, daß mit der zunehmenden Höhe des Stammes auch die Höhe und der Cubikinhalt des entsprechenden Cylinders wächst, und daß deshalb zu dem Steigen oder Fallen der Formzahl die Länge des Stammes an sich nichts beitragen kann. Es müssen also andere Ver= hältnisse sein, welche bewirken, daß die Formzahl an dem einen Stamm bis 0,36 sinkt und an dem andern bis 0,56 steigt, und diese Verhält= nisse mußt Du erforschen, ehe Du es wagen darfst, ein Urtheil über die Formzahl eines Stammes abzugeben. Um Dir die Sache zu er= leichtern, will ich den Stamm in drei Abschnitte zerlegen, welche ich so ausgewählt habe, daß im Allgemeinen jeder derselben ungefähr von gleichem Einflusse auf die Formzahl ist, als der andern. Diese Ab= schnitte sind:

1. die Krone (der Gipfel) des Stammes, ungefähr von da ab, wo der Schaft nicht mehr 3 Zoll Stärke hat, (bei dem Stamm K also etwa von 78' Höhe bis zur Spitze),

2. der obere Theil des Schaftes, welcher etwa ⅔ der Länge des zu vermessenden und cubisch zu berechnenden Theils des Schaftes umfaßt, (bei dem Stamm K also etwa von 27' bis zu 78' Höhe),

3. der untere Theil des Schaftes, welcher etwa bis zu ⅓ der Höhe des zu vermessenden Theiles des Schaftes hinaufgeht (bei dem Stamm K also von dem Stammabschnitte bis zu 27' Höhe hinauf).

ad 1. Bei der Berechnung des Cubikinhaltes des Stammes K haben wir den Gipfel unberücksichtigt gelassen, weil der Durchmesser desselben nicht mehr 3 Zoll stark war. Für den Cubikinhalt dieses Stammes hat es daher nicht den mindesten Einfluß, ob der Gipfel noch 5' oder 10' oder 15' lang ist; für die Formzahl desselben ist dieß aber durchaus nicht gleichgültig. Wenn der Stamm Y bis zu 78' Höhe in allen Punkten mit dem Stamm K genau übereinstimmte, dann aber statt eines 5' langen einen 10' langen Gipfel hätte, so würde der Cubikinhalt beider Stämmen natürlich derselbe sein, näm=lich 43,56 C. F.; der zu Y gehörige Cylinder dagegen würde nicht wie der zu dem Stamm K gehörige Cylinder 83' sondern 88' lang sein und nicht 105,28 C. F. sondern 111,62 C. F. enthalten, und es würde daher auch die Formzahl des Stammes Y nach der Proportion 111,62 : 43,56 = 1 : x nur 0,39 betragen, während sie nach der Propor=tion 105,28 : 43,56 = 1 : x für den Stamm K = 0,41 beträgt. Und wenn der Stamm Z unter sonst gleichen Dimensionen einen 15' lan=gen Gipfel hätte, so würde die Formzahl desselben sogar bis auf 0,37 herabsinken.

Die Stämme K, Y, Z haben also gleichen Durchmesser, (15,25"), gleichen Cubikinhalt, (43,56 C. F.), überdieß bis zu 78' Höhe ganz gleiche Dimensionen, und haben dessen ungeachtet wegen der verschie=denen Länge des Gipfels verschiedene Formzahlen. **Ob die Krone des Stammes kurz abgerundet ist, oder in eine lang ge=zogene Spitze ausläuft, darf daher bei der Schätzung der Formzahl niemals unbeachtet bleiben.**

ad 2. Der Stamm K' möge dieselbe Länge (83') und denselben Durchmesser (15,25") wie der Stamm K, auch bei 3', 9', 15', 21' und 27' Höhe dieselbe Stärke wie dieser haben, demnächst aber von

33' bis 75' Höhe durchgehends um ¾ Zoll stärker sein, so werden die Ein= und Ausbauchungen

Höhe Fuß	bei dem Stamm K		bei dem Stamm K'	
	Ausbau= chungen	Einbau= chungen	Ausbau= chungen	Einbau= chungen
83				
75	1,45	.	2,20	.
69	1,79	.	2,54	.
63	2,12	.	2,87	.
57	2,46	.	3,21	.
51	2,05	.	2,80	.
45	1,64	.	2,39	.
39	1,22	.	1,97	.
33	0,81	.	1,56	.
27	0,40	.	0,40	.
21	.	0,01	.	0,01
15	.	0,43	.	0,43
9	.	0,54	.	0,54
3				

betragen und wir werden bei der Vergleichung dieser Zahlen zu der Ueberzeugung gelangen, daß, obgleich die beiden Stämme K und K' gleiche Länge, gleichen Durchmesser, auch einen gleich langen Gipfel, und überdieß bis 27' Höhe gleiche Ein= und Ausbauchungen haben, daß dennoch der Stamm K' wegen der stärkern Ausbauchungen am obern Theile des Schaftes eine schon merklich höhere Formzahl als der Stamm K haben müsse. Der Stamm K' hat aber wirklich die Formzahl $\frac{46,58}{105,28} = 0,44$, während der Stamm K nur die Formzahl $\frac{43,56}{105,28} = 0,41$ hat.

Auf dem Papier hat die Beurtheilung des Einflusses, welchen der obere Theil des Schaftes auf die Formzahl ausübt, also keine beson= dere Schwierigkeit und ich bin überzeugt, daß wenn ich einen Stamm von 83' Höhe und 15,25'' Durchmesser mit folgenden Ein= und Aus= bauchungen

Höhe	Aus-bauchungen	Ein-
83		
75	2,45	
69	3,29	
63	4,12	
57	3,71	
51	3,30	
45	2,64	
39	1,97	
33	1,56	
27	0,40	
21		0,01
15		0,43
9		0,93
3		

aufzeichne, Du aus einer Vergleichung dieses Stammes mit den Stämmen K und K′ und deren Formzahlen, den ganz richtigen Schluß ziehen wirst, daß dieser Stamm ungefähr die Formzahl 0,46 haben müsse.

Was auf dem Papiere zu beurtheilen möglich ist, muß doch auch im Walde zu erreichen sein, und wenn Du daher der am Schluß meines 3ten Schreibens ertheilten Anweisung inzwischen gefolgt bist und durch die Betrachtung und Berechnung einer hinreichenden An=zahl von Stämmen bereits gelernt hast, die Holzhaltigkeit des obern Theils des Stammes richtig zu beurtheilen, so wirst Du bei weiterer Uebung auch bald dahin gelangen, den Einfluß der Holzhaltigkeit dieses Theiles des Stammes auf die Formzahl, d. h. auf den Grad der Holzhaltigkeit des ganzen Stammes, annähernd richtig zu schätzen.

Es ist jedoch nicht in Abrede zu stellen, daß diese Uebung im Walde schwieriger zu erlangen ist, als auf dem Papiere. Die Schwie=rigkeit liegt hauptsächlich darin, daß man äußerst selten zwei Stämme dicht neben einander antreffen wird, welche nur in dem obern Theile des Schaftes verschieden sind, außerdem gleiche Länge, gleichen Durch=messer, gleiche Dimensionen am untern Theile des Schaftes und glei=chen Gipfel haben. Findet man nach langem Suchen zwei solche

Stämme in größern Zwischenräumen, (der Zeit und dem Orte nach)
so ist der Eindruck, welchen der erste Stamm gemacht hat, bei der
Auffindung des zweiten schon mehr oder weniger wieder verwischt.

ad 3. Wenn der Stamm K'' bei 9', 15', 21' und 27' Höhe ¾ Zoll
stärker wäre als der Stamm K', sonst aber in allen Punkten gleiche
Dimensionen wie dieser hätte, so würden die Ein= und Ausbauchun=
gen der drei Stämme K, K' und K'' folgende sein:

| Höhe | K | | K' | | K'' | |
| Fuß | Aus= | Ein= | Aus= | Ein= | Aus= | Ein= |
			bauchungen			
83						
75	1,45	.	2,20	.	2,20	.
69	1,79	.	2,54	.	2,54	.
63	2,12	.	2,87	.	2,87	.
57	2,46	.	3,21	.	3,21	.
51	2,05	.	2,80	.	2,80	.
45	1,64	.	2,39	.	2,39	.
39	1,12	.	1,97	.	1,97	.
33	0,81	.	1,56	.	1,56	.
27	0,40	.	0,40	.	1,15	.
21	.	0,01	.	0,01	0,74	.
15	.	0,45	.	0,43	0,32	.
9	.	0,84	.	0,84	.	0,00
3						
Formzahl	0,41		0,44		0,47	

Hätte ich nicht gleich bei jedem Stamm die Formzahl beigesetzt,
so ist es doch zweifelhaft, ob Du dem Stamme K'' eine so hohe
Formzahl (0,47) zugetraut haben würdest. Es sind nur 4 Walzen in
denen er stärker ist als der Stamm K', und die Ein= und Ausbau=
chungen haben daher bei diesen beiden Stämmen nicht ein so ver=
schiedenes Ansehen erhalten können als bei den Stämmen K und K',
von denen letzterer in a c h t Walzen stärker ist als ersterer; und doch
nimmt die Formzahl von K' zu K'' in demselben Verhältniß zu, wie
die Formzahl von K zu K'.

Auch hieran kannst Du wieder erkennen, um wie viel größer der

Einfluß gleicher Veränderungen in den Dimensionen des unteren Theiles des Stammes als in den Dimensionen des oberen Theiles ist.

Der Grad der Holzhaltigkeit des unteren Theiles des Stammes — folglich auch der Einfluß desselben auf die Formzahl — läßt sich, wie wir gesehen haben, in der Regel nach der größern oder geringern Einbiegung bei 9' Höhe beurtheilen.

Es ist daher von großer Wichtigkeit den Grad dieser Einbiegung am stehenden Stamme erkennen zu lernen, und da ich Dir hierzu bisher noch keine Anleitung gegeben habe, so will ich es nunmehr an dieser Stelle thun.

Um das Augenmaß hierin zu üben, ist vor allen Dingen nöthig, am stehenden Stamme den Punkt sofort aufzufinden, welcher 9' über der Erde liegt, und nichts ist leichter als dieß. Wenn Du an einem einzigen Stamme, oder auch in Deiner Stube an der Wand, mit einem 3' langen Stocke den Punkt aufsuchst, welcher 9' über der Erde liegt, und Dir dann merkst, wie Du den Arm biegen mußt, um diesen Punkt mit der Spitze Deines Spazierstockes zu erreichen, so findest Du künftig durch eine einfache Bewegung Deines Armes und Stockes den gedachten Punkt an jedem stehenden Stamme augenblicklich wieder auf und kannst in einer einzigen Stunde eine hinreichende Uebung in dieser Beziehung erlangen.

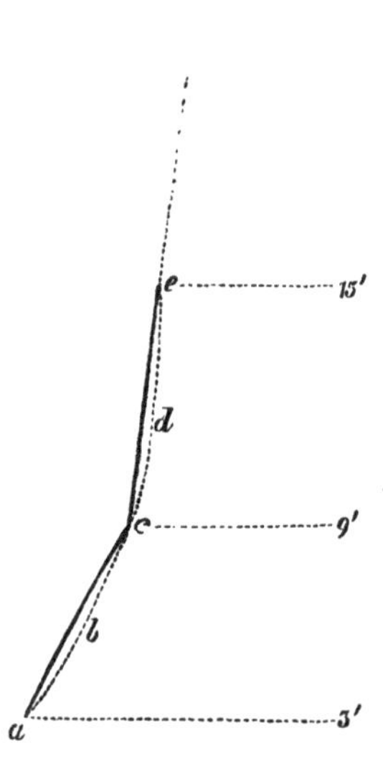

Schwieriger ist die Erkennung und Schäz= zung der Ein= und Ausbiegungen selbst. Wir berechnen diese so, als wenn von dem End= punkte des Durchmessers bei 3' Höhe nach dem Endpunkt des Durchmessers bei 9' Höhe eine grade Linie, und ebenso von letzterm nach dem Endpunkte des Durchmessers bei 15' Höhe eine grade Linie ginge. Wir sehen die Ein= biegung also als einen Winkel an, dessen Schenkel gradlinige sind. Wäre dies wirklich der Fall, so würde für die Beurtheilung des Winkels bei c die Länge der beiden Schenkel ganz gleichgültig sein, d. h. der Winkel bei c würde uns eben so groß erscheinen, wenn die Schenkel ca und ce nur einen Fuß als wenn sie sechs Fuß lang wären.

Der Stamm bildet aber in seiner Außenfläche keine grade Linie (a c und c e), sondern krumme Linien a b c und c d e, und wenn Du nun Dein Augenmerk nur auf die nächste Umgebung des Punktes c richtest, also z. B. die beiden Schenkel auf die Länge von einem Fuß betrachtest, so wirst Du wahrscheinlich gar keine Einbiegung bei c bemerken, weil solche für eine so kurze Länge in der That verschwindend klein ist. Du mußt Deinen Gesichtskreis also erweitern, und nicht einen Abschnitt des Stammes von 1′ oder 2′ Länge, sondern von 12′ Länge (von 3′ Höhe bis 15′ Höhe) in das Auge fassen, um die Ein= und Ausbiegungen bei 9′ Höhe zu erkennen. Der Anfänger im Abschätzen kann sich hieran nicht gleich gewöhnen; er sucht die starke Einbiegung bei 9′ Höhe unmittelbar bei diesem Höhenpunkte und findet sie dort natürlich nicht; es gehört einige Uebung dazu, um die Endpunkte der Durchmesser bei 3′, 9′ und 15′ in das Auge zu fassen und sich diese durch grade Linien verbunden zu denken.

Solltest Du Dich hieran Anfangs nicht gewöhnen können, so giebt es einige Hülfsmittel, um das Auge im Erkennen der Ein= und Ausbiegungen bei 9′ Höhe zu schärfen.

Ein sehr einfaches Mittel besteht darin, daß man im Schlage die Stämme welche gefällt werden sollen, genau betrachtet, dann nach= dem sie gefällt und von den Aesten befreit sind, an die Spitze des Stammes tritt und von dort aus nach dem Stammende hinsieht. Es ist möglich, daß Du Anfangs am stehenden Stamme selbst eine sehr starke Einbiegung bei 9′ Höhe nicht wahrnehmen kannst; wenn Du dann aber den liegenden Stamm vom Gipfel aus betrachtest, so wirst Du erstaunen und nicht begreifen, wie es möglich gewesen ist, die Einbiegung am stehenden Stamme nicht erkannt zu haben. Bei dem nächsten Stamme welchen Du betrachtest, wirst Du dann Dein Auge um so mehr anstrengen, und durch eine öftere Wiederholung dieses Verfahrens vielleicht dahin gelangen, die Ein= und Ausbiegungen auch am stehenden Stamme wahrzunehmen.

Ein anderes Hülfsmittel besteht darin, daß ein Gehülfe eine ganz grade, 12′ lange Stange so an den Baum anlegt, daß das eine Ende der Stange den Endpunkt des Durchmessers bei 3′ Höhe und das andere den Endpunkt des Durchmessers bei 15′ Höhe berührt. Hat der Stamm bei 9′ Höhe weder eine Ein= noch Ausbiegung, so wird die Stange denselben überall berühren, hat er eine Ausbiegung, so

wird sie bei 15′ Höhe abstehen, hat der Stamm dagegen, wie es ge=
wöhnlich der Fall ist, bei 9′ Höhe eine Einbiegung, so wird daselbst
zwischen der Stange und dem Stamme ein Zwischenraum bleiben.
Dieser beträgt, wie ich in meinem ersten Schreiben bemerkt habe,
den vierten Theil der Ziffer für die Einbiegung, also z. B. bei der
Ziffer + 1 = ¼ Zoll, bei der Ziffer + 2 = ½ Zoll. Wenn Du nun,
während der Gehülfe die Stange anlegt, aus einer Entfernung von
etwa 8 Schritt die Einbiegung bei 9′ Höhe betrachtest, dann ohne
Deinen Standpunkt zu verändern, die Stange mehrmals abnehmen
und wieder anlegen läßt, so wirst Du bald die Einbiegung eben so
gut erkennen, wenn die Stange abgenommen, als wenn sie angelegt
ist. Zu dieser an verschiedenen Stämmen zu wiederholenden Uebung
mußt Du aber Stämme auswählen, welche ganz senkrecht stehen und
— wenigstens bis 15′ Höhe — in ihrer Achse durchaus grade, auch
nicht stark mit Moos und Flechten überzogen sind.

Das beste, aber auch umständlichste und deshalb von mir selbst
niemals zur Anwendung gebrachte Hülfsmittel zur Erkennung der
Ein= und Ausbiegung bei 9′ Höhe muß unfehlbar darin bestehen,
wenn man mehrere Stämme so weit besteigen läßt, daß man sie bei
9′ und bei 15′ Höhe messen kann. Berechnet man dann nach den
bei 3′, 9′ und 15′ Höhe gefundenen Durchmessern die Ein= und Aus=
biegung bei 9′ Höhe, so kann man diese Stämme, so oft man bei
ihnen vorübergeht, Wochen=, Monate=, Jahrelang immer wieder be=
trachten, mit der angelegten Berechnung vergleichen, und auf diese
Weise das Augenmaß üben.

Hast Du nun auf die eine oder die andere Weise Dein Auge
daran gewöhnt, die größere oder geringere Ein= oder Ausbiegung bei
9′ Höhe zu erkennen, so hast Du hierdurch zugleich die Fertigkeit er=
langt, den Einfluß des untern Theiles des Stammes auf die Form=
zahl zu würdigen. Von zwei Stämmen, welche in ihrem oberen Theile
ganz gleiche Dimensionen und auch einen gleichen Gipfel haben, muß
derjenige, welcher bei 9′ Höhe eine Einbiegung macht, eine niedrigere
Formzahl haben, als der andere, welcher eine Ausbiegung macht, und
je mehr die Einbiegung zunimmt, desto mehr muß die Formzahl
abnehmen.

Bei sehr starken Stämmen findet in der Regel außer bei 9′ Höhe
auch noch bei 15′ und selbst bei 21′ Höhe eine Einbiegung statt. Es

versteht sich von selbst, daß durch eine solche fortgesetzte Einbiegung, die auch von dem ungeübten Auge leicht zu erkennen ist, die Formzahl noch mehr herabgedrückt werden muß, als von einer einfachen Einbiegung bei 9′ Höhe.

Bist Du nunmehr durch diese Uebungen so weit vorgeschritten, den Einfluß jedes einzelnen Theiles des Stammes (des Gipfels, des oberen Theiles des Schaftes und des unteren Theiles) annähernd richtig zu beurtheilen, so kommt es noch darauf an, die verschiedenen Einwirkungen dieser einzelnen Theile zusammenzufassen, und daraus einen Schluß auf das Ganze zu ziehen. Ich will hierzu einige Beispiele wählen und dabei den Einfluß, welchen jeder der drei Theile des Stammes auf die Formzahl ausübt mit

    h (hoch)

    m (mittelmäßig)

    n (niedrig)

bezeichnen.

Wäre also z. B.

        der Gipfel des Stammes mit . . h

        der obere Theil des Schaftes mit h

        der untere „ „ „ „ m

zu bezeichnen, so würde die Formzahl des Stammes gewiß eine hohe sein, denn das eine m ist, um mich bildlich auszudrücken, nicht im Stande die beiden h zu sich herabzuziehen.

Wäre dagegen

        der Gipfel mit . . . . h

        der obere Theil mit . . . . . . h

        der untere „ „ . . . . . n

zu bezeichnen, so würden wir eine Ausgleichung zwischen dem n und dem einen h vornehmen können, d. h. die Formzahl würde ungefähr dieselbe sein, als wenn z. B.

        der Gipfel mit . . . . h

        der obere Theil mit . . . . . . m

        der untere „ „ . . . . . m

bezeichnet würde, und wir würden, da nunmehr zwei Theile des Stammes die Bezeichnung m erhalten haben, auf eine mittelmäßige Formzahl schließen können.

Dasselbe würde nun freilich auch der Fall sein, wenn

der Gipfel als . . . . m
der obere Theil als . . . . . . m
der untere „ „ . . . . . . m

oder

der Gipfel als . . . . m
der obere Theil als . . . . . . n
der untere „ „ . . . . . . m

zu betrachten wäre, und es würde also in allen Fällen, wo der eine Theil des Schaftes mit h, der andere mit n, oder wo zwei Theile des Stammes mit m zu bezeichnen sind, auf den dritten Theil gar nicht weiter ankommen. So verhält sich die Sache in der Regel aber auch wirklich. Die Formzahl wird sich, wo wir die Bezeichnung m, h, m haben, der hohen und wo wir die Bezeichnung m, n, m haben, der niedrigen Formzahl zwar nähern, in der Regel aber doch noch in den Grenzen der mittelmäßigen Formzahl bleiben und nur aus= nahmsweise, unter besondern Verhältnissen, welche Du selbst auffinden wirst, resp. in die hohe und in die niedrige Formzahl übergehen.

Willst Du die 27 Combinationen, welche Du aus dem Gipfel, dem obern und dem untern Theile des Schaftes und aus den Be= zeichnungen h, m, und n bilden kannst, durchführen, und überall, wo bei einer Position h und n vorkommen, statt dessen m und m setzen, wie ich es hierunter gethan habe

	1	2	3	4	5	6	7
1. Gipfel	h	h	h	m	(h) m	(h) m	(n) m
2. obere Theil . .	h	h	m	h	h	(n) m	(h) m
3. untere Theil .	h	m	h	h	(n) m	h	h

	8	9	10	11	12	13	14
1. Gipfel	m	m	m	h	m	m	n
2. obere Theil . .	m	m	h	m	m	n	m
3. untere Theil .	m	h	m	m	n	m	m

	15	16	17	18	19	20
1. Gipfel	(h) m	(h) m	m	m	(n) m	(n) m
2. obere Theil . .	m	(n) m	(n) m	(n) m	(h) m	m
3. untere Theil .	(n) m	m	(n) m	(h) m	m	(h) m

	21	22	23	24	25	26	27
1. Gipfel	n	n	n	(h) m	n	n	m
2. obere Theil . .	n	(n) m	(h) m	(n) m	n	m	n
3. untere Theil .	n	(h) m	(n) m	n	m	n	n

so wirst Du hieraus ersehen, daß nur die Positionen 1, 2, 3, 4 **hohe** und nur die Positionen **21, 25, 26** und **27 niedrige**, alle übrigen Positionen dagegen **mittelmäßige** Formzahlen liefern werden. Die mittelmäßigen Formzahlen werden hiernach bei weitem die überwiegenden sein. Dieß verhält sich auch wirklich so, und liegt ganz in der Natur der Sache. Von den 85 Stämmen der Nachweisung e., welche 7 Zoll und darüber stark sind, haben 62 Stämme mittelmäßige Formzahlen, nur 18 Stämme (40, 53, 55, 56, 57, 68, 69, 75, 76, 77, 80, 83, 84, 92, 93, 94, 96 und 99) niedrige und nur 5 Stämme (32, 35, 59, 86 und 88) hohe Formzahlen.

Durch die Eintheilung des Stammes in drei Abschnitte hoffe ich Dir die Einübung im Abschätzen der Formzahl sehr erleichtert zu haben. Ich darf auch wohl voraussetzen, daß Du so viel praktischen Tact besitzen wirst, um meine Anleitung nicht wörtlich zu befolgen, also nicht zuerst die Einwirkung des Gipfels auf die Formzahl an verschiedenen Stämmen, dann die Einwirkung des obern Theiles des Schaftes an andern Stämmen u. s. w. zu untersuchen, sondern daß Du keinen Stamm fällen lassen und berechnen wirst, an welchem Du Deine Untersuchungen **nicht** gleich auf alle drei Abschnitte ausdehnst.

Du wirst also an dem Stamme, welchen Du hierzu auswählst, jeden der drei Abschnitte recht aufmerksam betrachten, und die muth=maßliche Einwirkung jedes Abschnittes auf die Formzahl schätzen und in Deinem Notizbuche aufzeichnen, um demnächst, nachdem der Stamm vermessen ist, und nachdem Du die Ein= und Ausbauchungen und die Formzahl berechnet hast, nachzuforschen, wo ein von Dir begangener Fehler eigentlich steckt. Je genauer Du bei der Betrachtung des Stammes zu Werke gehst, desto größern Nutzen wirst Du hiervon haben, und desto weniger Stämme wirst Du bedürfen, um zum Ziele zu gelangen. Denn nicht auf eine möglichst große Anzahl der ge= schätzten und berechneten Stämme, sondern auf eine recht aufmerksame Betrachtung und auf die Festhaltung des Bildes derselben im Ge= dächtniß kommt es an. Es ist daher auch kein Zeitverlust, wenn Du den Stamm, nachdem Du die nöthigen Notizen über ihn gemacht hast, nicht sogleich fällen läßt, sondern ihn am nächsten und vielleicht auch noch an den folgenden Tagen immer wieder und nach allen Richtungen hin betrachtest, Deine Notizen nöthigenfalls nach den ge= wonnenen neuen Eindrücken berichtigst, und nicht eher dazu schreitest, ihn fällen zu lassen, als bis Du im Stande bist, Dir das Bild dieses Stammes, auch ohne ihn zu sehen, recht lebhaft zu vergegenwärtigen.

Auf die Fällung und Vermessung aber laß die Berechnung der Ein= und Ausbauchungen und der Formzahl so bald als möglich folgen, ehe noch das Bild des Stammes Dir wieder entschwindet.

Wenn Du in dieser Weise fortfährst, wird es Dir bald einmal begegnen, daß Du bei dem Herantreten an einen neuen Stamm, ehe Du noch damit beginnst, die einzelnen drei Abschnitte desselben anzusprechen, unwillkührlich schon bestimmst, ob die Formzahl des Stammes selbst eine hohe, mittelmäßige oder niedrige sein wird. Es ist dieß ein Zeichen, daß Du schon einige Uebung erlangt hast, und wenn Du auch anfangs hin und wieder noch Fehler begehen solltest, so wirst Du dich doch mit jeder weitern Uebung dem Ziele immer mehr nähern. Dieses Ziel ist aber kein anderes, als die Fer= tigkeit zu erlangen, alle von mir empfohlenen Hülfsmittel zur Ein= übung im Abschätzen der Formzahl, nachdem Du dich ihrer eine Zeitlang bedient hast, wieder bei Seite legen zu können und nicht mehr einzeln den Einfluß der drei Abschnitte des Stammes auf die Formzahl zu schätzen, sondern dem Totaleindruck zu folgen, welchen der ganze Stamm auf Dich macht, und danach richtig zu bestimmen, ob die Formzahl eine hohe, mittelmäßige oder niedrige ist.

Sechstes Schreiben des Oberforstmeisters K. an den Waldbesitzer N.

Wenn ich 100 Stämme von gleichem Durchmesser und gleicher Höhe, z. B. von 83′ Höhe und 15,25″ Durchmesser, unter verschiedenen Boden- und Bestandsverhältnissen aufgefunden, vermessen und berechnet hätte, so würde ich den Cubikinhalt sämmtlicher Stämme addiren, die Summe mit 100 dividiren und die so gefundene Holzmasse als den mittlern Cubikinhalt für Stämme von 83′ Höhe und 15,25″ Durchmesser betrachten. Wenn dann 10,000 andere Stämme, ebenfalls von 83′ Höhe und 15,25″ Durchmesser abzuschätzen wären, so würde der Taxator nicht nöthig haben, diese Stämme wirklich abzuschätzen, sondern er würde sich darauf beschränken können, dieselben zu zählen und den für Stämme von 83′ Höhe und 15,25″ Durchmesser gefundenen mittlern Cubikinhalt mit 10,000 zu multipliciren. Hierdurch würde er einen Cubikinhalt erhalten, welcher nach allen Regeln der Wahrscheinlichkeit von dem wahren Cubikinhalte der 10,000 Stämme nicht erheblich, ja vielleicht weniger abweichen würde, als wenn er sich der großen Mühe unterzogen hätte, jeden einzelnen dieser 10,000 Stämme speciell abzuschätzen.

Hätten wir in ähnlicher Weise nicht blos für Stämme von 83′ Länge und 15,25″ Stärke, sondern für jede bei Kiefern überhaupt vorkommende Dimension den mittlern Cubikinhalt gefunden, so könnte die Abschätzung eines ganzen Waldes auf die Vermessung des Durchmessers und auf die Vermessung oder Schätzung der Höhe der Stämme, so wie auf die Ausrechnung des Cubikinhaltes derselben nach der Anzahl und nach dem für die verschiedenen Dimensionen gefundenen mittlern Cubikinhalte, zurückgeführt werden. Es leuchtet ein, daß ein solches Verfahren die Abschätzung außerordentlich erleichtern würde. Die Schwierigkeit besteht hierbei nur darin, daß wir gar nicht im Stande sind, für jede der verschiedenen Dimensionen 100 oder auch nur 50 oder auch nur 20 Stämme aufzufinden, um aus diesen den mittlern Cubikinhalt zu berechnen. Unter den 1613 Stämmen der Nachweisung **V.** befinden sich nicht 30 Stämme, welche genau denselben Durchmesser und dieselbe Höhe haben. Mehrere Dimensionen sind nur durch einige wenige Stämme, die meisten aber nur durch einen Stamm oder auch wohl gar nicht vertreten. Wir würden also wegen der Schwierigkeit, für jede einzelne Dimension eine hinreichende Anzahl von Stämmen zu erhalten, von der Berechnung des mittlern Cubikinhaltes für alle vorkommenden Dimensionen wahrscheinlich ganz Abstand nehmen müssen, wenn wir uns nicht bereits — vielleicht ohne daß Du es gemerkt hast — in den Besitz eines ganz einfachen Mittels gesetzt hätten, welches uns über alle Schwierigkeiten hinweghilft.

Dieses Mittel sind die von mir berechneten mittleren Formzahlen.

Wenn für alle Kiefern von 13" bis 15,75" Durchmesser die mittlere Formzahl 0,442 beträgt, so dürfen wir ja nur den Cubikinhalt des Cylinders von 83' Höhe und 15,25" Durchmesser (105,28 C. F.) mit 0,442 multipliciren, um den mittlern Cubikinhalt für Stämme von 83' Länge und 15,25" Stärke zu finden. Wir erhalten dann 46,53 C. F. Für Stämme von 50' Länge und 7,5" Durchmesser erhalten wir 15,34 C. F. × 0,463 = 7,10 C. F., für Stämme von 100' Länge und 25,50" Durchmesser 354,66 C. F. × 0,409 = 145,05 C. F. 2c. 2c. Auf diese Weise läßt sich mit den nöthigen Hülfsmitteln in wenigen Tagen eine Tabelle für alle bei Kiefern gewöhnlich vorkommenden Dimensionen berechnen.

Der ersten Tabelle, welche ich solchergestalt entwarf, legte ich Formzahlen mit zwei Decimalstellen zu Grunde, nämlich für Stämme
von 7"— 9,75" Durchmesser die Formzahl 0,46

„	10"—12,75"	„	„	„	0,45
„	13"—15,75"	„	„	„	0,44
„	16"—18,75"	„	„	„	0,43
„	19"—21,75"	„	„	„	0,43
„	22"—24,75"	„	„	„	0,42
„	25"—27,75"	„	„	„	0,41
„	28"—30,75"	„	„	„	0,40

Dabei stieß ich aber auf den Uebelstand, daß bei dem Uebergange aus einer Stärkenklasse in die andere zuweilen Stämme der höhern Stärkenklasse einen geringern mittlern Cubikinhalt erhielten als Stämme von gleicher Länge aus den niedrigeren Stärkenklassen, was doch unter allen Umständen unrichtig ist. Z. B. Ein Cylinder von 80' Länge und 24,75" Durchmesser enthält 267,28 C. F. und ein Cylinder von 80' Länge und 25" Durchmesser 272,71 C. F. Multiplicirt man nun den Cubikinhalt des erstern mit 0,42 und den letztern mit 0,41, so erhält man für einen Stamm

von 80' Länge und 24,75" Durchmesser 112,26 C. F.

„ 80' „ „ 25, " „ 111,81 „ „

Du ersiehst hieraus, daß der Sprung von 0,42 auf 0,41 zu groß ist, und während wir in der Praxis niemals mit Bruchtheilen eines Cubiffußes, sondern immer nach ganzen Cubikfußen rechnen, können wir uns bei der Ausrechnung einer solchen Tabelle nicht einmal mit zwei Decimalstellen begnügen, sondern müssen bis auf die dritte Decimalstelle zurückgehen.

Die erste von mir berechnete Tabelle mußte ich daher verwerfen und zu einer neuen Berechnung schreiten. Dabei habe ich für Stämme von 7" Durchmesser mit der Formzahl 0,465 begonnen und bin, indem ich die Formzahlen gleichmäßig*) abnehmen ließ, bis auf 0,393 (für Stämme von 30,75" Durchmesser) herabgegangen. Bei der Ausrechnung dieser Tabelle habe ich mich aber nicht auf die Längen- und Stärkenklassen der Nachweisung V. beschränkt, sondern den mittlern Cubikinhalt auch noch für Dimensionen berechnet, welche sich unter den 1613 Stämmen gar nicht mehr befinden, welche aber doch vielleicht irgend wo vorkommen können. Welchen Werth Du auf den

---

*) Daß ich die Formzahlen von 0,465 bis 0,393 gleichmäßig habe fallen lassen, kann ich kaum verantworten, da ich nicht im Stande bin, den Nachweis zu führen, daß sich dieß wirklich so verhält, daß also z. B. bei Stämmen von 7" bis 13" Durchmesser der Abfall weder größer noch kleiner ist, als bei Stämmen von 24" bis 30" Stärke. Das einzige, was mir hierbei zur Seite steht, ist, daß sich bis jetzt auch das Gegentheil nicht nachweisen läßt. Es wird vielleicht die Zeit kommen, wo ein Anderer das Fehlerhafte meines Verfahrens darthun wird, oder wo ich durch fortgesetzte Untersuchungen selbst zu der Ueberzeugung von der Unrichtigkeit derselben gelange; bis jetzt sind die vorhandenen Materialien aber jedenfalls noch viel zu unvollständig und lückenhaft, um eine subtile Frage, wie die vorliegende, danach entscheiden zu können.

Daß ich mich bei den so sehr verschiedenen Bestands- und Bodenverhältnissen, aus denen die Nachweisung V. hervorgegangen ist, nicht pedantisch an die Formzahlen derselben gehalten habe, bedarf keiner Rechtfertigung, und so habe ich denn, in Ermangelung eines sichern Anhaltes, denjenigen Weg eingeschlagen, welcher der einfachste war, nämlich die Formzahlen von der geringsten bis zur höchsten Stärkenklasse gleichmäßig abfallen lassen. (Anm. des Verfassers.)

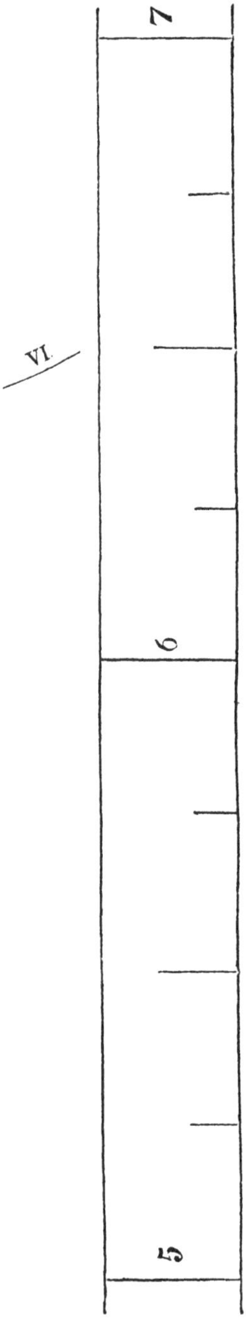

mittlern Cubikinhalt der Stämme dieser Dimensionen legen willst, muß ich Deinem Ermessen überlassen. Für Stämme von weniger als 7" Durchmesser habe ich den mittlern Cubikinhalt nicht mehr berechnet, einerseits, weil mir wegen der anzuwendenden Form= zahl manche Bedenken aufstießen, und andererseits, weil man doch nur selten in die Lage kommen wird, von der Berechnung des mittlern Cubikinhaltes solcher Stämme einen praktischen Gebrauch zu machen.

Auf diese Weise ist die anliegende Tabelle VI. entstanden, deren Grundlage im Wesentlichen die Nachweisung V. ist, mit welcher sie so weit überein= stimmt, als die Rücksicht auf die gleichmäßige Abnahme der Formzahlen dieß gestattete. Für meinen Privat= gebrauch habe ich diese Tabelle in der Weise abge= schrieben, daß ich alle Bruchtheile unter ½ C. F. fort= gelassen, alle Bruchtheile von ½ C. F. und darüber aber für einen vollen Cubikfuß angenommen habe.

Aehnliche Tabellen wie die Tabelle VI., und zwar nicht blos für Kiefern, sondern auch noch für viele andere Laub= und Nadelhölzer, sind schon früher in dem Forsteinrichtungsbüreau des Königlichen Bayernschen Finanz=Ministeriums aufgestellt und Massentafeln benannt worden. Diesen Ausdruck habe ich für die Tabelle VI. beibehalten.

Um einen Bestand nach der Massentafel richtig abzuschätzen, muß man den Durchmesser bei 4' Höhe und die Länge jedes einzelnen Stammes richtig be= stimmen.

Den Durchmesser mißt man entweder mit der Kluppe oder mit dem Meßbande. Beide müssen, wenn sie zur Abschätzung nach der Massentafel VI. benutzt werden sollen, so eingetheilt sein, daß man den Durchmesser des Stammes von Viertel= zu Vier= telzollen ablesen kann.*) Bei der Anwendung des

*) Aus der nebenstehenden Zeichnung ist zu ersehen, wie ich das Meßband auf der obern Seite eintheile. Bei einer so

Massentafel für Kiefern. VI.

Länge	Durchmesser															
	7,	7,25	7,5	7,75	8,	8,25	8,5	8,75	9,	9,25	9,5	9,75	10,	10,25	10,5	10,75
	Formzahlen															
	0,465	0,464	0,463	0,462	0,462	0,461	0,460	0,459	0,459	0,458	0,457	0,456	0,456	0,455	0,454	0,453
30	3,73	3,99	4,26	4,54	4,84	5,13	5,44	5,75	6,08	6,41	6,75	7,09	7,46	7,82	8,19	8,57
35	4,35	4,66	4,97	5,30	5,64	5,99	6,34	6,71	7,10	7,48	7,87	8,27	8,70	9,13	9,55	9,99
40	4,97	5,32	5,68	6,05	6,45	6,85	7,25	7,67	8,11	8,55	9,	9,46	9,95	10,43	10,92	11,42
45	5,59	5,99	6,39	6,81	7,26	7,70	8,16	8,53	9,13	9,62	10,12	10,64	11,19	11,73	12,28	12,85
50	6,21	6,65	7,10	7,57	8,06	8,56	9,06	9,58	10,14	10,69	11,25	11,82	12,44	13,04	13,65	14,28
55	6,84	7,32	7,81	8,32	8,87	9,41	9,97	10,54	11,15	11,76	12,37	13,	13,68	14,34	15,01	15,70
60	7,46	7,98	8,52	9,08	9,68	10,27	10,88	11,50	12,17	12,82	13,50	14,19	14,92	15,64	16,38	17,13
65	8,08	8,65	9,23	9,84	10,48	11,12	11,78	12,46	13,18	13,89	14,62	15,37	16,17	16,95	17,74	18,56
70	8,70	9,31	9,94	10,59	11,29	11,99	12,69	13,42	14,19	14,96	15,75	16,55	17,41	18,25	19,11	19,99
75	9,32	9,98	10,65	11,35	12,10	12,83	13,60	14,38	15,21	16,03	16,87	17,73	18,65	19,55	20,47	21,41
80	9,94	10,64	11,36	12,11	12,90	13,69	14,50	15,33	16,22	17,10	18,	18,91	19,90	20,86	21,84	22,84
85	10,56	11,31	12,07	12,86	13,71	14,55	15,41	16,29	17,24	18,17	19,12	20,10	21,14	22,16	23,20	24,27
90					14,51	15,40	16,31	17,25	18,25	19,24	20,25	21,28	22,38	23,47	24,57	25,70
95									19,26	20,30	21,37	22,46	23,63	24,77	25,93	27,12
100													24,87	26,07	27,30	28,55

Länge	Durchmesser															
	11,	11,25	11,5	11,75	12,	12,25	12,50	12,75	13,	13,25	13,50	13,75	14,	14,25	14,50	14,75
	Formzahlen															
	0,453	0,452	0,451	0,450	0,450	0,449	0,148	0,447	0,447	0,446	0,445	0,444	0,444	0,443	0,442	0,441
30	8,97	9,36	9,76	10,17	10,60	11,02	11,45	11,89	12,36	12,81	13,27	13,74	14,24	14,72	15,21	15,70
35	10,46	10,92	11,39	11,86	12,37	12,86	13,36	13,87	14,42	14,95	15,48	16,02	16,61	17,17	17,74	18,32
40	11,96	12,48	13,01	13,55	14,14	14,70	15,27	15,85	16,48	17,08	17,69	18,31	18,99	19,63	20,27	20,93
45	13,45	14,04	14,64	15,25	15,90	16,54	17,18	17,83	18,54	19,22	19,91	20,60	21,36	22,08	22,81	23,55
50	14,95	15,60	16,27	16,94	17,67	18,37	19,09	19,82	20,60	21,35	22,12	22,89	23,73	24,53	25,34	26,16
55	16,44	17,16	17,89	18,64	19,44	20,21	21,	21,80	22,66	23,49	24,33	25,18	26,11	26,98	27,88	28,78
60	17,94	18,72	19,52	20,33	21,21	22,05	22,91	23,78	24,72	25,62	26,54	27,47	28,48	29,44	30,41	31,40
65	19,43	20,28	21,15	22,03	22,97	23,89	24,82	25,76	26,78	27,76	28,75	29,76	30,85	31,89	32,95	34,01
70	20,93	21,84	22,77	23,72	24,74	25,72	26,73	27,74	28,84	29,89	30,96	32,05	33,22	34,34	35,48	36,63
75	22,42	23,40	24,40	25,41	26,51	27,56	28,63	29,72	30,90	32,03	33,18	34,34	35,60	36,80	38,01	39,25
80	23,92	24,96	26,02	27,11	28,27	29,40	30,54	31,71	32,96	34,17	35,39	36,63	37,97	39,25	40,55	41,86
85	25,41	26,52	27,65	28,80	30,04	31,24	32,45	33,69	35,02	36,30	37,60	38,92	40,34	41,70	43,08	44,48
90	26,91	28,08	29,28	30,50	31,81	33,07	34,36	35,67	37,08	38,44	39,81	41,21	42,72	44,16	45,62	47,10
95	28,40	29,64	30,90	32,19	33,58	34,91	36,27	37,65	39,14	40,57	42,02	43,49	45,09	46,61	48,15	49,71
100	29,95	31,20	32,53	33,89	35,34	36,75	38,18	39,63	41,20	42,71	44,23	45,78	47,46	49,06	50,69	52,33

Länge	Durchmesser															
	15,	15,25	15,50	15,75	16,	16,25	16,5	16,75	17,	17,25	17,50	17,75	18,	18,25	18,5	18,75
	Formzahlen															
	0,441	0,440	0,439	0,438	0,438	0,437	0,436	0,435	0,435	0,434	0,433	0,432	0,432	0,431	0,430	0,429
30	16,24	16,74	17,26	17,78												
35	18,94	19,53	20,13	20,74	21,40	22,03	22,66	23,30	24,	24,65	25,31	25,98	26,72	27,40	28,09	28,79
40	21,65	22,32	23,01	23,70	24,46	25,18	25,90	26,63	27,43	28,17	28,93	29,69	30,54	31,32	32,11	32,90
45	24,35	25,11	25,89	26,67	27,52	28,32	29,13	29,96	30,86	31,70	32,55	33,41	34,35	35,23	36,12	37,02
50	27,06	27,91	28,76	29,63	30,58	31,47	32,37	33,28	34,28	35,22	36,16	37,12	38,17	39,15	40,13	41,13
55	29,77	30,70	31,64	32,59	33,64	34,62	35,61	36,61	37,71	38,74	39,78	40,83	41,99	43,06	44,15	45,24
60	32,47	33,49	34,51	35,56	36,69	37,76	38,84	39,94	41,14	42,26	43,40	44,54	45,80	46,98	48,16	49,36
65	35,18	36,28	37,39	38,52	39,75	40,91	42,08	43,27	44,57	45,78	47,01	48,25	49,62	50,89	52,17	53,47
70	37,88	39,07	40,27	41,48	42,81	44,01	45,32	46,60	48,	49,31	50,63	51,96	53,44	54,81	56,19	57,58
75	40,59	41,86	43,14	44,45	45,87	47,20	48,56	49,92	51,43	52,83	54,24	55,68	57,26	58,72	60,20	61,69
80	43,29	44,65	46,02	47,41	48,92	50,35	51,79	53,25	54,85	56,35	57,86	59,39	61,07	62,64	64,21	65,81
85	46,	47,44	48,90	50,37	51,98	53,50	55,03	56,58	58,28	59,87	61,48	63,20	64,89	66,55	68,23	69,92
90	48,71	50,23	51,77	53,33	55,04	56,64	58,27	59,91	61,71	63,39	65,09	66,81	68,71	70,46	72,24	74,03
95	51,41	53,02	54,65	56,30	58,10	59,79	61,50	63,24	65,14	66,91	68,71	70,52	72,52	74,38	76,25	78,15
100	54,12	55,81	57,52	59,26	61,16	62,94	64,74	66,57	68,57	70,44	72,33	74,23	76,34	78,29	80,27	82,26

Länge	Durchmesser															
	19,	19,25	19,5	19,75	20,	20,25	20,5	20,75	21,	21,25	21,5	21,75	22,	22,25	22,5	22,75
	Formzahlen															
	0,429	0,428	0,427	0,426	0,426	0,425	0,424	0,423	0,423	0,422	0,421	0,420	0,420	0,419	0,418	0,417
30																
35																
40	33,79	34,60	35,42	36,25	37,18	38,02	38,87	39,73	40,70	41,57	42,46	43,35				
45	38,01	38,93	39,85	40,78	41,82	42,77	43,73	44,70	45,78	46,77	47,76	48,76	49,89	50,91	51,94	52,97
50	42,23	43,25	44,28	45,31	46,47	47,53	48,59	49,67	50,87	51,97	53,07	54,18	55,44	56,57	57,71	58,86
55	46,46	47,58	48,71	49,85	51,12	52,28	53,43	54,63	55,96	57,16	58,38	59,60	60,96	62,22	63,48	64,74
60	50,68	51,90	53,13	54,38	55,76	57,03	58,31	59,60	61,05	62,36	63,69	65,02	66,52	67,88	69,25	70,63
65	54,90	56,23	57,56	58,91	60,41	61,78	63,17	64,57	66,13	67,57	68,99	70,44	72,07	73,54	75,02	76,51
70	59,13	60,55	61,99	63,44	65,06	66,54	68,03	69,53	71,22	72,75	74,30	75,86	77,61	79,30	80,79	82,40
75	63,35	64,88	66,42	67,97	69,70	71,29	72,89	74,50	76,31	77,95	79,61	81,27	83,15	84,85	86,56	88,28
80	67,57	69,20	70,85	72,50	74,35	76,04	77,75	79,47	81,39	83,15	84,91	86,69	88,70	90,51	92,33	94,17
85	71,80	73,53	75,27	77,04	79,	80,80	82,61	84,43	86,48	88,34	90,22	92,11	94,24	96,17	98,10	100,06
90	76,02	77,85	79,70	81,57	83,64	85,55	87,47	89,40	91,57	93,54	95,53	97,53	99,78	101,82	103,87	105,94
95	80,24	82,18	84,13	86,10	88,29	90,30	92,33	94,37	96,66	98,74	100,83	102,95	105,33	107,48	109,65	111,83
100	84,47	86,50	88,56	90,63	92,94	95,05	97,19	99,34	101,74	103,93	106,14	108,37	110,87	113,14	115,42	117,71

Länge	Durchmesser															
	23,	23,25	23,5	23,75	24,	24,25	24,5	24,75	25,	25,25	25,5	25,75	26,	26,25	26,5	26,75
	Formzahlen															
	0,417	0,416	0,415	0,414	0,414	0,413	0,412	0,411	0,411	0,410	0,409	0,408	0,408	0,407	0,406	0,405
30																
35																
40																
45	54,14	55,19	56,25	57,31	58,53	59,61	60,70	61,79								
50	60,16	61,32	62,50	63,68	65,03	66,23	67,44	68,66	70,05	71,29	72,53	73,78	75,21	76,48	77,75	79,03
55	66,17	67,46	68,75	70,05	71,53	72,86	74,19	75,52	77,06	78,41	79,78	81,15	82,74	84,13	85,53	86,93
60	72,19	73,59	75,	76,42	78,04	79,48	80,93	82,39	84,06	85,54	87,03	88,53	90,26	91,78	93,30	94,84
65	78,20	79,72	81,25	82,79	84,54	86,10	87,67	89,25	91,07	92,67	94,29	95,91	97,78	99,42	101,08	102,74
70	84,22	85,85	87,50	89,16	91,04	92,73	94,42	96,12	98,07	99,80	101,54	103,29	105,30	107,07	108,85	110,64
75	90,24	91,99	93,75	95,52	97,55	99,35	101,16	102,99	105,08	106,93	108,79	110,66	112,82	114,72	116,63	118,55
80	96,25	98,12	100,	101,89	104,05	105,97	107,91	109,85	112,08	114,06	116,04	118,04	120,34	122,37	124,40	126,45
85	102,27	104,25	106,25	108,26	110,55	112,60	114,65	116,72	119,09	121,19	123,30	125,42	127,87	130,02	132,18	134,35
90	108,28	110,38	112,50	114,63	117,06	119,22	121,39	123,58	126,09	128,31	130,55	132,80	135,39	137,66	139,95	142,26
95	114,30	116,52	118,75	121,	123,56	125,84	128,14	130,45	133,10	135,44	137,80	140,17	142,91	145,31	147,73	150,16
100	120,31	122,65	125,	127,37	130,06	132,46	134,88	137,32	140,10	142,57	145,05	147,55	150,43	152,96	155,50	158,06

Länge	Durchmesser															
	27,	27,25	27,5	27,75	28,	28,25	28,5	28,75	29,	29,25	29,5	29,75	30,	30,25	30,5	30,75
	Formzahlen															
	0,405	0,404	0,403	0,402	0,402	0,401	0,4	0,399	0,399	0,398	0,397	0,396	0,396	0,395	0,394	0,393
30																
35																
40																
45																
50	80,52	81,81	83,11	84,42												
55	88,57	89,99	91,42	92,86	94,54	96,	97,46	98,93	100,66	102,15	103,64	105,14	106,91	108,43	109,95	111,47
60	96,62	98,17	99,74	101,30	103,14	104,73	106,32	107,93	109,81	111,43	113,06	114,70	116,63	118,28	119,94	121,61
65	104,67	106,35	108,05	109,75	111,73	113,45	115,18	116,92	118,96	120,72	122,48	124,25	126,35	128,14	129,94	131,74
70	112,72	114,54	116,36	118,19	120,33	122,18	124,04	125,91	128,11	130,	131,90	133,81	136,07	138,	139,93	141,88
75	120,77	122,72	124,67	126,63	128,92	130,91	132,90	134,91	137,26	139,29	141,33	143,37	145,79	147,85	149,93	152,01
80	128,82	130,90	132,98	135,07	137,52	139,64	141,76	143,90	146,41	148,58	150,75	152,93	155,51	157,71	159,92	162,14
85	136,88	139,08	141,29	143,52	146,11	148,36	150,62	152,90	155,57	157,86	160,17	162,49	165,23	167,57	169,92	172,28
90	144,93	147,26	149,60	151,96	154,71	157,09	159,48	161,89	164,72	167,15	169,59	172,04	174,95	177,43	179,91	182,41
95	152,98	155,44	157,91	160,40	163,30	165,82	168,34	170,88	173,87	176,44	179,01	181,60	184,67	187,28	189,91	192,55
100	161,03	163,62	166,23	168,84	171,90	174,55	177,21	179,86	183,02	185,72	188,43	191,16	194,39	197,14	199,90	202,68

Länge	Durchmesser															
	31,	31,25	31,5	31,75	32,	32,25	32,5	32,75	33,	33,25	33,50	33,75	34,	34,25	34,5	34,75
	Formzahlen															
	0,393	0,392	0,391	0,390	0,390	0,389	0,388	0,387	0,387	0,386	0,385	0,384	0,384	0,383	0,382	0,381
30																
35																
40																
45																
50																
55																
60	123,59	125,27	126,96	128,66	130,69	132,40	134,11	135,83								
65	133,89	135,71	137,54	139,38	141,58	143,43	145,29	147,15	149,41	151,29	153,18	155,07	157,37	159,28	161,19	163,11
70	144,19	146,15	148,12	150,10	152,47	154,47	156,47	158,47	160,90	162,93	164,96	166,99	169,48	171,53	173,59	175,65
75	154,49	156,59	158,70	160,82	163,36	165,50	167,64	169,79	172,40	174,57	176,74	178,92	181,58	183,78	185,99	188,20
80	164,79	167,03	169,28	171,54	174,25	176,53	178,82	181,11	183,89	186,20	188,52	190,85	193,69	196,04	198,39	200,75
85	175,09	177,47	179,86	182,26	185,14	187,57	190,	192,43	195,38	197,84	200,31	202,78	205,79	208,29	210,79	213,49
90	185,39	187,91	190,44	192,98	196,03	198,60	201,17	203,75	206,87	209,48	212,09	214,71	217,90	220,54	223,19	225,84
95	195,69	198,35	201,02	203,71	206,93	209,63	212,35	215,07	218,37	221,12	223,87	226,64	230,01	232,79	235,59	238,39
100	205,99	208,79	211,60	214,43	217,82	220,67	223,52	226,39	229,86	232,75	235,66	238,56	242,11	245,05	247,99	250,93

Länge	Durchmesser				
	35,	35,25	35,5	35,75	36,
	Formzahlen				
	0,381	0,380	0,379	0,378	0,378
30					
35					
40					
45					
50					
55					
60					
65					
70	178,19	180,27	182,36	184,45	187,03
75	190,92	193,15	195,38	197,62	200,39
80	203,65	206,02	208,41	210,80	213,75
85	216,37	218,90	221,43	223,97	227,11
90	229,10	231,78	234,46	237,14	240,47
95	241,83	244,65	247,48	250,32	253,83
100	254,56	257,53	260,51	263,49	267,19

Meßbandes, welches den Durchmesser unter gewissen Umständen etwas zu groß angiebt, lasse ich alle zwischen $\frac{1}{4}$ und $\frac{1}{2}$, $\frac{1}{2}$ und $\frac{3}{4}$ ꝛc. liegenden Zwischenräume unberücksichtigt, spreche also z. B. einen Durchmesser, welcher nach dem Meßbande zwar mehr als $16\frac{1}{4}''$ aber noch nicht volle $16\frac{1}{2}''$ hat, nur zu $16\frac{1}{4}''$ an, und rechne darauf, hierdurch wenn auch nicht bei dem einzelnen Stamm, so doch im Ganzen einigermaßen eine Ausgleichung herbeizuführen.

Die Vermessung mit der Kluppe erfordert einen geringeren Zeitaufwand und ist daher in den gewöhnlich vorkommenden Fällen, bei welchen man sich mit der Vermessung des Durchmessers nach einer Richtung begnügt, vorzuziehen. Wird ein höherer Grad von Genauigkeit verlangt, so können sehr leicht Irrungen entstehen, wenn mit der Kluppe der längste und kürzeste Durchmesser gemessen und aus beiden der mittlere Durchmesser berechnet werden soll. Hat z. B. ein Stamm einen Durchmesser von $19\frac{3}{4}''$ nach der einen und $21\frac{1}{2}''$ nach der andern Seite, so kann auch ein anderer rechtschaffener Mann, als ein gewöhnlicher Holzhauer, in Verlegenheit kommen, wenn er, ohne sich weiter zu besinnen, hiernach augenblicklich den mittlern Durchmesser aussprechen soll. Es liegt also kein Widerspruch darin, wenn ich behaupte, daß die Kluppe zwar genauer mißt, als das Meßband, daß ich aber dennoch in Fällen, wo es auf eine größere Genauigkeit ankommt, das letztere vorziehe. Im Allgemeinen aber halte ich die Frage, ob es bei der Abschätzung nach Massentafeln besser ist, sich der Kluppe oder des Meßbandes zu bedienen, für eine sehr untergeordnete, und ich habe noch vor Kurzem gar kein Bedenken getragen, bei der Abschätzung eines Schlages die Durchmesser der Stämme zu meiner Rechten mit dem Meßbande, und zu meiner Linken mit der Kluppe vermessen zu lassen.

Zur Bestimmung der Höhe der Stämme giebt es eine große An-

---

einfachen Eintheilung ist jeder gewöhnliche Arbeitsmann im Stande, den Durchmesser des Stammes nach Zollen, halben und Viertel-Zollen richtig abzulesen. Auf der innern Seite theile ich von dem Nullpunkte aus sechs Duodecimalfuß ab, und den ersten dieser Füße wieder in 12 Zoll ein, um das Meßband auch bei dem Nachmessen von Klaftern und zu andern Zwecken, wo es auf Ermittelung der wirklichen Länge ankommt, benutzen zu können. Meßbänder, welche auf diese Weise eingetheilt sind, liefert der Drechslermeister Simmerlein zu Neustadt E./W. je nach der größern oder geringern Länge zu 20 Sgr. oder 25 Sgr. pro Stück. (Anm. des Verfassers.)

zahl von Höhenmessern. Je einfacher ein solcher ist, desto weniger Zeit erfordert die Anwendung desselben, desto geringer müssen aber auch die Ansprüche sein, welche man an die Richtigkeit der Vermessung macht. Es läßt sich daher auch gar nicht allgemein behaupten, daß dieser oder jener Höhenmesser der bessere oder schlechtere sei, sondern es kommt dabei auf den Grad der Genauigkeit an, welcher verlangt wird. Unter Umständen kann auf ganz ebenem Terrain ein bis zu Deinem Scheitel reichender Stock, welcher senkrecht in die Erde gesteckt wird, ein ganz brauchbarer Höhenmesser sein. Doch — Du bist ja, wie ich mich entsinne, im Besitz des Preßler'schen Zeitmeßknechtes, nach welchem Du Deine Uhren stellst, und wirst vielleicht auch dessen neue holzwirth= schaftlichen Tafeln, in welchen eine specielle Anleitung zu Höhenmessun= gen enthalten ist, besitzen. Nun gut, dieses Zeitmeßknechtes kannst Du Dich auch zur Ermittelung der Höhe der Stämme bedienen.

Das Verfahren, welches Du bei der Abschätzung eines Kiefern= bestandes nach der Massentafel anzuwenden hast, besteht also, wenn Du eine große Genauigkeit anwenden willst, darin, daß Du den Durch= messer jedes einzelnen Stammes mit dem Meßbande oder mit der Kluppe mißt, die Höhe ebenfalls mit dem Höhenmesser mißt, beide Dimensionen notirst, und schließlich in der Stube den Cubikinhalt der einzelnen Stämme und des ganzen Bestandes nach der Massen= tafel aufsuchst und zusammenstellst.

Man kann aber, wenn man nur einiges Augenmaß hat, den Höhenmesser auch ganz entbehren, und hat dann weiter nichts zu thun, als den Durchmesser der Stämme zu messen, die Höhe nach dem Augenmaße abzuschätzen und danach den Cubikinhalt jedes Stam= mes in der Tabelle aufzusuchen. Da die Anwendung des Höhen= messers etwas umständlich ist, so empfehle ich Dir ganz besonders dieses Verfahren.

Die auf diese Weise, mit oder ohne Anwendung des Höhen= messers, gefundene Holzmasse wird der wahren Holzmasse in der Regel sehr nahe kommen, weil die Abweichungen einzelner Stämme von dem mittlern Cubikinhalte durch die entgegenstehenden Abweichungen anderer Stämme wieder ausgeglichen werden.

Bei der Anwendung der Massentafel ist jedoch noch folgendes zu berücksichtigen:

Die Massentafel VI. ist aus der Nachweisung V. hervorgegangen.

Letztere aber ist wieder dadurch entstanden, daß von 1613 Stämmen nur der Schaft und zwar nach sechsfüßigen Walzen berechnet ist. Bei dem Einschlage des nach der Massentafel abgeschätzten Bestandes werden aber in Deinem Walde die über 3″ starken Aeste mit eingeschlagen, der Schaft dagegen, wird nicht nach sechsfüßigen, sondern entweder nach längern Walzen berechnet, oder als Klafterholz aufgearbeitet. Die in Rechnung gestellte Holzmasse wird also mit der abgeschätzten, — vorausgesetzt, daß die Abschätzung richtig ist — nicht übereinstimmen, wenn diese beiden Punkte nicht ausgeglichen werden. Es muß daher

1. ein Zusatz für das in dem mittlern Cubikinhalte der Massentafeln nicht mit enthaltene über 3″ starke Astholz und

2. ein bald höherer bald geringerer Abzug von der gesammten geschätzten Holzmasse gemacht werden, je nachdem die meisten Stämme muthmaßlich in das Brennholz eingeschlagen oder als Bauholz verkauft, und, im letztern Falle in langen oder kurzen Stücken abgegeben werden.*)

Die Nachweisung V. ist ferner dadurch entstanden, daß 1613 Stämme von sehr verschiedenen Boden- und Bestandsverhältnissen entnommen und berechnet sind, wobei aber doch die mittlern Verhältnisse sowohl in Bezug auf den Schluß des Holzes als auch in Bezug auf die Bodenbeschaffenheit überwiegend vertreten sind. Auch dieß muß, wie sich von selbst versteht, bei der Anwendung der Massentafel berücksichtigt werden, weil sonst in denjenigen Fällen, in welchen andere als mittlere Verhältnisse obwalten, die Abschätzung unrichtig ausfallen muß. Es muß daher

---

*) Wenn ein Kiefernbestand, welcher zu 8000 C. F. abgeschätzt ist und demnächst als Klafterholz aufgearbeitet wird, 90 Klaftern Klobenholz und 10 Klaftern Knüppelholz liefert, so wird man die Abschätzung der Holzmasse in der Regel als richtig ansehen können, weil die Klafter Kloben- und Knüppelholz im Durchschnitt etwa 80 C. F. enthält. Wird nun aber die Klafter Klobenholz nur mit 75 C. F. und die Klafter Knüppelholz mit 60 C. F. (oder wie es wohl auch geschieht, jede Klafter durchschnittlich mit 70 C. F.) in Rechnung gestellt, so muß die richtige Abschätzung um 1000 C. F. zu hoch erscheinen. Um dies zu verhüten, muß der Taxator die geschätzte Holzmasse von 8000 C. F. auf 7000 C. F. ermäßigen. Zu einer solchen Reduction würde natürlich keine Veranlassung vorliegen, wenn ausnahmsweise in dem abzuschätzenden Bestande das Holz so astreich und so gewunden sein sollte, daß man im Durchschnitt nur auf 70 C. F. feste Holzmasse in der Klafter rechnen könnte. (Anm. des Verfassers.)

3. ein Abzug von der gesammten geschätzten Holzmasse gemacht werden, wenn der abgeschätzte Bestand auf sehr gutem Boden oder sehr raum aufgewachsen ist, dagegen

4. ein Zusatz gemacht werden, wenn die umgekehrten Verhältnisse stattfinden.

Außerdem ist die Holzmasse zu berücksichtigen, welche die Holzhauer mit ihren Frauen und Kindern, erlaubter und unerlaubter Weise, täglich mit nach Hause nehmen, ferner der Verlust an Holz durch den Sägeschnitt und die Spähne beim Aufarbeiten des Holzes, ferner die größere Holzmasse, welche die Klaftern enthalten, wenn das Scheitholz vielleicht nicht nach Vorschrift der Hauordnung, sondern gröber gespalten wird, ferner die in den Stützen und Unterlagen der Klaftern enthaltene Holzmasse u. dgl. m.

Es ist für den Taxator keine der leichtesten Aufgaben, alle diese verschiedenen Verhältnisse durch darüber einzuziehende Erkundigungen und durch eigene Anschauung zu ermitteln, dieselben gegenseitig abzuwägen und danach zu bestimmen, ob und welcher Abzug oder Zusatz im Ganzen zu der geschätzten Holzmasse gemacht werden soll, um letztere mit der künftig dagegen zu balancirenden Holzmasse in möglichste Uebereinstimmung zu bringen.

Bei der großen Verschiedenheit der Verhältnisse lassen sich bestimmte Vorschriften hierüber nicht geben, sondern es muß der umsichtigen Beurtheilung des Taxators überlassen bleiben, selbst das Richtige herauszufinden. So viel läßt sich jedoch im Allgemeinen behaupten, daß, obgleich die Massentafel VI. das über 3'' starke Astholz nicht mit enthält, dennoch ein Zusatz zu der geschätzten Holzmasse nur in äußerst seltenen Fällen zu machen ist, und daß schon sehr günstige Verhältnisse dazu gehören, wenn die zu machenden Abzüge mit den zu machenden Zusätzen compensirt werden können, so daß also die geschätzte Holzmasse unverändert beibehalten wird. In den bei weitem meisten Fällen wird dagegen ein bald größerer bald geringerer Abzug zu machen sein.

Die Abzüge und Zusätze ad 3. und 4. würden fortfallen, wenn für jede größere Boden- und Bestandsverschiedenheit eine besondere Massentafel aufgestellt und bei der Abschätzung jedes Bestandes die richtige Tafel angewendet würde. Es ist daher gewiß wünschenswerth, daß dergleichen Tafeln aufgestellt werden*); indessen wird man sich doch hüten müssen, hierbei zu weit zu gehen. Wollte man fünf Bodenklassen wählen und für jede Bodenklasse nach Maßgabe des geschlossenern oder freiern Standes, in welchem das Holz aufgewachsen ist, wieder drei Unterabtheilungen bilden, im Ganzen also 15 Massentafeln für Kiefern aufstellen, so würde dieß nicht nur eine herkulische, die Kräfte des Einzelnen weit übersteigende, Arbeit sein, sondern es

---

*) Der Umstand, daß von zwei gleich langen und gleich starken Kiefern diejenige in der Regel die höhere Formzahl hat, welche die ältere ist, kann auf den Gedanken führen, verschiedene Massentafeln lediglich nach dem Alter des Holzes aufzustellen, also z. B. für 30—50jährige Kiefern eine besondere Tafel anzufertigen, eben so für 50—70, 70—90, 90—110, 110—130, 130—150, 150—170, 170—190 jährige Kiefern. Daß die Massentafel für 30—50jährige Kiefern keine Stämme von 28"—30,75" Durchmesser und die Massentafel für 170—190jährige Kiefern keine Stämme von 7"—9,75" Durchmesser erhalten kann, würde kein Hinderniß für die Aufstellung und Anwendung solcher Tafeln sein; es walten aber andere Bedenken dagegen ob. Es liegt mir z. B. das Aufmaßregister über 21 Stämme von 80—89' Länge und 16—18,75" Durchmesser, also von 21 derselben Längen- und derselben Stärkenklasse angehörigen Stämmen vor, welche aus einem und demselben Schlage — dem Jagen 6 der Oberförsterei Linichen — von einer Fläche von wenigen Morgen entnommen sind, und welche folgendes Alter hatten

1 Stamm	82	Jahr
1 „	85	„
1 „	86	„
2 „	89	„
2 „	91	„
1 „	97	„
2 „	101	„
1 „	102	„
1 „	109	„
2 „	110	„
1 „	117	„
1 „	143	„
1 „	157	„
1 „	158	„
1 „	164	„
2 „	167	„

Wenn für jede der oben angegebenen Altersklassen eine eigene Massentafel aufgestellt wäre, so müßte man zur Abschätzung dieser 21 Stämme 5 Tafeln benutzen, was doch eine ungemeine Erschwerung des Abschätzungsverfahrens sein würde. Das schlimmste bei der Sache aber ist, daß sich von keinem einzigen dieser 21 Stämme das Alter anders als durch Zählen der Jahresringe auf dem Stubben bestimmen läßt, daß eine Einschätzung der noch stehenden Stämme in die richtige Altersklasse also gar nicht möglich ist.　　　(Anm. des Verfassers.)

würde auch kaum möglich sein, für den grade vorliegenden Fall die richtige Tabelle auszuwählen. Man wird daher, eben so, wie man genöthigt gewesen ist, bei der Aufstellung von Erfahrungstafeln ganz verschiedenartige Bodenverhältnisse in eine Bodenklasse zusammenzufassen, auch bei der Aufstellung von Massentafeln verfahren und verschiedenartige Boden= und Bestandsverhältnisse zusammenziehen müssen. Ich möchte meinerseits drei Massentafeln für Kiefern für ausreichend halten, und ich würde schon jetzt neben der Tafel VI. eine Tafel nach höheren und eine Tafel nach niedrigeren Formzahlen berechnen, wenn mir hierzu nicht, wie Du aus meinem 5ten Schreiben ersehen hast, für Stämme von 22″ Stärke und darüber noch die nöthigen Unterlagen fehlten.

Wie mangelhaft Freund, ist doch all' unser Wissen! Jahre lang habe ich mich ausschließlich mit einem einzelnen der hundert Zweige unserer Wissenschaft beschäftigt, demselben jeden freien Augenblick gewidmet und ein Material zur Aufstellung von Massentafeln für Kiefern gesammelt, wie es vielleicht keinem meiner Fachgenossen vorliegt; und doch muß ich jetzt das Bekenntniß ablegen, daß ich mich noch immer auf einer der untersten Sprossen einer langen Leiter befinde, welche mir bis hoch in die Wolken zu reichen scheint, und deren Ende ich kaum abzusehen vermag. Diese Leiter ganz zu erklimmen, habe ich längst aufgegeben. Alle meine Wünsche beschränken sich darauf, auf derselben noch einige Sprossen höher zu steigen, um von dort aus einen weitern Ueberblick zu gewinnen, als es mir von meinem jetzigen Standpunkte aus vergönnt ist. Wenn mir hierbei aber nicht Andere unter die Arme greifen und mich in meinen Bestrebungen unterstützen, muß ich nothwendig erlahmen und der Hoffnung entsagen, welche mich bisher bei meinen Bestrebungen aufrecht erhalten hat.

Und darum, Freund, wirst Du begreifen, mit welcher Spannung ich der Ankunft der von Dir zu vermessenden und zu berechnenden Kiefern entgegensehe. Wenn diese Stämme der Mehrzahl nach den höhern Stärkenklassen angehören sollten, und wenn Du, wie ich hoffe, bei jedem einzelnen Stamme das Alter und die Boden= und Bestandsverhältnisse so genau als möglich hinzufügst, so werde ich möglicher Weise hierdurch allein schon nothdürftig in den Stand gesetzt werden, drei Massentafeln für Kiefern aufzustellen, welche bei der Abschätzung der Forsten Pommerns, und vielleicht auch eines großen Theiles von Norddeutschland, angewendet werden können.

Eine Anwendung dieser Tafeln in noch weiteren Kreisen, würde ich selbst nicht für zulässig halten. Denn bis zum Beweise des Gegentheils wird man immer annehmen müssen, daß auch das Klima einen Einfluß auf die Höhe der Formzahlen ausübt, und man wird daher nicht ohne weiteres eine in Norddeutschland entworfene Massentafel in Jemtland, oder eine am Fuße der Alpen entworfene Massentafel an der Küste der Ostsee in Pommern, oder umgekehrt, anwenden können. Vielmehr wird man, wenn das Klima nicht ohne Einfluß auf die Höhe der Formzahlen ist, für Gegenden von sehr verschiedenem Temperaturgrade auch verschiedene Massentafeln aufstellen müssen.

Zweiter Abschnitt.

Abschätzung nach dem Augenmaße.

Erstes Schreiben des Waldbesitzers N. an den Oberforst-meister K.

Das also war des Pudels Kern!

Eine Tabelle, ein Höhenmesser und ein Meßband, mit Hülfe deren jeder Schneider in einer halben Stunde die Fertigkeit erlangen kann, jedwede Kiefer grade ebenso genau abzuschätzen, als der in den Wäldern ergraute Forstmann!

Es kann nicht sein, kann nicht sein, kann nicht sein! und ist auch wirklich nicht so. Und davon, daß es nicht so ist, laß Dir eine traurige Geschichte erzählen.

Du kennst ja meinen alten treuen Baumann, den ausgezeichneten Büchsenschützen mit der Habichtsnase und den großen blauen Augen, und hast mich selbst darauf aufmerksam gemacht, wie genau er stehende Bäume abschätzt. Es hat mir späterhin noch oft Vergnügen gewährt, ihn diesen oder jenen Stamm ansprechen zu lassen und mich dann von der Richtigkeit seiner Schätzung durch die Vermessung zu über=zeugen. Zuweilen schätzte ich auch wohl selbst mit ab; so oft ich aber anderer Ansicht war als Baumann, und das war fast immer der Fall, hatte ich jedesmal Unrecht. Daß verdroß mich endlich, und ich faßte den Entschluß, eben so genau abschätzen zu lernen, wie Baumann. Du weißt, Freund, mit welchem tumultuarischen Eifer ich eine Sache verfolge, wenn ich sie einmal beschlossen habe, und im vorliegenden Falle war dieselbe gewissermaßen auch noch zu einer Ehrensache für mich geworden, weil ich unvorsichtiger Weise einige Worte über meinen Entschluß hatte fallen lassen, und diese, wie ich bestimmt wußte, Baumann zu Ohren gekommen waren. Aber wie die Sache anfangen? Eben so viele Bäume abzuschätzen und aufzu=messen, wie Baumann in seinem Leben geschätzt und gemessen hat, konnte und wollte ich nicht. Wozu hätte ich denn drei Jahre lang Philosophie und, aus Freundschaft zu Dir, auch noch ein halbes Jahr Forstwissenschaft studirt, wenn ich dasselbe rein empirische Ver=

fahren anwenden müßte, wie dieser Mensch, der Baumann, welcher nichts weiter als ausgezeichnet rechnen und nothdürftig lesen und schreiben kann. Wer den Pindar und Horaz gelesen, wer Kant, Fichte und Hegel studirt hat, der muß doch auch ein leichtes und einfaches Verfahren ausfindig machen können, stehende Bäume richtig abschätzen zu lernen. Aber, ich mochte die Sache von der einen oder der andern Seite beleuchten, so fiel mir doch nichts ein, und ich mochte dieß oder jenes überlegen, so wollte doch nichts passen.

> Ach, aus dieses Thales Gründen,
>> Die der kalte Nebel drückt,
>>> Könnt ich doch den Ausgang finden,

dachte ich, und da fielst Du mir ein, und flugs schrieb ich an Dich:

> Wie lernt man in kürzester Zeit stehende Kiefern richtig abschätzen?

Bei Durchlesung Deiner ersten drei Schreiben, welche ich auf diese zehn Worte erhielt, dachte ich von Seite zu Seite: Aha, nun wird es kommen! und einige Mal stand ich wirklich schon im Begriff, die Hand auszustrecken, um es zu ergreifen und festzuhalten.

> Allein, allein, allein, allein,
>> Wie kann der Mensch sich trügen,

es kam nichts, außer am Schluß jedes Briefes das doch etwas starke Ansinnen, 100 Stämme, — und wo möglich noch mehr, — recht genau zu messen und zu berechnen, und Dir dann die Berechnung zu schicken. Deinem vierten Schreiben will ich einige Gerechtigkeit widerfahren lassen, es behandelt doch wenigstens einen Gegenstand von praktischer Bedeutung, allein Dein ganzes fünftes Schreiben ist wieder ein vollständiges Räthsel für mich. Nicht, als ob ich Deinem Gedankengange nicht folgen könnte; denn dem Philosophen ist nichts zu schwer, und darum ist die Philosophie eben die einzige Wissenschaft, weil sie sich aller andern sofort bemeistert, und weil alle andern, wie hoch der Gegenstand, den sie behandeln, auch stehen mag, doch nur dazu da sind, ihr zu dienen und zu ihrer Verherrlichung beizutragen. Aber — ich verlange von Dir eine Anleitung zur Abschätzung des Cubikinhaltes stehender Kiefern, und Du giebst mir dafür eine Anleitung zur Abschätzung von Formzahlen, fügst zugleich aber hinzu, daß die Abschätzung der Formzahlen schwieriger ist, als die Abschätzung des Cubikinhaltes selbst.

Können Sie mir nicht 100 Thaler leihen? fragte ich als Student einst einen Bekannten. Sehr gern, erwiederte er, hier ist mein Regenschirm, Sie müssen ihn mir aber in einer Stunde wiederbringen. Die Antwort war zu entschuldigen, denn der Mann hörte schwer; wenn ich aber einen Königlich Preußischen Oberforstmeister frage, wie man in kürzester Zeit stehende Kiefern abschätzen lernt, so erwarte ich von ihm etwas anderes, als eine Anleitung zur Abschätzung von Formzahlen.

Während nun Deine ersten fünf Schreiben in größeren und kleineren Zwischenräumen bei mir eingingen, sah mich Baumann, so oft ich den Wald betrat, mit seinen großen Augen an, als wollte er die Frage an mich richten: Nun, wirst Du nicht bald mit mir auf die Mensur treten? und meine Ungeduld wuchs von Tage zu Tage. Da endlich, endlich kam Dein sechstes Schreiben und mit ihm die Tabelle VI, der Schlüssel zur Abschätzung stehender Kiefern.

Am folgenden Tage maß ich von zehn Kiefern den Durchmesser bei 4' Höhe, dann, nachdem sie gefällt waren, die Länge bis in die äußerste Spitze, den Durchmesser bei 3', 9', 15' u. s. w. ganz so, wie Du es vorschreibst, und berechnete den Cubikinhalt. Freund, wie war ich erstaunt über die Richtigkeit Deiner Massentafel, und wie soll ich die Dankbarkeit ausdrücken, die ich damals gegen Dich empfand. Ich konnte den morgenden Tag kaum erwarten, den Tag an welchem ich zum erstenmal Baumann meine Ueberlegenheit im Abschätzen zeigen konnte. Wenn ich diesen Mann geschlagen hatte, mit welchen Augen mußten mich nicht dann meine andern gelehrten Herren Förster betrachten, die sich im Abschätzen mit Baumann in keiner Weise messen können?

Als ich am nächsten Tage in die Nähe des Schlages kam, maß ich, ohne daß Baumann mich sehen konnte, mit dem Meßbande eine Kiefer, welche bei 4' Höhe 27" Durchmesser hatte, schätzte die Länge auf 80 Fuß, zog Deine Tabelle hervor und fand an der betreffenden Stelle 129 C. F.

Jetzt rufe ich den Alten Baumann, sage ich mit Nachdruck, diese Kiefer hat ohne Aeste und bis zu 3 Zoll Stärke 129 Cubikfuß! Baumann sieht in die Höhe, tritt auf die andere, dann auf die dritte und vierte Seite des Stammes, zieht seine Mütze, — ich muß bemerken, daß Baumann von mir ein für alle Mal davon dispensirt ist, im Walde seinem kahlen Scheitel zu entblößen, — zieht seine Mütze und spricht: „„So genau wie Sie, Herr Graf, bis auf den Cubikfuß, kann ich freilich nicht abschätzen.““

Denke Dir mein Entzücken bei diesem Geständniß! „„Aber, — fügt er hinzu, — indem er noch einmal zu dem Stamme aufblickt und seine Mütze mit einem gewissen Avec wieder aufsetzt, — diese Kiefer hat ohne Aeste und bis zu 3" Stärke nicht unter 140 und nicht über 150 Cubikfuß!““

Ich muß gestehen, daß mich diese, mit der größten Bestimmtheit ausgesprochenen Worte Anfangs doch stutzig machten. Aber, ich hatte das Meßband ja zweimal angelegt, und jedesmal 27 Zoll gefunden, und auch in Deiner Tabelle konnte kein Schreibfehler liegen, denn bei 75′ Länge standen 121 C. F. und bei 85′ Länge 137 C. F. und zwischen beiden liegt 129 grade in der Mitte. Baumann hatte also unzweifelhaft Unrecht.

„Laß Er einige Holzhauer kommen, und den Baum fällen. Nun, warum zögert Er? Ist Er vielleicht seiner Sache nicht gewiß, und will Er den Stamm noch einmal abschätzen?“

„„Ach, gnädigster Herr, dieser schöne Stamm, mitten aus dem geschlossenen Bestande, es wäre doch jammerschade! Können wir nicht vielleicht in den Schlag gehen und —““

Er stockte und blickte mich dabei so flehentlich an, so flehentlich, wie einst Verrina den Fiesko, ehe beide über das verhängnißvolle Brett gingen.

Baumann hatte im Grunde Recht; es war Schade um den Stamm. Aber habe ich nicht noch viele andere und schönere Stämme in meinem Walde? und hätte ich nicht mit Freuden 100 solcher Stämme für den Triumph hingegeben, über Baumann den Sieg davon zu tragen? Es war sehr zweifelhaft, ob Baumann, wenn wir in den Schlag kamen, wieder einen so groben Bock schießen würde, wie eben jetzt. Und außerdem hätte ich in dem Schlage doch das Meßband und Deine Tabelle hervorziehen müssen, um einen andern Stamm abzuschätzen, und beides wollte ich vorläufig vor Baumann noch verbergen; ich wollte ihm erst thatsächlich den Sieg der Wissenschaft über die Empirik zeigen und dann erst mit den Hülfsmitteln hervortreten, deren sich dieselbe hierbei bedient. Baumann mußte also thun, was ich befohlen hatte, so schwer es ihm auch wurde.

Während die Holzhauer den Stamm fällten, ging ich auf und ab und rieb mir vergnügt die Hände. Jetzt also hatte ich den Alten gefaßt, und alle seine durch jahrelange Uebung erlangte Fertigkeit mußte vor meiner höhern Intelligenz zu Schanden werden. Ich habe selten in meinem Leben von dem Studium der Philosophie einen praktischen Gebrauch machen können, aber jetzt fühlte ich mich doch für alle Opfer entschädigt, welche ich diesem Studium gebracht hatte. Noch einmal blickte ich verstohlen, nicht etwa nach dem Stamme, sondern in Deine Tabelle. 80' lang, 27" Durchmesser, 129 Cubikfuß. Alles richtig! Baumann, rief ich so laut, daß die Holzhauer es hören konnten, ich schätze also den Stamm auf 129 Cubikfuß, und Er schätzt ihn auf 140 bis 150 Cubikfuß! War es nicht so? Baumann mußte wohl meine Frage überhört haben, denn er antwortete nicht darauf.

Der Stamm fing an zu schwanken. Jetzt sollte der Riese den Platz verlassen, den er länger als 150 Jahre hindurch behauptet hatte, bezwungen von Zwergen, die zu ihm hinaufschauten, ob er sie nicht in seinem Falle noch erfassen und zermalmen werde. Die Todesstunde schlägt; langsam und ächzend neigt er sein Haupt, dann aber schneller und rasend schneller durchsaust er die Luft und knackt und kracht, daß die Erde erdröhnt und daß ringsumher seine Brüder erzittern und die Schneeflocken von ihren hohen Häuptern schütteln.

Wahrlich, schön ist der Wald! Schön, nicht blos in seinem Frühlingskleide, nicht blos, wenn sein dunkles Laubdach uns vor dem glühenden Sonnenstrahl schützt, nicht blos, wenn Abends und Morgens das Geschrei des Brunsthirsches ertönt, sondern schön, hinreißend schön in allen Jahreszeiten, in allen Gestalten.

> O wären wir auf immer
>
> Gebannt in des Waldes Schooſs,
>
> O lieſs uns nimmer, nimmer,
>
> Der dunkle Zauber los.
>
> Von wüsten Träumen ferne
>
> Der Welt, verträumt ich hier
>
> Dies wirre Leben so gerne
>
> Allein, allein mit dir.

Armer Stadtbewohner, wie bedaure ich Dich, dessen einsamer Fuß niemals im Buchenlaube gerauscht, dessen Auge niemals das tausendfältige Blinken und Flimmern des Birkenwaldes im vollen

Duftanhange gesehn, dessen Ohr niemals des Abends den letzten Schlag der Drossel gehört hat. Armer, armer Städter!

Dich aber beneide ich, glücklicher Förster, der Du mitten im Walde wohnst, und von Deinem Fenster aus den Auerhahn balzen und den Rehbock schrecken hörst. Dein Wirkungskreis ist ein anderer, als der eines unglücklichen Grafen, welcher verdammt ist, den Kreistagen und Kammersitzungen beizuwohnen und langweilige Reden anzuhören. Sieh' diese Schonungen, die so freudig heranwachsen, sie sind deiner Hände Werk! Denn du hast den Samen ausgestreut, du hast die zarten Pflanzen von verdämmenden Unkräutern befreit und vor Wild und zahmem Vieh geschützt. Und jede Lücke, die dein aufmerksames Auge entdeckte, hast du sorgfältig ausgepflanzt, und hast so manches vom Schnee gebogene Stämmchen wieder aufgerichtet und an den schützenden Pfahl befestigt. O wäre ich der Sohn eines einfachen armen Försters und wäre ich wie mein Vater wieder Förster geworden, um wie viel glücklicher könnte ich dann sein!

Wie oft, Freund, haben mich solche Gedanken schon heimlich beschlichen, wenn die geselligen Zirkel mich anekelten, oder meine Stellung es nothwendig machte, mich mit Dingen zu beschäftigen, welche mir widerwärtig waren.

In diesem Augenblicke aber, als die Kiefer vor uns lag, dachte ich an ganz etwas anderes als an Stadtbewohner und Förster und Kammerverhandlungen. Der Stamm kam mir so lang und so stark vor, als wäre er, ein zweiter Antäus, durch die Berührung mit der mütterlichen Erde um das Doppelte gewachsen.

Doch, auch zu solchen Betrachtungen war jetzt keine Zeit mehr, denn Baumann fing bereits an, den Stamm zu vermessen. Ich hatte die Tabelle IV. zweimal abschreiben lassen, und wir notirten beide zugleich die Durchmesser der sechsfüßigen Walzen, berechneten den Cubikinhalt derselben und zogen die Summe. Wir waren auch zu gleicher Zeit fertig.

> Fordre Niemand mein Schicksal zu hören,
> Dem das Leben noch wonnevoll winkt.

Der Stamm war 89' lang und hatte folgende Dimensionen:

bei 3' Höhe 27," Durchmesser $= 23{,}86$ C. F.

„   9' „ 24,25"   „ $= 19{,}24$ „ „

„ 15' „ 22,50"   „ $= 16{,}57$ „ „

bei 21′ Höhe 21,″ Durchmesser = 14,43 C. F.
„ 27′ „ 20,″ „ = 13,09 „ „
„ 33′ „ 19,″ „ = 11,81 „ „
„ 39′ „ 18,25″ „ = 10,90 „ „
„ 45′ „ 17,25″ „ = 9,74 „ „
„ 51′ „ 16,″ „ = 8,38 „ „
„ 57′ „ 13,75″ „ = 6,19 „ „
„ 63′ „ 11,″ „ = 3,96 „ „
„ 69′ „ 9,75″ „ = 3,11 „ „
„ 75′ „ 6,75″ „ = 1,49 „ „
„ 81′ „ 3,50″ „ = 0,40 „ „

„Man kann aber, wenn man nur einiges Augenmaß hat, den Höhenmesser auch ganz entbehren, und hat dann weiter nichts zu thun, als den Durchmesser der Stämme zu messen, die Höhe nach dem Augenmaß abzuschätzen und dann den Cubikinhalt jedes Stammes in der Tabelle aufzusuchen. Da die Anwendung des Höhenmessers etwas umständlich ist, so empfehle ich Dir ganz besonders dieses Verfahren.“

Diese Stelle las ich Baumann aus Deinem sechsten Schreiben vor und fügte hinzu: Das hat ein Königlich Preußischer Oberforst=meister an mich geschrieben, und danach habe ich den Baum abge=schätzt; mag er es in seinem Gewissen verantworten — wenn er es kann — daß er mir die Abschätzung ohne Höhenmesser angerathen hat, denn darin allein besteht der Fehler, welchen ich begangen habe.

Ich holte nun Deine Tabelle hervor, erklärte Baumann die Ein=richtung derselben, sagte ihm, daß ich in den nächsten Tagen mit dem Höhenmesser wieder in den Schlag kommen werde, und zeigte ihm ganz deutlich und unwiderlegbar, daß ich nunmehr im Besitz des Geheimnisses sei, stehende Kiefern ebenso genau abzuschätzen als er, ja daß diese Abschätzungsmethode sicherer sei als die seinige, weil sie auf Messungen beruhe, während die seinige sich auf den bloßen Augen=schein stütze, der doch hin und wieder trügen könne. Und ich zeigte ihm ferner, daß und weshalb meine Abschätzung des vor uns liegenden Stammes nicht richtig sein konnte, und daß sie ganz richtig gewesen wäre, wenn ich nur die Länge desselben richtig geschätzt hätte, und mit jedem Worte, das ich sprach, wurde ich ruhiger und träufelte Balsam in die Wunde, die mir diese abscheuliche Abschätzung ge=schlagen hatte.

Aber mit Baumann war nichts anzufangen. Er schüttelte ungläubig den Kopf und sagte: Es ist aber doch nicht egal, wie der Baum gewachsen ist. Ich suchte ihm nun begreiflich zu machen, daß dies durchaus egal sei, und daß ein schiefstehender Baum und ein krummer Baum denselben Cubikinhalt haben müsse, wie ein grader von gleicher Stärke und gleicher Länge, und daß dies auch irgendwo in einem Deiner Briefe stehe, und daß Du eine Autorität sei'st, und daß ich nur die betreffende Stelle nicht gleich finden könne. Als er aber immer noch den Kopf schüttelte und hartnäckig dabei stehn blieb, es sei doch nicht egal, da gerieth ich allmälig in Eifer und sprach zu ihm von der ∫ Form und von den Ein- und Aus-Bieg- und Bauchungen, von positiven und negativen Zahlen, von Massentafeln, Ellipsen und Formzahlen und dergleichen mehr, worauf er nicht mehr mit dem Kopf schüttelte, sondern mich mit seinen großen blauen Augen unverwandt anblickte und mit gespanntester Aufmerksamkeit meiner Rede lauschte und zuletzt nur sagte: Es ist doch nicht egal.

Mit einem Menschen, welchem die ersten Anfangsgründe der Philosophie fremd sind, muß man sich in ein Gespräch über wissenschaftliche Gegenstände eigentlich gar nicht einlassen; ich brach deshalb auch unsere Unterredung kurz ab und sagte nur: „Heute ist Mittwoch. Ehe wieder Mittwoch ist, wollen wir diese Kiefer hier, dicht neben der gefällten, abschätzen, ich, mit dem Höhenmesser und Messenbande, Er, auf seine Manier, aber — bis auf den Cubikfuß! und dann wollen wir sehen, ob es egal ist oder nicht."

Am folgenden Tage steckte ich Preßlers Zeitmeßknecht und dessen neue holzwirthschaftliche Tafeln in die Tasche, um im Walde Versuche damit anzustellen:

> „den Arm möglichst gestreckt! Während des Visirens das Pendel mit der andern freien Hand etwas zur Ruhe bringen, aber nicht halten! Unter fortwährend unverrücktem Visiren: langsames Wenden des Knechtes zur Seite so, daß das Pendel zum festen Anliegen kommt und sein Stand abgelesen werden kann. Wo möglich mehrmaliges Wiederholen."

pag. 227 der holzwirthschaftlichen Tafeln.

Wohl habe ich den Arm nach Möglichkeit gestreckt, aber bis zum fortwährend unverrücktem Visiren kam es nicht. Der muß eine festere Hand besitzen als ich, der das zu Stande bringen will. Mit dem Freihandgebrauch war es also nichts.

Am zweiten Tage ließ ich ein 5½ Fuß hohes Statif arbeiten.

Am dritten Tage ging ich mit meinem Bedienten, welcher das Statif trug, wieder in den Wald und stellte letzteres an einer geeigneten Stelle auf, um einen beliebigen Baum zu messen.

Wir hatten bis dahin längere Zeit recht schöne Wintertage gehabt, aber

> Der Thauwind kam vom Mittagsmeer
>
> Und schnob durch Welschland trüb und feucht,
>
> Die Wolken flogen vor ihm her,
>
> Wie wenn der Wolf die Heerde scheucht.
>
> Er fegte die Felder, zerbrach den Forst,
>
> Auf Seen und Strömen das Grundeis borst.

Und wenn es bei uns auch nicht grade so schlimm aussah, wie in Welschland, und der Forst noch stehen blieb, so war es doch in der That recht windig geworden, und ich konnte das Pendel durchaus nicht in Ruhe bringen und mußte unverrichteter Sache wieder nach Hause gehen.

Am vierten Tage war Sonntag.

Am fünften Tage hatte der Wind sich gelegt und, da keine Zeit mehr zu verlieren war, suchte ich mir gleich die bewußte Kiefer selbst auf, um die Höhe derselben zu messen. Sie hatte aber eine so abgerundete Krone, daß ich in einer Entfernung von 70—80 Fuß die Spitze noch nicht sehen konnte, und wenn ich in eine weitere Entfernung trat, hinderten mich wieder die umstehenden Stämme hieran. Ich mochte mich wenden wie und wohin ich wollte, den eigentlichen Wipfel des Stammes konnte ich von keinem Punkte aus erblicken, also auch die Höhe nicht messen, also auch den Baum nicht abschätzen! Die Sache war mir äußerst fatal, und ich würde noch unmuthiger geworden sein, wenn ich den Alten und seine Gesinnung nicht so genau gekannt hätte.

Baumann, sagte ich am sechsten Tage, es wäre doch wohl besser, wenn wir zu unsern Abschätzungen einen Stamm im Schlage auswählten, anstatt die Lücke, die Er mit seinen Holzhauern neulich hier angerichtet hat, noch zu vergrößern. Wer war froher als Baumann Und wenn ich ihm meine beste Büchse oder mein prächtigstes Hirschgeweih geschenkt hätte, so würde er doch kein vergnügteres Gesicht haben machen können, als diese meine Worte bei ihm hervorbrachten.

Es ist doch eine ganz eigene Sache um einen alten Jäger und Forstmann; Wild und Wald stehen ihm höher als alles andere. Dieser Baumann, welcher mir und meinem Hause bis aufs Blut ergeben ist, welcher sonst meinen Vortheil überall wahrzunehmen, jeden Schaden von mir abzuwenden sucht, stellt, glaube ich, doch im Grunde seines Herzens den Wald noch höher als meine Person. Wenn eine unglückliche Kuh sich verläuft und nicht einmal seine Schonungen, sondern überhaupt nur den Wald betritt, dann kennt seine Entrüstung keine Grenzen; wenn aber die Inspectoren sich darüber beklagen, daß die Hirsche mein Getreide und die Sauen meine Kartoffelfelder verwüsten, dann ist er erstaunt, wie man über eine solche Kleinigkeit nur ein Wort verlieren kann. Und wenn ein anhaltender Regen meine ganze Heuerndte, und die seinige zugleich mit, zu verderben droht, dann sieht man den Alten die Kiefernsaaten vergnügt Fahre auf Fahre ab gehen und sich über das frische Ansehen der jungen Pflanzen freuen. Und doch ist dieser Baumann mir, ich kann es wohl sagen, ans Herz gewachsen, und es fehlt mir etwas, wenn ich ihn längere Zeit im Walde nicht angetroffen habe. Ja, ich bereue noch heute die Stunde, wo ich mich einst durch ein unglückliches Mißverständniß im Zorn verleiten ließ, ihn, wie meine übrigen Förster, mit Sie anzureden, worüber er acht Tage lang nicht schlafen konnte.

Wir gingen also in den Schlag und ich suchte zunächst eine gute Standlinie aus, was bei dem bergigen Terrain keine leichte Aufgabe war. Zuletzt mußte ich mich doch entschließen, eine an einem Anberge stehende Kiefer von der Thalseite aus zu messen. Ei, ei, was erfordert das für eine große Genauigkeit und wie complicirt wird die Berechnung, wenn mit der schiefen Länge operirt werden muß, weil die Horizontalmessung der Standlinie nicht möglich ist. Und noch schwieriger wird die Sache, wenn überdies der Stamm nicht ganz lothrecht steht, sondern nach der einen Seite hin etwas überhängt. Wahrscheinlich war dieß auch hier der Fall, und hierin mochte wohl der Grund liegen, daß, als ich zur Probe die Höhenmessung an derselben Kiefer auch von der Bergseite vornahm, die gefundenen beiden Längen um sechs Fuß differirten. Vielleicht war aber auch die Beschaffenheit des zu verschiedenen andern Zwecken schon vielfach gebrauchten Meßknechts daran Schuld; oder, es lag an der wellenförmigen Beschaffenheit des Bodens, durch welche die Messung der beiden Standlinien allerdings sehr erschwert wurde; oder ich hatte vielleicht auch bei dem Visiren von der Bergseite die Ausläufer eines andern Astes für die höchste Spitze des Stammes angesehen, als bei dem Visiren von der Thalseite; oder — es war eine andere Ursache. Kurzum, so oft und von welchem Standpunkte aus ich auch messen mochte, erhielt ich doch stets wieder eine andere Dimension. Zuletzt nahm ich aus allen Messungen den mittlern Durchschnitt und erhielt 86' Höhe. Der Durchmesser des Stammes betrug 14" derselbe hatte also nach der Massentafel 41 Cubikfuß.

Baumann wollte wieder mit „nicht mehr als" und „nicht weniger als" anfangen, aber ich verlangte eine bestimmte Zahl und darauf sagte er 34 Cubikfuß.

Als der Stamm fiel, vermaß ich erwartungsvoll zuerst die Länge desselben, welche 84' betrug. Meine Höhenmessung war also nur um 2' unrichtig, ich konnte daher auch nur um einen Cubikfuß gefehlt haben, während Baumanns Schätzung mindestens um 6 C. F. falsch sein mußte. Jetzt, rief ich Baumann zu, werde ich ihm zeigen, daß es bei der Abschätzung nach Massentafeln ganz egal ist, wie der Baum gewachsen ist, und jetzt, Baumann, werde ich ihm die Krone, welche ihm als dem besten Taxator im Umkreise von zehn Meilen bisher mit Recht zugestanden hat, abnehmen und sie mir auf das Haupt setzen. Baumann mußte wohl ein Vorgefühl von seiner Niederlage haben, denn er erwiederte gar nichts, sondern fing an, den Stamm zu vermessen und rief folgende Dimensionen auf, welche wir beide gleichzeitig aufschrieben und hierauf den Cubikinhalt berechneten,

bei	3'	Höhe	14,25"	Durchmesser
"	9'	"	12,25"	"
"	15'	"	11,25"	"
"	21'	"	10,75"	"
"	27'	"	9,75"	"
"	33'	"	9,"	"
"	39'	"	8,50"	"
"	45'	"	7,50"	"
"	51'	"	6,75"	"
"	57'	"	6,"	"
"	63'	"	4,75"	"
"	69'	"	3,50"	"

Der Kaiser Karl am Steuer stand, der hat kein Wort
  gesprochen.

So stand auch ich einige Zeit da und besah den Schaft noch
einmal vom Stammende bis zur Spitze und von der Spitze bis zum
Stammende; dann schwang ich mich in den Sattel und jagte davon.
Vorher aber sah ich mich noch einmal um, und schoß einen wüthenden
Blick auf Baumann. Der aber stand auch da, wie der Kaiser Karl
und verzog keine Miene. Und doch kam es mir so vor, als wenn er
inwendig lache!

Ich hatte eine unruhige Nacht, ich glaube es war ein Fieber bei
mir im Anzuge. Meine Gedanken waren bei Dir, Freund, aber es
waren keine freundlichen Gedanken. Denn wer anders als Du hatte
mir dieß Herzeleid angethan, wer mir diese Lügen-Tabelle geschickt?
Mußtest Du nicht voraussehen, wie die Sache kommen würde, und
hattest Du gar kein Mitleid mit mir? Regte sich in Dir nicht wenigstens die Dankbarkeit gegen mich, wenn Du zurückdachtest an jene
glücklichen Tage, wo wir in Berlin so einträchtig beisammen wohnten,
wo ich Dir stets in allen Stücken folgte, Dir alles, alles zu Liebe
that, was ich Dir an den Augen absehen konnte? Nein, nein, Du
gedenkst jener Stunden schon längst nicht mehr, in deren Erinnerung
ich noch immer schwelge, und welche selbst in dieser schrecklichen Nacht
wieder vor meine Seele traten. Ja, Freund, selbst jetzt, während ich
mich schlaflos auf meinem Pfühl hin und her wälzte und meine er-
regten Gedanken unstät umherschweiften, verweilten sie doch am längsten
und liebsten immer wieder bei jener glücklichen Zeit. Da tauchte so
manches liebliche Bild aus der Tiefe wieder herauf und lächelte mich
wunderbar freundlich an.

Ich gedachte jener Stunde, wo wir uns den ersten Handschlag
gaben, und wo wir beschlossen, Stubenburschen zu werden. Und dann
dachte ich an unser freundliches Stübchen, und erblickte es im Geiste
wieder ganz so, wie es damals war, mit jedem Tisch und jedem Stuhl
und jedem Nagel an der Wand, und Du und ich und alles war wieder
wie damals.

Und mich ergriff wieder, wie damals, ein unendlicher Durst nach
der Wissenschaft, und ich nahm meine Mappe, um in die Vorlesung
über Logik zu eilen. Du aber wolltest wieder, wie damals, nicht mit-
kommen und versuchtest auch mich am Rockschooß zurückzuhalten. Und

als ich mich nach Dir umschaute, hattest Du in der Hand eine kleine, kleine Tabelle. Die rolltest Du plötzlich auf, und sie reichte von Berlin bis zum Fuße der Alpen. Und die Tabelle war von Berlin bis zu den Alpen ganz voll beschrieben mit Zahlen, so voll, daß keine Zahl mehr dazwischen konnte. Und die Zahlen waren alle falsch! Am Ende der Tabelle aber stand eine Kiefer, an die traten wir heran, denn es war der Stamm K. Und Du nahmst Deinen Finger und zogst von der Spitze des Stammes bis zum Endpunkt des untern Durchmessers einen feuerrothen Strich und riefst, daß man es deutlich bis Jemtland hinauf vernehmen konnte: Diesen Strich ziehe ich zwischen Aufgang und Untergang, es giebt nur Eine Wahrheit, wehe, wehe, wehe dem zweifelnden Wurm! Da zogen herbei unabsehbare Schaaren und einer drängte immer den andern, bis ganz Deutschland in einem großen Halbkreise um uns beide herumstand. Denn ich stand neben Dir und hatte in der Hand den Zeitmeßknecht und wollte die Kiefer messen. Aber ich konnte damit nicht zu Stande kommen, denn während ich maß, fing der Stamm an zu wachsen und wurde größer und größer, bis sein Gipfel in die Wolken reichte. Und der Schaft desselben be= kam Sprossen, daß er wie eine Leiter aussah, an welcher man ganz bequem hinaufklettern konnte. Aber es fand sich Niemand, welcher hinaufklettern wollte, denn die Aeste des Stammes fingen an zu kreisen und sich zu winden und in einander zu verschlingen, daß es ganz fürch= terlich anzusehen war. Aus dem gräulichen Gewirr aber trat allmälig hervor eine Habichtsnase und dann ein Paar Augen wie Mühlenräder und ein grinsender Mund, und zuletzt ein ganzes Gesicht.

Und ich kannte das Gesicht!

Da öffnete sich der grinsende Mund und aus ihm heraus ging eine Stimme, die das Mark in den Gebeinen erschütterte und die Creatur mit Entsetzen erfüllte, die rief:

Es ist doch nicht egal!

Da richteten sich Aller Blicke auf mich, auf mich allein! Mir aber schlotterten die Knie, und dennoch trat ich kühn hervor und wollte dem Gesicht da oben, mit einem Vers aus dem Shakespeare antworten; aber — ich wußte keinen Vers, und darüber erwachte ich.

Es ist doch nicht egal! gellte es noch immer in meinen Ohren, als ich im Schweiße gebadet aufrecht in meinem Bette saß, es ist doch nicht egal! Und warum ist es nicht egal? fragte ich kaum hörbar mit beklommener Brust. Freund, kam die Stimme von Dir, oder von dem Kopf auf der Kiefer, oder kam sie aus meinem Innern, welche mir antwortete:

Weil die Formzahl fehlt!

Weil die Formzahl fehlt? wiederholte ich erstaunt, und mit einem Male stand Alles klar vor meiner Seele und mit einem einzigen Blick überschaute ich alle Fehler und Mängel des so künstlich von Dir aufgeführten Gebäudes. Da beschloß ich diese Fehler in meinem nächsten Briefe schonungslos zu geißeln und das ganze Gebäude bis auf den Grund wieder niederzureißen.

Und dieses bei mir denkend schlief ich ein.

Zweites Schreiben des Waldbesitzers N. an den Oberforstmeister K.

Kommt Alle, kommt, legt Hand an,
         Männer und Weiber!
Brecht das Gerüste! Sprengt die Bogen! Reißt
Die Mauern ein! Kein Stein
         bleib auf dem andern.

„Die Anwendung des Höhenmessers ist etwas umständlich,“ sagst Du. Nun, ich dächte, sie wäre sehr umständlich, und ich muß von vornherein erklären, daß ich von keiner Abschätzungsmethode, bei welcher der Höhenmesser angewendet werden muß, etwas wissen will. Soll ich denn, während Baumann sich selbst genug ist, fortwährend Jemand mit mir führen, der das Stativ trägt? Soll ich, während Baumann bei jedem Wetter abschätzen kann, meine Unfähigkeit zum Abschätzen eingestehen, sobald es dem Winde einfällt, mein Pendel iu Bewegung zu setzen? Soll ich viele Bäume gar nicht abschätzen können, weil ich die Spitze derselben nicht sehen kann, und soll ich auf die Abschätzung jedes einzelnen Stammes im günstigsten Falle mindestens eine Viertelstunde verwenden, während Baumann, wenn er recht genau abschätzen will, nur um den Stamm herumzugehen braucht? Nein, nein, komm mir nie wieder mit dem Höhenmesser, ich kann davon doch keinen weitern Gebrauch machen, als höchstens, Andere daran zu zeigen, daß man davon keinen Gebrauch machen kann.

Täusche ich mich aber nicht, so hast Du es mit der Anwendung des Höhenmessers auch gar nicht ernstlich gemeint, sondern Dir nur für jeden Fall den Rücken decken wollen, so daß Du dem Einen, welcher zu Dir sagt:

„Bei der Abschätzung der Höhe nach dem Augenmaß kann man
         aber doch große Fehler begehen“
antworten kannst:

„„Gewiß, und eben deßhalb muß man bei der Abschätzung den
Höhenmesser anwenden““
und dem Andern, welcher sagt:

„Die Anwendung des Höhenmessers ist aber zu umständlich und
viel zu zeitraubend“
erwiedern kannst:

„„Versteht sich! Welcher vernünftige Mensch wird denn aber
auch den Höhenmesser anwenden?““
Habe ich nicht Recht? O,

> Mir macht man so leicht kein X für ein U,
> Da ist der Schwalbe zu pfiffig dazu!

und wenn ich Dich jetzt hier hätte, so würde ich Dir die Pistole auf
die Brust setzen und Dich fragen: „Höhenmesser oder nicht?“ und ich
bin überzeugt, die Antwort zu erhalten „„Kein Höhenmesser.““

Wenn wir den Höhenmesser aber bei Seite lassen, so besteht
Dein Abschätzungsverfahren darin, daß der Durchmesser gemessen, die
Höhe abgeschätzt und nach diesem gemessenen Durchmesser und
dieser abgeschätzten Höhe in der Tabelle VI. der Cubikinhalt auf-
gesucht wird.

Gut! Du sagst nun in Deinen Briefen, wenn auch nicht grade
mit denselben Worten, doch dem Sinne nach, etwa Folgendes:

Vordersatz.

„Der cubische Inhalt eines Stammes wird durch drei Factoren
bestimmt und zwar
1. den Durchmesser,
2. die Höhe,
3. die Formzahl.

Wird einer von diesen drei Factoren falsch gemessen oder geschätzt, so ist die ganze Abschätzung falsch. Willst Du daher
richtig abschätzen, so mußt Du

Nachsatz.

1. den untern Durchmesser genau messen.
2. die Höhe, so gut oder so schlecht es gehen will, schätzen.
3. an die Formzahl Dich durchaus nicht kehren."

Siehst Du, Freund, das sind die traurigen Folgen, und so bestraft es sich oft noch in späten Jahren, wenn der Mensch als Student die Vorlesungen über Logik nicht regelmäßig besucht!

Du sagst nun zwar ferner:

„An die Formzahl des abzuschätzenden Stammes brauchst Du Dich deßhalb nicht zu kehren, weil die Formzahlen nach den von mir angestellten Versuchen durchschnittlich bei Stämmen

von   7— 9,75″ Durchmesser 0,46

„ 10—12,75″   „   0,45

„ 13—15,75″   „   0,44

„ 16—18,75″   „   0,43

„ 19—21,75″   „   0,43

„ 22—24,75″   „   0,42

„ 25—27,75″   „   0,41

„ 28—30,75″   „   0,40

betragen",

giebst gleichzeitig aber zu, daß bei dem einzelnen, abzuschätzenden Stamme die wirkliche Formzahl eine ganz andere, als die von Dir ermittelte und Deiner Tabelle zu Grunde liegende sein kann. Hiernach können bei Deinem Abschätzungsverfahren also folgende Fehler vorkommen:

1. Die Formzahl ist richtig, die Höhe wird aber unrichtig abgeschätzt.

2. Die Höhe wird zwar richtig abgeschätzt, die Formzahl ist aber falsch.

3. Die Höhe wird unrichtig abgeschätzt und auch die Formzahl ist falsch.

Es dürfte doch wohl von Interesse sein, näher zu untersuchen, wie hoch sich denn in diesen 3 Fällen die Fehler belaufen können; und da Du selbst in Deinen Briefen stets nach Procenten rechnest, so will ich meine Berechnung in derselben Weise anlegen.

ad 1. Wenn Du eine Kiefer, welche 75′ lang ist und ganz genau die Formzahl hat, welche Deiner Tabelle zum Grunde liegt, um 5′ zu hoch oder zu niedrig ansprichst, so begehst Du bei der Abschätzung des Cubikinhaltes nach Deiner Tabelle einen Fehler von 6,7 p. C., gleichviel, ob die Kiefer zu der Stärkenklasse von 7″—9,75″ oder zu der Stärkenklasse von 28″—30,75″ gehört. Ein Fehler von 10′ in der Höhe zieht bei einem 75′ langen Stamme einen Fehler von 13,3 p. C. im Cubikinhalte und ein Fehler von 15′ in der Höhe einen Fehler von 20 p. C. im Cubikinhalte nach sich.

Du wirst vielleicht fordern, daß so bedeutende Fehler vermieden werden sollen; aber was hilft dieses Verlangen, wenn sie dessenungeachtet vorkommen.

Selbst Baumann, der doch bei einem 90 Fuß hohen Stamme genau die Höhe bis zu dem ersten starken Aste anzugeben vermag, macht bei der Abschätzung der Längen bis in die äußerste Spitze zuweilen Fehler, welche 5 Fuß übersteigen. Als ich ihn neulich befragte, woher das komme, erwiederte er: „Weil ich gegen den Himmel keinen Anhalt habe." Das ist nun zwar eine Antwort, welche nur ein Mann ohne wissenschaftliche Bildung, wie dieser Baumann, geben kann: indessen ist der Grund ja eigentlich ganz gleichgültig, und es kommt nur auf die Thatsache selbst an, und in dieser Beziehung habe ich die Erfahrung gemacht, daß meine andern Förster bei der Abschätzung der Höhe bis in die äußerste Spitze nicht selten um 10 bis 15 Fuß fehlen.

Es ist vielleicht möglich, durch eine sehr lange Uebung die Fertigkeit zu erlangen, bei der Abschätzung der Länge höchstens Fehler von 5 bis 10 Fuß zu begehen. Allein, es frägt sich doch, ob es nicht vielleicht mit demselben Aufwande von Zeit und Mühe auch möglich ist, sich die Fertigkeit zu erwerben, den Cubikinhalt selbst richtig abzuschätzen. Denn, wenn dies der Fall wäre, so würde natürlich Jeder der Erlangung dieser Fertigkeit, als der wichtigern, den Vorzug einräumen, und er würde, nachdem er sie erlangt hat, Deiner Tabelle gar nicht mehr bedürfen, während derjenige, welcher nichts gelernt hat, als die Höhe ziemlich richtig anzusprechen, bei jeder Abschätzung Deine Tabelle mit sich führen muß.

ad 2. Die Höhe sei also richtig abgeschätzt, die Formzahl aber sei falsch. Nach den von Dir angestellten Untersuchungen schwanken die Formzahlen zwischen 0,34 und 0,57; ich will aber für Stämme von 12" Durchmesser nur die häufiger vorkommenden Formzahlen 0,36 und 0,56 als Maxima und Minima annehmen. Die mittlere Formzahl, welche 0,45 beträgt, weicht dann von der niedrigsten Formzahl um 0,09 und von der höchsten um 0,11 ab. Von 0,36 beträgt aber 0,09 = 25 p. C. und von 0,56 beträgt 0,11 circa 20 p. C.

ad 3. Die Höhe sei unrichtig abgeschätzt, und auch die Formzahl sei falsch. So lange der Taxator das Glück hat, nur von einem der drei Factoren verrathen zu werden, wird er allenfalls noch mit Maria Stuart ausrufen können:

Ich habe menschlich, jugendlich gefehlt,

sobald aber zwei Factoren zugleich beginnen, ihr grausames Spiel zu treiben, fangen die Fehler doch an, die Jugendlichkeit zu überschreiten. Ich habe natürlich hier nicht den Fall vor Augen, wo beide Fehler sich gegenseitig ausgleichen, sondern den Fall, wo der eine Fehler durch den andern noch vergrößert wird, also entweder den Fall, wo die Länge des Stammes zu hoch abgeschätzt wird und gleichzeitig die Formzahl sehr niedrig ist, oder umgekehrt den Fall, wo die Länge des Stammes zu niedrig abgeschätzt wird, die Formzahl dagegen sehr hoch ist.

Ich will bei den Dimensionen von 75' Länge und 12" Durchmesser stehen bleiben, und annehmen, daß Du einen solchen Stamm zu 65' Länge ansprichst, und daß er die Formzahl 0,56 habe, so sprichst Du ihn nach Deiner Tabelle zu 22,97 C. F. an, während er wirklich 32,99 C. F. enthält. Du hast den Stamm also nach dem Verhältniß

$$32{,}99 : 10{,}02 = 100 : x$$

um 30 p. C. zu niedrig abgeschätzt. Oder, ein Stamm von 75' Länge und 12" Durchmesser werde von Dir zu 85' Länge angesprochen und habe die Formzahl 0,36, so wird er nach Deiner Tabelle zu 30,04 C. F. geschätzt, während er nur 21,21 C. F. enthält. In diesem Falle ist die Abschätzung nach dem Verhältniß

$$21{,}21 : 8{,}83 = 100 : x$$

um 42 p. C. zu hoch.

Du wirst mir nicht den Vorwurf machen können, daß ich Extreme gewählt habe, denn ich habe mich in Bezug auf die Fehler bei der Abschätzung der Höhe noch immer innerhalb derjenigen Grenzen gehalten, welche jedem gewöhnlichen Menschen begegnen können. Sollte aber z. B. mein Neffe, der Forstcandidat, welcher so eben das Tentamen glücklich bestanden, jedoch, wie mir seine Mutter schreibt, in allen Gegenständen Bedingungen erhalten hat, jemals das Unglück haben, in meinem Pulte Deine Tabelle zu finden, und sollte er dann auf den verderblichen Gedanken kommen, mit dieser Tabelle in Baumanns Gegenwart und zu dessen Belehrung Kiefern abzuschätzen, so sehe ich es schon kommen, daß er eines schönen Tages einen Stamm von 12" Durchmesser und von 60' Höhe zu 80' Höhe anspricht und dann, wenn dieser Stamm zufällig auch noch die Formzahl 0,35 statt

0,45 haben sollte, rettungslos in einen Fehler von 71 p. C. verfällt. Denn er wird diesen Stamm von 16,49 C. F. zu 28,27 C. F. abschätzen.

Du giebst allerdings zu verstehen, daß Dein Abschätzungsverfahren weniger auf die Abschätzung einzelner Stämme, als ganzer Bestände berechnet sei und rechnest darauf, daß die bei einzelnen Stämmen vorkommenden Unrichtigkeiten sich ausgleichen und bis zu einem gewissen Grade gegenseitig aufheben werden; allein, dieser tröstlichen Hoffnung wird man sich nach meiner Ansicht doch auch bei jedem andern Abschätzungsverfahren hingeben können, und Du darfst daher die Möglichkeit oder Wahrscheinlichkeit der Ausgleichung nicht als einen besondern Vorzug grade Deines Abschätzungsverfahrens hinstellen.

Wenn A. ein Abschätzungsverfahren erfindet, bei welchem der Taxator bei dem einzelnen Stamm Fehler bis zu 20 p. C. begehen kann, und B. ein anderes Verfahren, bei welchem Fehler von höchstens 2 p. C. bei dem einzelnen Stamme begangen werden können, so werden voraussichtlich bei dem einen wie bei dem andern Verfahren Ausgleichungen vorkommen; aber dessenungeachtet kann mir das Verfahren des A. nicht dieselbe Garantie gewähren, wie dasjenige des B.

Und da bei der Abschätzung nach Massentafeln größere Fehler bei dem einzelnen Stamme begangen werden können, und wirklich begangen werden, als bei dem Baumannschen Abschätzungsverfahren, was Du nicht in Abrede stellen wirst, so muß Baumanns Abschätzungsverfahren auch im Ganzen richtigere Resultate liefern als das Deinige.

Hierzu tritt noch ein anderer Fehler Deines Abschätzungsverfahrens, durch welchen dasselbe in meinen Augen ganz unbrauchbar wird.

Du hast Deine Tabelle aus den Formzahlen von 1613 regelmäßig gewachsenen Kiefern zusammengestellt, und ich bin ganz Deiner Ansicht, daß unregelmäßige Stämme, in dem von Dir gebrauchten Sinne, zur Aufstellung von Massentafeln nicht benutzt werden können. Ist die Tabelle aber nur durch regelmäßig gewachsene Kiefern entstanden, so kann sie, wie auf der Hand liegt, auch wieder nur zur Abschätzung regelmäßig gewachsener Kiefern angewendet werden. Was fange ich aber an, wenn ich während der Abschätzung auf eine Kiefer stoße, welche sich bei 8 Fuß Höhe theilt, oder auf eine Kiefer, welche bei 4 Fuß Höhe, wo ich den Durchmesser messen will, einen Auswuchs

hat, oder auf eine Kiefer, welche der Sturm in der Mitte durch=
gebrochen hat?

Ich habe hier **nur** diejenigen Unregelmäßigkeiten aufgeführt, welche
Du selbst als solche bezeichnet hast; wenn Du aber Stämme, wie den
Stamm Nr. 42 zu den unregelmäßigen rechnest, und wenn Du selbst
einräumst, daß unter besonders ungünstigen Verhältnissen die Mehr=
zahl aller Stämme eines Bestandes unregelmäßig sein kann, so giebt
es noch eine große Anzahl anderer als der oben bezeichneten Unregel=
mäßigkeiten. Ich frage also nochmals: Was soll ich mit diesen un=
regelmäßigen Stämmen, welche nach der Massentafel nicht abgeschätzt
werden können, anfangen? Es bleibt mir doch in der That nichts
weiter übrig, als zu Baumann zu schicken, und sie von diesem ab=
schätzen zu lassen. Dann kann er aber auch die regelmäßigen Stämme
gleich mit abschätzen, und ich brauche Deine Tabelle gar nicht.

Der Grund aber, weshalb ich die unregelmäßigen Stämme nicht
abschätzen kann, liegt noch tiefer als in der Weglassung derselben aus
der Massentafel. Er liegt darin, — und nun komme ich zu dem
größten Fehler Deines Verfahrens, — daß **man mit Deiner Tabelle
überhaupt nicht abschätzen** lernt. Bei Deinem Verfahren ist der
Taxator nichts als eine Maschine, welche im Walde die Länge und
Stärke der Stämme und späterhin in der Stube den Cubikinhalt
derselben aufschreibt. Von einer Erlangung der Uebung im Abschätzen
ist dabei gar nicht die Rede, und während jeder Handwerker sich in
seinem Metier allmälig immer mehr vervollkommnet, lernt Dein Taxator
durch Ausübung seines Handwerks, — denn anders kann ich diese
mechanische Arbeit nicht nennen, — niemals etwas hinzu. Der kann
das ganze Jahr hindurch, Tag für Tag, nach Deiner Tabelle abschätzen,
und steht am letzten Tage noch auf derselben Stufe, wie am ersten.
Der wird, wenn ich ihn unvermuthet auffordere, einen Stamm abzu=
schätzen, erst um die Erlaubniß bitten müssen, nach Hause gehen und
seine Massentafel und sein Meßband holen zu dürfen, weil er ohne
diese nichts anfangen kann.

Und für diese Tabelle, von welcher ich keinen Gebrauch machen
kann, verlangst Du das Aufmaß und die Berechnung von 100 Kiefern!
Wahrlich, Freund, Deine Forderung ist zu hoch, oder vielmehr Deine
Gegenleistung zu gering. Kannst Du mir aber ein Verfahren an die
Hand geben, durch welches ich binnen 4 Wochen, oder doch binnen

3 Monaten, oder auch nur in Jahresfrist die Fertigkeit erlange, ste=
hende Kiefern richtig abzuschätzen, so will ich dafür mit Freuden nicht
100, sondern 567 Kiefern theils selbst messen, theils von Baumann
vermessen lassen und berechnen, und es soll sich darunter mancher
schöne Stamm von 22″ Stärke und darüber befinden. Solltest Du
daher vielleicht im Besitze eines Geheimnisses sein, diese Fertigkeit in
kurzer Zeit zu erwerben, so verkaufe mir dieses Geheimniß, verkaufe
es mir für den Preis von 567 Kiefern; aber — verkaufe es mir bald,
denn es liegt mir viel daran.

Wohlan!

Hier gilt es, Schütze, deine Kunst zu zeigen;
Das Ziel ist würdig, und der Preis ist grofs!

Siebentes Schreiben des Oberforstmeisters K. an den Waldbesitzer N.

Du haft Dich übereilt, Freund, und ich kann mir bei der gewissenhaftesten Prüfung keine Schuld an dieser Uebereilung beimessen. Habe ich denn in meinem ersten Schreiben gesagt, daß noch ein zweites Schreiben nachfolgen werde? Habe ich in meinem 2ten, 3ten, 4ten, 5ten Schreiben irgend eine bestimmte Aeußerung dieser Art gethan, und haft Du nicht dessenungeachtet ein 3tes, 4tes, 5tes, 6tes Schreiben abgewartet? Wie kommst Du dazu, nach Durchlesung meines 6ten Schreibens auf einmal zu glauben, daß hiermit der Cyklus geschlossen sei? Wie viele, wenn auch nur indirecte Andeutungen enthalten nicht meine 6 erften Schreiben, daß mindestens noch ein 7tes Schreiben nachfolgen werde! Ich erinnere nur an die Formzahlen. Wenn Dir die Anleitung zur Abschätzung der Formzahlen, wie Du sagst, ein Räthsel blieb, lag es da nicht nahe, die Auflösung dieses Räthsels durch ein nachfolgendes Schreiben erst abzuwarten, ehe Du Dich in einen Zweikampf mit dem schrecklichen Baumann einließest? Zu einem solchen Kampfe auf Leben und Tod sind Kanonen, d. h. Maffentafeln, freilich nicht die geeignete Waffe, dazu muß man sich der sicherer treffenden Büchse bedienen.

Den Gebrauch der Büchse werde ich Dir jetzt zeigen, Freund; es ist eine ausgezeichnete, ganz unentbehrliche Waffe. Aber, ungeachtet ihrer Vortrefflichkeit, ist die Büchse doch in vielen Fällen nicht im Stande die Kanone zu ersetzen, und ich werde mir die Maffentafeln, was Du auch dagegen vorbringen magst, nicht nehmen lassen. Doch, hiervon späterhin.

Baumann hat seine Fertigkeit im Ansprechen dadurch erlangt, daß er eine große Anzahl von Kiefern vor dem Einschlage betrachtet und das Bild, welches er dadurch gewonnen, mit dem gefundenen Cubikinhalte verglichen hat. Bei dem erften Stamme, welchen er fällen ließ, fehlte es ihm noch an jedem Anhalte; er wußte noch nicht, ob der Stamm 5 oder 1000 C. F. enthalte, er hatte, mit einem Wort, noch gar keinen Begriff von einem Körperraum. Aber schon die ersten Abschätzungen und Vermessungen werden zur Folge gehabt haben, daß er hierauf einen Stamm von 10 C. F. nicht mehr zu 100 C. F. und umgekehrt abgeschätzt hat. Ich glaube meinerseits, daß er bei der Betrachtung der ersten Stämme seine ganze Aufmerksamkeit, ohne sich dessen bewußt zu werden, lediglich auf den wichtigsten der drei Factoren, nämlich die Stärke der Stämme wird gerichtet, und daß seine ersten Abschätzungen sich also auch nur auf diesen einen Factor werden gegründet haben. Auf diese Weise wird er sehr bald dahin gelangt sein, Stämme von 20 C. F. nicht zu 90 C. F. und umgekehrt, und Stämme von 30 C. F. nicht zu 80 C. F. und umgekehrt, anzusprechen. Demnächst aber wird es mit der Uebung langsamer gegangen sein. Um Stämme von 40 C. F. nicht zu 70 C. F. oder umgekehrt, anzusprechen, muß bei diesem empirischen Verfahren schon eine nicht unerhebliche Anzahl von Stämmen geschätzt, vermessen und berechnet werden, und der Taxator darf sich nicht mehr damit begnügen, aus der Stärke dieser Stämme allein ein Bild von der Holzmasse zu gewinnen, sondern er muß die Länge der gemessenen Stämme schon mit in das Bereich seiner Betrachtungen ziehen. Mit jedem Hundert Stämme, welches Baumann hierauf weiter geschätzt und berechnet hat, wird seine Fertigkeit im Ansprechen, wenn auch nur langsam, zugenommen haben, und er wird nach mehreren Jahren dahin gelangt sein, Stämme von 50 C. F. nicht mehr zu 60 C. F. und umgekehrt anzusprechen. Um die Fertigkeit im Ansprechen bis zu diesem Grade zu erlangen, genügt aber nicht mehr die Betrachtung der Stärke und Länge der Stämme, sondern es muß auch noch die Betrachtung des dritten Factors, der Formzahl, hinzutreten.

Ein Mann wie Baumann, der, wie Du sagst, keine wissenschaftliche Bildung besitzt, weiß freilich nichts von Formzahl und hat dieses Wort vielleicht von Dir zum erstenmal gehört. Sobald Du Dich aber erinnerst, daß die Formzahl nichts weiter ist, als ein Ausdruck für den Grad der Holzhaltigkeit des Stammes, und sobald Du an die von Baumann so hartnäckig wiederholte Behauptung: „Es ist aber doch nicht egal wie der Baum gewachsen ist" zurückdenkst, wird es Dir klar werden, daß Baumann bei der Abschätzung eines Stammes außer der Länge und Stärke allerdings noch einen dritten Factor in das Bereich seiner Betrachtungen zieht, für welchen er zwar keinen Ausdruck finden kann, welcher aber in der That nichts weiter ist als eine Formzahl, welche sich auf irgend einen bestimmten Durchmesser z. B. den Durchmesser bei 4' oder 5' oder 10' oder 20' gründet.

Wenn ich behaupte, oder wenigstens vermuthe, daß die Stärke der Stämme es ist, welche den ersten Eindruck auf den angehenden Taxator macht, daß dann die Länge und zuletzt erst die Formzahl nachfolgt, so gehe ich dabei von dem Gesichtspunkte aus, daß diese 3 Factoren, wenn man sie nach dem größern oder geringern Einflusse ordnen will, welchen sie auf den Cubikinhalt des Stammes ausüben, in dieser Reihenfolge aufgeführt werden müssen.

Die Stärke ist jedenfalls der wichtigste Factor, mag man den Durchmesser bei 4' Höhe oder an irgend einem andern Punkte des Stammes vor Augen haben. Ein Stamm von 12" Durchmesser bei 4' Höhe und 50' Länge hat nach der Tabelle VI. 17,67 C. F. Verdoppelt man die Länge des Stammes, ohne an der Stärke etwas zu ändern, (12" Durchmesser, 100' Länge) so erhält man 35,34 C. F.; verdoppelt man dagegen die Stärke, ohne an der Länge etwas zu ändern, (24" Durchmesser, 50' Länge) so erhält man 65,03 C. F.

Auf die Stärke folgt nach dem Grade der Wichtigkeit die Länge. Zwei Stämme von gleichem Durchmesser und gleicher Formzahl können eine so verschiedene Länge haben, daß sie in dem Cubikinhalte um mehr als das Doppelte von einander abweichen; zwei Stämme von gleichem Durchmesser und gleicher Länge dagegen können in der Formzahl niemals so weit auseinandergehen, daß der Cubikinhalt des einen doppelt so groß ist als derjenige des andern. Die Formzahl bleibt also, bei aller Wichtigkeit, welche sie hat, von den drei Factoren doch immer der unwichtigste.

Du stellst Dir die Art und Weise, wie Baumann seine Fertigkeit im Ansprechen erworben hat, vielleicht anders vor, als ich sie oben beschrieben habe. Du glaubst vielleicht, daß Baumann, wenn er den Stamm X abschätzen will, an einen andern Stamm von ganz gleichen Dimensionen denkt, welchen er vor so und so vielen Jahren in dem und dem Schlage vermessen und berechnet hat, und dessen Cubikinhalt ihm jetzt noch erinnerlich ist. Daß dieß nicht der Fall sein kann, wirst Du sogleich selbst ermessen, sobald Du die Anzahl der Stämme erwägst, deren Dimensionen und Cubikinhalt Bau-

mann dann im Gedächtniß haben müßte. Die Tabelle VI. weist über
1400 verschiedene Höhen= und Stärkenklassen nach und wenn man für
jede dieser Klassen auch nur 10 verschiedene Formen annimmt, so
würde Baumann doch nach dieser Berechnung allein schon 14,000
Kiefern von verschiedener Gestalt im Kopf haben müssen, um für
alle Fälle gerüstet zu sein. Es läßt sich leicht nachweisen, daß diese
Zahl noch viel zu gering ist, aber ich will dabei stehen bleiben und
nur hinzufügen, daß zur Vermessung dieser 14,000 Stämme doch ein
mindestens 20jähriger Zeitraum erforderlich sein würde. Denn wenn
Jemand sich nicht grade ganz ausschließlich mit diesem einem Gegen=
stande beschäftigt, sondern die Abschätzung und Vermessung der Stämme
nur gelegentlich vornimmt, wie seine sonstigen Geschäfte es ihm grade
gestatten, so leistet er schon etwas außerordentliches, wenn er im Laufe
eines Jahres 700 Stämme schätzt, nach sechsfüßigen Walzen genau
vermißt und berechnet. Wie kann nun aber Baumann, oder irgend
ein Anderer, wohl die Formen aller Stämme im Gedächtniß behalten,
welche er vor 10 und mehreren Jahren vermessen hat? Ich muß
hier gleich die Bemerkung einfließen lassen, daß es für den noch wenig
geübten Tarator überhaupt unmöglich ist, das Bild eines geschätzten
Stammes auf längere Zeit dem Gedächtniß einzuprägen. Dieß geht
so weit, daß für den Anfänger dieses Bild schon in dem Augenblick
wieder verloren geht, wo der Baum den Boden berührt. Denn ihm,
dem Anfänger, fehlt noch der Sinn für Höhe, Stärke und Holzhal=
tigkeit, sein Geist kann noch kaum den einen oder den andern dieser
drei Factoren, am wenigsten aber alle drei zugleich erfassen und aus
den Tausenden von Formen, welche aus ihnen zusammengesetzt sind,
eine einzelne Form herausnehmen und festhalten. Erst mit der grö=
ßeren Fertigkeit im Abschätzen nimmt auch die Fähigkeit zu, die Di=
mensionen und Formen eines geschätzten und berechneten Stammes
auf längere Zeit im Gedächtniß zu bewahren. Beide Fertigkeiten
gehen gewissermaßen Hand in Hand, mit dem Wachsen der einen,
wächst auch die andere. Allmälig tritt aber auch selbst bei dem ge=
übtesten Tarator das Bild eines vor längerer Zeit gefällten Stam=
mes, wie in Nebel gehüllt, wieder in den Hintergrund, bis es zu=
letzt, wenn auch vielleicht erst nach einigen Jahren, dem Gedächtniß
völlig wieder entschwindet. Du wirst hieraus die Ueberzeugung ge=
winnen, daß die Fertigkeit Baumanns ihren Grund nicht darin haben

kann, daß er den zu schätzenden Stamm mit irgend einem andern bestimmten Stamme von gleichen Dimensionen, welchen er früher einmal geschätzt und gemessen hat, vergleicht. Baumann hat vielleicht augenblicklich von 20 und vielleicht von 50 verschiedenen Stämmen, von denen er weiß, wo sie gestanden haben und wann sie gefällt sind, die Dimensionen und Formen und den Cubikinhalt genau im Gedächtniß, und er wird hiervon gewiß einen recht großen Nutzen haben; was wollen aber 20 und selbst 50 Stämme bei 14,000 verschiedenen Formen sagen!

Es ist von Wichtigkeit, sich klar zu machen, daß die Fertigkeit im Abschätzen lediglich durch die richtige Würdigung der drei Factoren, — gleichviel, ob wir uns der Geistesthätigkeit, welche hierbei wirksam ist, bewußt werden, oder nicht, — erlangt wird, und nicht dadurch, daß wir für jede mögliche Schaftform und deren Cubikinhalt einen Modellstamm im Gedächtniß in Bereitschaft haben. Wäre letzteres möglich, wie es zu meinem Bedauern nicht der Fall ist, so würde es auch möglich sein, ganz richtig abschätzen zu lernen. Da wir die Bäume aber nicht nach Modellstämmen, sondern nur nach dem Eindrucke, den die Factoren auf unser Auge machen, ansprechen, so lernen wir auch leider niemals ganz richtig abschätzen. Denn es ist ganz natürlich, daß wir Fehler begehen müssen, wenn wir bei der Abschätzung eines Stammes gewissermaßen nur einem dunkeln Gefühle folgen, anstatt dabei einen andern schon früher von uns vermessenen Stamm von gleichen Dimensionen, dessen cubischer Inhalt uns noch erinnerlich ist, vor Augen zu haben. Ich finde dieß nicht nur natürlich, sondern ich kann auch überdieß aus eigener Erfahrung bestätigen, daß ich noch niemals einen Taxator angetroffen habe, der bei der Abschätzung stehender Bäume nicht zuweilen Fehler beginge. Auch Baumann ist hiervon nicht ausgenommen und gesteht dieß offen und ehrlich ein, wenn er sagt:

  So genau wie Sie, Herr Graf, bis auf den Cubikfuß, kann ich freilich nicht abschätzen.

Deshalb ist es ihm aber auch kaum zu verdenken, daß er bei der Abschätzung lieber ein Maximum und Minimum, als einen bestimmten Cubikinhalt angiebt.

Frägst Du mich, bis zu welcher Genauigkeit im Abschätzen es denn wohl Jemand bringen kann, so muß ich mich außer Stande erklären, diese Frage zu beantworten. Nur so viel kann ich allerdings behaupten, und dieß wird Dir vielleicht genügen, daß derjenige schon eine ungewöhnliche Fertigkeit besitzt, welcher bei der Abschätzung stehender Kiefern niemals — ich lege auf das Wort „niemals" den Nachdruck — einen größern Fehler als 10 p. C. begeht, also z. B. einen Stamm von 100 C. F. äußersten Falls zu 90 C. F. oder zu 110 C. F. und einen Stamm von 20 C. F. äußersten Falls zu 18 C. F. oder zu 22 C. F. anspricht. Wer es, wie Baumann, bis zu dieser Fertigkeit gebracht hat, der wird in den bei weitem meisten Fällen einen geringeren Fehler als 10 p. C. begehen, ja in vielen Fällen zufällig bis auf den Cubikfuß richtig abschätzen.

Ich habe Dir bis hierher gezeigt, wie nach meiner Ansicht Baumann seine Fertigkeit im Ansprechen stehender Kiefern erlangt hat, und will Dir jetzt einige Hülfsmittel an die Hand geben, dieselbe Fertigkeit in kürzerer Zeit zu erwerben. In 4 Wochen oder 3 Monaten ist die Sache aber nicht abgethan, und Du mußt schon recht gute Anlagen besitzen und sehr fleißig sein, wenn Du in Jahresfrist den Cursus durchmachen willst.

Zuvörderst werde ich einige Uebungen im Ansprechen des Durchmessers bei 4' Höhe mit Dir vornehmen, welche mit einigen anderen Nebenzwecken den Hauptzweck verbinden, Dein Augenmaß überhaupt zu schärfen. Wenn Du Dich bei diesen Uebungen der Kluppe bedienen willst, so gewährt dieß den Vortheil, daß Du bei Stämmen, deren Querdurchschnitt kein Kreis, sondern eine Ellipse ist, den Durchmesser in derselben Richtung genau messen kannst, in welcher Du denselben geschätzt hast, während Du bei dem Gebrauch des Meßbandes den Stamm von zwei Seiten betrachten, den längern und den kürzern Durchmesser abschätzen und aus beiden den Durchschnitt ziehen mußt, dann aber, wenn die Schätzung mit der Messung nicht übereinstimmt, nicht einmal weißt, ob Du den längern oder den kürzern Durchmesser, oder beide zugleich unrichtig abgeschätzt hast. Dessenungeachtet wirst Du dem Meßbande des bequemern Gebrauchs wegen, vielleicht den Vorzug geben. Die Kluppe wird Dich eben so beim Gehen, wie beim Reiten, belästigen, während Du das Meßband ohne jede Unbequemlichkeit stets mit Dir führen kannst. Dieß setzt Dich in den Stand, Deine Uebungen mit der Ausführung anderer Geschäfte zu verbinden, oder sie auf Deinen gewöhnlichen Spaziergängen vorzunehmen, also keine Gelegenheit und keinen freien Augenblick vorübergehen zu lassen, ohne Dich im Ansprechen des Durchmessers einzuüben. Bei der Anwendung des Meßbandes mußt Du aber Anfangs alle Stämme vermeiden, deren Querdurchschnitt augenscheinlich eine Ellipse bildet, oder sonst von der Kreisform auffallend abweicht; ebenso alle Stämme mit sehr aufgerissener Rinde oder mit einem sehr starken Ueberzug von Moos und Flechten. Du kannst dergleichen Stämme auch um so eher missen, als Du bei diesen Uebungen nicht auf die Kiefer beschränkt bist, sondern dieselben auch an jeder andern Holzgattung des Waldes, an jedem Alleebaum, an jedem Obstbaum in Deinem Garten, an jeder ausländischen Holzgattung in Deinem Parke vornehmen kannst.

Neben dem Meßbande und der Kluppe giebt es noch ein drittes Werkzeug zur Ermittelung des Durchmessers, welches zwar nicht ganz so genau ist wie jene, aber den großen Vortheil gewährt, daß man es nie vergessen kann, sondern zu jeder Zeit mit sich führt. Dieses Werkzeug besteht in den Fingern und Armen. Untersuche zuvörderst mit Hülfe des Meßbandes wie lang der Durchmesser eines Stammes ist, welchen Du umspannen und eines solchen, welchen Du umklaftern kannst. Ich will annehmen, daß ein Stamm, welchen Du grade umspannen kannst, so daß auf der einen Seite die Spitzen der beiden kleinen Finger und auf der andern die Spitzen der beiden Daumen sich berühren, 5″ Durchmesser habe, dann entspricht die Spanne einer Hand einem Durchmesser von 2½ Zoll. Sind daher für den Umfang des Stammes 3 Spannen (Hände) nöthig, so enthält der Durchmesser 7½ Zoll, bei 4 Spannen 10″, bei 6 Spannen 15″. Umklaftern wirst Du einen Stamm von etwa 18″ Durchmesser. Bleibt bei der Umklafterung zwischen den Spitzen der beiden Mittelfinger noch ein Zwischenraum von der Spanne einer Hand, so wird der Durchmesser 20½ Zoll betragen. Wie groß bei einem Durchmesser von 6″ der Raum zwischen den beiden Daumenspitzen ist, wenn die Spitzen der beiden kleinen Finger sich berühren, mußt Du Dir nach dem Augenmaß ein für allemal merken; eben so mußt Du für alle übrigen Dimensionen Deine Ermittelungen anstellen. Es versteht sich von selbst, daß man von diesem Hülfsmittel so lange, als man die Kluppe oder das Meßband mit sich führt, keinen Gebrauch machen wird. In deren Ermangelung sind aber Arme und Hände zuweilen ein unschätzbares Meßinstrument.

Ehe Du die Uebungen im Ansprechen des Durchmessers selbst beginnst, wozu Du Anfangs Stämme auswählen mußt, welche in einer Ebene, oder doch wenigstens nicht an einem steil abfallenden Berghange stehen, mußt Du Dich entscheiden, aus welcher Entfernung Du künftig den Cubikinhalt stehender Bäume abschätzen willst, denn aus dieser Entfernung mußt Du auch gleich den Durchmesser abschätzen lernen. Ich trete meinerseits bei der Abschätzung jedes Stammes, gleichviel, ob derselbe hoch oder niedrig ist, acht Schritt von demselben ab und ich rathe Dir, die Entfernung nicht näher als sechs Schritt und nicht weiter als zehn Schritt zu wählen. Wie Deine Wahl aber auch ausfallen mag, die einmal gewählte Entfernung mußt Du bis dahin, wo Du ganz ferm bist, unter allen Umständen unverändert beibehalten. So unerheblich dieser Gegenstand zu sein scheint, so wichtig ist er in der That, und mancher lernt nur deshalb so schwer abschätzen, weil er keinen festen Standpunkt wählt und die Stämme daher bald aus diesem und bald aus jenem Gesichtswinkel auffaßt. Endlich empfehle ich Dir noch, ehe Du beginnst, Dir denjenigen Punkt an Deinem Körper zu merken, welcher von der Fußsohle aus genau 4 Fuß entfernt ist, damit Du, ohne weitere Messungen vorzunehmen, grade bei dieser Höhe das Meßband oder die Kluppe an den Stamm anlegen kannst.

Tritt nun an irgend einen beliebigen Stamm, miß und merke Dir den Durchmesser bei 4' Höhe, merke Dir auch an dem Stamme den Punkt, wo Du die Messung vorgenommen hast, tritt dann 8 Schritt vom Stamme ab und suche von diesem Punkte aus den Durchmesser, dessen Länge Du so eben ermittelt hast, so genau als irgend möglich mit dem Auge zu erfassen.

Hättest Du es mit einem ebenen Gegenstande, z. B. mit einem Brett zu thun, so würde dieß ganz leicht sein, weil Du die Linie, auf welche es ankommt, unmittelbar sehen würdest. Du siehst sie aber an dem Stamme, welchen Du vor Dir hast, nicht, sondern nur ihre beiden Endpunkte; die Linie selbst ist durch einen gewölbten Körper Deinen Blicken entzogen, Du kannst Dir dieselbe nur vorstellen, sie nicht unmittelbar sehen. Dieß bietet Anfangs einige Schwierigkeiten, die aber bald überwunden sind.

Betrachte Dir hierauf noch, ehe Du Deinen Standpunkt ver=
läßt, die Länge der Linie von dem Fuße des Stammes bis zu 4 Fuß
Höhe, damit Du Dich gleichzeitig auch in der Abschätzung dieser Höhe
übst und späterhin den Punkt, an welchem Du das Meßband oder
die Kluppe anlegen willst, aus der Entfernung von 8 Schritt sogleich
auffinden kannst.

In dieser Weise fahre an andern Stämmen fort, eine Stunde,
zwei Stunden, so lange als es Dir Vergnügen macht.

Wenn Du am folgenden Tage in derselben Weise begonnen und
den zuvor gemessenen Durchmesser eines Stammes aus der Entfer=
nung von 8 Schritt so scharf als möglich betrachtet hast, so schließe,
ohne Deinen Standpunkt zu verändern, die Augen, und versuche, ob
Du Dir diesen Durchmesser noch eben so genau mit geschlossenen
wie mit offenen Augen vorstellen kannst. Geht die Sache noch nicht,
so öffne und schließe, unter Beibehaltung Deines Standpunktes, die
Augen so oft, bis Du zum Ziele gelangst. Diese Uebungen wiederhole
bei Stämmen der verschiedensten Dimensionen so oft, bis Du im
Stande bist, jeden Durchmesser, welchen Du genau betrachtet hast,
unmittelbar darauf mit dem geistigen Auge zu sehen. Solltest Du
es vielleicht leichter finden, Dir den Durchmesser mit geöffneten aber
vom Stamm abgewendeten Augen vorzustellen, so wird der Zweck auf
diese Weise eben so gut erreicht.

Am dritten oder vierten Tage schreite von einem beliebigen Stamm,
dessen Durchmesser Du noch nicht gemessen hast, 8 Schritt ab, suche
den Punkt auf, bei welchem der Stamm nach Deiner Ansicht 4 Fuß
hoch ist, betrachte den Durchmesser an dieser Stelle genau, und schätze
denselben in der Weise ab, daß Du bei Stämmen bis zu etwa 9 Zoll
Stärke einen Spielraum von 2 Zoll

von 9—15″ Stärke von 3″
„ 15—21″ „   „ 4″

und bei stärkeren Stämmen von 6 Zoll läßt. Du sagst also beispiels=
weise zu Dir selbst: „Dieser Durchmesser ist nicht unter 6 Zoll und
nicht über 8 Zoll stark, und jener Durchmesser ist nicht unter 24 Zoll
und nicht über 30 Zoll stark.“ Hierauf tritt an den Stamm heran,
miß den Durchmesser an demselben Punkte, wo Du ihn geschätzt hast,
gleichviel ob dieser Punkt richtig bei 4′ Höhe oder höher oder tiefer
liegt, und überzeuge Dich von der Richtigkeit Deiner Schätzung. Ist

der Durchmesser kleiner als Dein Minimum, oder größer als Dein Maximum, ist Deine Schätzung also falsch, so hast Du mit dieser Uebung zu früh begonnen, und mußt zu den Uebungen des vorigen Tages wieder zurückkehren. Hast Du aber richtig geschätzt, so fahre in derselben Weise fort, und beschränke dann am folgenden Tage, oder, sobald Du Dich hierzu stark genug fühlst, die Differenz zwischen Deinem Maximum und Minimum auf die Hälfte der obigen Zahlen, und späterhin immer mehr, bis Du einen Durchmesser von 9 Zoll und darunter ganz genau abschätzen, einen Durchmesser von 9'' bis 15'' mit einem Spielraum von einem halben Zoll, einen Durchmesser von 15'' bis 21'' mit einem Spielraum von einem ganzen Zoll und noch stärkere Durchmesser mit einem Spielraum von 2 Zoll ansprechen kannst.

Je ununterbrochener Du diese Uebungen fortsetzest, desto eher wirst Du die verlangte Fertigkeit erreichen. Indessen darf ich Dir nicht verhehlen, daß wenn Du Dich demnächst 8 Tage lang mit andern Dingen beschäftigst, ein Theil der erlangten Fertigkeit schon wieder verloren geht, und daß nach mehreren Monaten vielleicht nicht viel mehr davon übrig geblieben sein wird.

Das ist niederschlagend, Freund, aber ich frage, ob Du nicht auch die Vokabeln, welche Du als Knabe mit großer Mühe auswendig lernen mußtest, schon nach wenigen Tagen wieder vergessen hast? Man nöthigte Dich aber, sie wiederum auswendig zu lernen, und die zweite Erlernung wurde Dir nicht nur leichter als die erste, sondern sie hielt auch schon wochenlang vor. Endlich prägten sich durch häufige Wiederholungen viele dieser Vokabeln Deinem Geiste so ein, daß Du sie bis zu diesem Augenblicke noch auswendig weißt. Hiermit tröste Dich, wenn Du nach einer dreimonatlichen Pause vielleicht von vorn wieder anfangen mußt.

Bei diesen Uebungen wirst Du übrigens bald die Bemerkung machen, daß während Du den Durchmesser von 20, 30 Stämmen hintereinander richtig ansprichst, auf einmal ein Stamm vorkommt, bei welchem Du einen nicht unerheblichen Fehler begehst. Hast Du die Messung mit dem Meßbande vorgenommen, so untersuche, ob der Querdurchschnitt vielleicht eine elliptische Form hat, und der Fehler auf diese Weise entstanden ist. Ist dieß aber nicht der Fall, so hat bei der Abschätzung des Durchmessers irgend eine Augentäuschung auf Dich eingewirkt, und dieß führt mich auf ein wichtiges Thema.

Der Durchmesser eines Stammes mit ganz glatter Rinde wird dem Anfänger länger erscheinen, als der eben so große Durchmesser eines Stammes mit rauher Rinde. Der Durchmesser eines Stammes mit sehr heller Rinde erscheint dem ungeübten Auge länger als der Durchmesser eines Stammes mit sehr dunkler Rinde. Es ist deshalb auch vielleicht nicht unbegründet, wenn Einige, welche ich aufgefordert habe hierüber Versuche anzustellen, behaupten, daß selbst das einfallende Sonnenlicht auf die Schätzung von Einfluß sei, und daß der Durchmesser von der beschatteten Seite des Stammes betrachtet, ihnen kürzer erscheine als von der im hellen Sonnenlichte stehenden Seite. Ich selbst kann diese Wahrnehmung Anderer nicht bestätigen, und es haben auf mein Auge, so viel mir noch erinnerlich ist, Licht und Schatten grade den umgekehrten Eindruck hervorgebracht. Indessen kann ich mich hierin auch irren, und es ist jetzt, nachdem ich diese Art von Augentäuschung überwunden habe, das frühere Sachverhältniß nicht mehr zu ermitteln.

Sehr wichtig ist es auch, ob Du den abzuschätzenden Durchmesser ganz frei siehst, oder ob sich irgend ein fremder Gegenstand zwischen den Durchmesser und Dein Auge drängt. Jeder Wachholderstrauch, dessen Spitze bis über 4' Höhe hinaufreicht, jeder überhängende, auch noch so kleine Ast, welcher Dich verhindert, den Durchmesser ganz frei zu sehen, wird Anfangs unfehlbar dazu beitragen, daß Du den Durchmesser zu gering abschätzst.

Selbst das Verhältniß der Höhe des Stammes zu dem Durchmesser ist nicht einflußlos. Bei einem im Verhältniß zum Durchmesser ungewöhnlich hohen Stamme erscheint der Durchmesser länger als er ist, bei einem im Verhältniß zum Durchmesser sehr kurzen, also stark abfallenden Stamme, erscheint er kürzer. Man sollte glauben, daß das umgekehrte Verhältniß stattfinden müßte, aber es ist nicht der Fall. Wie groß übrigens der Einfluß ist, welchen das Verhältniß des Durchmessers zur Höhe, sowie überhaupt der ganze Habitus des Stammes auf die Abschätzung der Stärke an irgend einem beliebigen Höhenpunkte hat, zeigt sich häufig, wenn ein Forstbeamter versetzt wird, und die Wachsthumsverhältnisse der Bäume auf beiden Stellen sehr verschiedenartige sind. Wenn derselbe auf seiner frühern Stelle den Durchmesser bei 40' Höhe auch sehr genau abschätzen konnte, so wird er auf seiner neuen Stelle doch so lange erhebliche

Fehler begehen, bis er die Täuschungen überwunden hat, welche die neuen Formen auf ihn ausüben. Es wird daher auch Jeder in seinem eigenen Walde richtiger abschätzen, als in einem fremden, und es ist deshalb wohl keine unbillige Forderung, wenn ich verlange, daß der Förster innerhalb seines Belaufes richtiger abschätzen soll als der Oberförster, der Oberförster innerhalb seines Reviers richtiger als der Forst=Inspector, der Forst=Inspector innerhalb seines Inspections=Bezirks richtiger als der Oberforstmeister, der Oberforstmeister innerhalb des Regierungsbezirks richtiger als der Oberlandforstmeister. Wenn aber der Oberförster den Förster in einem andern Belaufe als dem seinigen als Taxator zuzieht, dann müßte eigentlich wieder der Oberförster besser abschätzen als der Förster u. s. w. u. s. w. bis zum Oberlandforstmeister hinauf.

Nahe verwandt mit den so eben gedachten Augentäuschungen sind diejenigen, welche bei dem Uebergange in einen andern Bestand stattfinden. Wenn wir längere Zeit in Beständen abschätzen, in welchen nur sehr starke Stämme vorkommen, so werden uns die ersten schwachen Stämme auf welche wir stoßen so winzig erscheinen, daß wir den Durchmesser in der Regel zu kurz abschätzen und umgekehrt.

Du kannst also den Durchmesser unterschätzen, (zu gering abschätzen) weil der Stamm sehr abfallend ist, oder eine sehr rauhe oder eine sehr dunkle Rinde hat, oder weil der Raum zwischen Deinem Auge und dem Durchmesser nicht ganz frei ist, oder weil Du kurz zuvor den Durchmesser vieler stärkeren Stämme abgeschätzt hast, und Du kannst den Durchmesser überschätzen (zu hoch abschätzen), wenn die umgekehrten Verhältnisse stattfinden.

Es ist von der größten Wichtigkeit, daß Du den Grund der Augentäuschungen zu erforschen und dieselben demnächst zu überwinden suchst, denn was Dich jetzt bei der Abschätzung des Durchmessers täuscht, das täuscht Dich auch künftig bei dem Ansprechen des Cubikinhaltes des Stammes, und wenn Du Dich daher von diesen Täuschungen jetzt nicht frei machen kannst, so wirst Du auch künftig den Cubikinhalt einzelner Stämme ebenso überschätzen oder unterschätzen, wie Du jetzt den Durchmesser ansprichst. Forsche also der Ursach der Augentäuschung nach und beschränke Dich hierbei nicht auf diejenigen Verhältnisse, welche ich oben angeführt habe, sondern suche zu ermitteln, ob auf Dein Auge vielleicht noch andere Umstände einwirken.

Denn ich bin der Ueberzeugung, daß in dieser Beziehung nicht bei allen Menschen eine Uebereinstimmung stattfindet, daß auf das Auge des Weitsichtigen derselbe Umstand vielleicht die entgegengesetzte Wirkung hervorbringt, wie auf das Auge des Kurzsichtigen, und daß daher ein Jeder an sich selbst prüfen muß, ob und unter welchen Verhältnissen sein Auge getäuscht wird. Schätze also z. B., um den Einfluß des stärkern oder schwächern Lichtes auf Dein Auge zu ermitteln, den Durchmesser eines Stammes zur Mittagsstunde, bei hellem Sonnenschein ab, und sprich dann denselben Durchmesser, ohne ihn inzwischen gemessen zu haben, eine halbe Stunde nach Sonnenuntergang noch einmal an, oder schätze einen andern Durchmesser bei dem dichtesten Nebel und dann wieder bei klarer, durchsichtiger Luft ab u. dgl. m. Findest Du nun z. B. daß Du den Durchmesser eines sehr schlank gewachsenen Stammes zu hoch ansprichst, so verweile länger als sonst bei diesem Stamm und betrachte wiederholt den Durchmesser mit offnen und geschlossenen Augen. Begnüge Dich aber hiermit noch nicht, sondern suche noch andere gleichfalls sehr schlank gewachsene Stämme auf und ruhe nicht eher, als bis Du die Augentäuschung vollkommen überwunden hast, und bis es Dir unbegreiflich wird, wie man den 12 Zoll langen Durchmesser eines 90 Fuß hohen Stammes anders abschätzen kann, als den 12 Zoll langen Durchmesser eines 40 Fuß hohen Stammes. In derselben Weise suche auch die andern Augentäuschungen zu überwinden.

Zum Beschluß übe Dich noch in der Abschätzung des Durchmessers von solchen Stämmen, welche Du bisher absichtlich vermieden hast, z. B. von Stämmen an steilen Abhängen, oder von Stämmen deren Querdurchschnitt eine elliptische Form mit einer starken Differenz zwischen dem größten und kleinsten Durchmesser hat, u. s. w.

Hiermit sind die Uebungen in Bezug auf die Schätzung des Durchmessers beendigt, und es verlohnt wohl der Mühe, zu untersuchen, was Du hierdurch gewonnen hast.

Zunächst hast Du für den Augenblick die — ohne fortdauernde Uebung allerdings nicht lange vorhaltende — Fertigkeit erlangt, den Durchmesser bei 4' Höhe so genau anzusprechen, als es von dem geübtesten Taxator nur verlangt werden kann, und obgleich Du von dieser Fertigkeit späterhin, bei dem Ansprechen des Cubikinhaltes der Stämme, keinen unmittelbaren Gebrauch machen wirst, so ist dieß doch eine ganz schätzbare Zugabe.

Der zweite Gewinn besteht darin, daß Dein Augenmaß im Allgemeinen schärfer geworden ist. Wie stark der Durchmesser eines Stammes bei 40' Höhe ist, wirst Du nach Zollen und Viertelzollen noch nicht angeben können, weil Du in der Abschätzung des Durchmessers bei dieser Höhe noch keine Uebung erlangt hast. Wenn aber neben diesem Stamme ein anderer steht, welcher bei 40' Höhe um einen Zoll stärker oder schwächer ist, als der erstere, so wirst Du nunmehr mit Bestimmtheit behaupten können, daß beide Stämme bei 40' Höhe nicht gleich stark sind, sondern daß der eine, und welcher von beiden, der stärkere ist.

Einen dritten Vortheil hast Du dadurch erlangt, daß Du Dich gewöhnt hast, das Bild von der Stärke eines Stammes dem Geiste einzuprägen, und — wenn auch vorläufig erst auf kurze Zeit — im Gedächtniß festzuhalten. Diese Fertigkeit ist ganz unabhängig von der Fertigkeit, den Durchmesser nach Zollen anzusprechen und bleibt bei, wenn letzterer auch durch Mangel an Uebung wieder verloren geht. Du wirst also selbst nach einem längern Zeitraume, in welchem Du diese Uebungen nicht mehr fortgesetzt hast, noch im Stande sein, von zwei Bäumen, welche eine Meile von einander entfernt stehen, und von denen der eine 23", der andere 25" stark ist, mit Sicherheit zu behaupten, daß beide in der Stärke verschieden sind, und daß der letztere stärker ist, als der erstere, ohne grade die Stärke des einen und des andern — in Zollen ausgedrückt — angeben zu können. Du hast also das Bild von der Stärke des ersten Stammes so viele Stunden im Geiste festgehalten, als erforderlich waren, den Raum von einer Meile zu durchschreiten. Auch diese Fähigkeit nimmt durch fortgesetzte Uebung zu, und es ist grade diejenige, welche Du am meisten ausbilden mußt. Während Du jetzt vielleicht nur auf Stunden im Stande bist, die Stärke eines Stammes dem Gedächtniß einzuprägen, mußt Du späterhin dahin gelangen, Wochen und Monate lang nicht blos den Durchmesser sondern das Bild des ganzen Schaftes in allen seinen einzelnen Theile im Geiste festzuhalten.

Der vierte Gewinn endlich besteht darin, daß Du die Verhältnisse kennen gelernt hast, welche bei Dir eine Augentäuschung hervorbringen, und daß Du Dich von diesen Täuschungen, so weit sie die Schätzung des Durchmessers betreffen, frei gemacht hast.

Einfacher als die Uebungen im Ansprechen des Durchmessers sind die Uebungen im Schätzen des zweiten Factors, nämlich der Höhe der Stämme. Du muß Dich hierzu aber des von Dir so sehr verschmähten Höhenmessers bedienen. Ich kann Dir nicht helfen, Freund, es giebt keinen andern Ausweg, als entweder eine sehr große Anzahl von Stämmen, nachdem Du die Höhe derselben abgeschätzt hast, fällen zu lassen, um die Richtigkeit der Schätzung durch Vermessung zu prüfen, oder 10 Stämme mit dem Höhenmesser genau zu messen, und ich denke, Du wirst Dich für das Letztere entscheiden. Wähle also 10 Kiefern von möglichst verschiedener Länge, welche auf einer ganz ebenen Fläche und auf dieser ganz senkrecht stehen und ganz grade sind, deren äußerste Spitze Du auch wenigstens von zwei verschiedenen Seiten unbehindert sehen kannst, an solchen Punkten aus, an welchen Dich Dein Weg am häufigsten vorbeiführt, miß jede dieser Kiefern bei ganz windstillem Wetter von zwei verschiedenen Seiten recht genau, und zwar, wenn beide Messungen nicht übereinstimmen sollten, wiederholt so oft, bis Du Deiner Sache ganz sicher bist, merke Dir von jedem einzelnen Stamm die Höhe und betrachte diese Höhe Wochen, Monate lang, so oft Du an dem Stamme vorübergehst. Es ist nothwendig, daß Du diese Betrachtungen von verschiedenen Seiten, und es ist nützlich, wenn Du sie auch aus verschiedenen Entfernungen anstellst; hierunter muß sich selbstredend aber auch die Entfernung von 8 Schritt befinden, selbst wenn es nicht möglich sein sollte, von diesem Standpunkte aus den Gipfel zu sehen.

Durch diese fortwährende, Monate lang fortgesetzte Betrachtung einer, wenn auch nur geringen Anzahl stehender Stämme von verschiedener Länge, kannst Du schon eine nicht unerhebliche Fertigkeit im Ansprechen der Höhe erlangen. Indessen schließt diese Uebung nicht aus, daß Du auch in den Schlägen an einzelnen Stämmen, welche eben gefällt werden sollen, die Höhe ansprichst, und Dich dann an dem gefällten Stamme überzeugst, in wie weit Deine Schätzung richtig war.

Von den Augentäuschungen, welche bei dem Abschätzen der Höhe vorkommen können, führe ich hier nur an, daß ein Stamm mit wenigen hoch angesetzten Aesten höher erscheint, als ein Stamm von gleicher Länge und Stärke mit vielen tief heruntergehenden Aesten. Dieß ist sehr durchgreifend, und es ist fast keine Augentäuschung so schwer zu überwinden wie diese. Diese Täuschung ist aber um so gefährlicher, als ein Stamm mit sehr wenigen hoch angesetzten Aesten überdieß noch vollholziger erscheint, als er wirklich ist, und umgekehrt. Du kannst Dich hiervon am leichtesten überzeugen, wenn Du einen Stamm aufsuchst, an welchem auf der einen Seite die Aeste tief herabgehen und welcher auf der andern Seite bis in den Gipfel hinauf fast gar keine Aeste hat. Wenn Du einen solchen Stamm zuerst von der astreichen und dann von der astfreien Seite betrachtest, so wirst Du kaum glauben, denselben Stamm vor Dir zu haben, so verschieden wird der Eindruck sein, welchen er auf Dich macht. Du mußt daher einen solchen Stamm recht oft von allen Seiten betrachten, um Dich von dieser Augentäuschung zu befreien.

Eine andere optische Täuschung besteht darin, daß Dir in einem Bestande von ziemlich gleich hohen Stämmen, ein einzelner, aus diesen hervorragender Stamm noch höher erscheinen wird, als er wirklich ist, und umgekehrt. Ob und was Dich sonst noch bei der Abschätzung der Höhe der Stämme täuscht, magst Du an Dir selbst erproben.

Ueber den dritten Factor, die Formzahl, habe ich mich bereits ausführlich ausgesprochen, eine Wiederholung würde überflüssig sein. Lies nur noch einmal — aber recht aufmerksam — alles das durch, worüber Du so bedenklich den Kopf geschüttelt hast, also sowohl mein fünftes als auch mein erstes, zweites und drittes Schreiben, und befolge recht genau die Anleitung, die ich Dir gegeben habe, so wirst Du mit der Zeit dahin gelangen, von jedem abzuschätzenden Stamme angeben zu können, ob er eine hohe, mittelmäßige oder niedrige Formzahl hat. Dieß genügt für den vorliegenden Zweck, und ich kann daher jetzt zu dem interessanteren Theile des Unterrichts übergehen, nämlich zu den Uebungen im Ansprechen des cubischen Inhaltes selbst. Merke Dir hierbei folgende Zahlen:

bei	7" Durchmesser	6	Cubikfuß
"	8" "	9	"
"	9" "	12	"
"	10" "	16	"
"	11" "	20	"
"	12" "	25	"
"	13" "	30	"
"	14" "	35	"
"	15" "	40	"

bei	16″	Durchmesser	45	Cubikfuß	
„	17″	„	50	„	
„	18″	„	56	„	
„	19″	„	63	„	
„	20″	„	70	„	
„	21″	„	80	„	
„	22″	„	90	„	
„	23″	„	100	„	
„	24″	„	110	„	
„	25″	„	120	„	
„	26″	„	130	„	
„	27″	„	140	„	
„	28″	„	150	„	
„	29″	„	160	„	
„	30″	„	170	„	
„	31″	„	180	„	
„	32″	„	190	„	
„	33″	„	200	„	
„	34″	„	220	„	
„	35″	„	230	„	
„	36″	„	240	„	

Du erfiehſt hieraus, daß ich die vorzunehmenden Uebungen zunächſt auf einen einzigen Factor gründen will; aber dieſer Factor iſt der wichtigſte und zugleich derjenige, welchen Du mit der größten Leichtigkeit meſſen, alſo auf das genaueſte beſtimmen kannſt.

Die vorſtehenden Zahlen, welche den durchſchnittlichen Cubikin=halt für Stämme von einem gegebenen Durchmeſſer bei mittlerer Höhe und mittlerer Formzahl angeben, kannſt Du ſpäterhin, nach=dem Du den erforderlichen Gebrauch davon gemacht haſt, wieder ent=behren, alſo auch, wenn Du willſt, wieder vergeſſen; zur Einübung im Anſprechen mußt Du ſie aber ſo feſt auswendig lernen, daß Du niemals nöthig haſt, auch nur einen Augenblick Dich zu beſinnen, ſondern mit der Zahl des Durchmeſſers auch ſogleich die entſprechende Zahl für den Cubikinhalt verbindeſt. Denn es werden bei den nun folgenden Uebungen ohnehin noch viele Betrachtungen Deine Auf=merkſamkeit in Anſpruch nehmen und noch mancherlei Berechnungen anzulegen ſein, ſo daß Du Dir die Sache nicht durch ein längeres

Nachdenken über die correspondirenden Zahlen noch erschweren darfst. Mir selbst sind diese Zahlen jetzt nicht mehr ganz geläufig; aber es gab eine Zeit, wo ich beispielsweise die Zahlen 12 oder 21 in der glänzendsten Gesellschaft und von den zartesten Lippen nicht konnte aussprechen hören, ohne unwillkührlich sofort zu denken: aha! resp. 25 und 80. So fest waren bei mir die beiden sich gegenüberstehenden Zahlenreihen in einander verwachsen!

Bis zu 23 Zoll Durchmesser habe ich den dem Durchmesser entsprechenden Cubikinhalt lediglich auf empirischem Wege und lange vorher, ehe ich die Tabelle VI. aufstellte, ermittelt. Von 24 Zoll Durchmesser an habe ich die Reihe erst ergänzt, nachdem ich die Tabelle VI. bereits aufgestellt hatte.

Aus der obigen Zahlenreihe und aus der Tabelle VI. ergiebt sich nun, daß Stämme

von	7″ Durchmesser		48 Fuß
″	8″	″	56 ″
″	9″	″	59 ″
″	10″	″	64 ″
″	11″	″	67 ″
″	12″	″	71 ″
″	13″	″	73 ″
″	14″	″	74 ″
″	15″	″	74 ″
″	16″	″	74 ″
″	17″	″	74 ″
″	18″	″	74 ″
″	19″	″	75 ″
″	20″	″	75 ″
″	21″	″	79 ″
″	22″	″	81 ″
″	23″	″	83 ″
″	24″	″	85 ″
″	25″	″	85 ″
″	26″	″	86 ″
″	27″	″	87 ″
″	28″	″	87 ″
″	29″	″	87 ″

von	30″ Durchmesser	87	Fuß
„	31″ „	87	„
„	32″ „	87	„
„	33″ „	87	„
„	34″ „	91	„
„	35″ „	90	„
„	36″ „	90	„

oder, abgerundet, Stämme

von	7″	Durchmesser circa		50	Fuß
„	8″	„	„	55	„
„	9″	„	„	60	„
„	10″—12″	„	„	65—70	„
„	12″—21″	„	„	70—80	„
„	22″—36″	„	„	80—90	„

hoch sein müssen, **um bei den der Tabelle VI.** zum Grunde liegenden Formzahlen, — den mittlern Formzahlen, — den oben bezeichneten Cubikinhalt, — den mittlern Cubikinhalt, — zu liefern, und Du wirst hieraus zugleich ersehen, welche Höhe für jeden Durchmesser als die mittlere Höhe zu betrachten ist.

Um Dir den Gebrauch zu zeigen, welchen Du von der obigen Zahlenreihe machen sollst, wähle ich einige Beispiele.

Stämme von 13 Zoll Durchmesser haben bei mittlerer Höhe und mittlerer Formzahl einen mittlern Cubikinhalt von 30 Cubikfuß. Hiervon beträgt ein Zehntel 3 Cubikfuß. Wir wollen nun alle Stämme von 13 Zoll Durchmesser in Klassen theilen, dergestalt, daß Stämme, welche genau 30 C. F. enthalten, die Mittelklasse bilden, und daß die beiden dieser Mittelklasse zunächst gelegenen Klassen um $\frac{1}{10}$ der Mittelklasse, also um 3 C. F., resp. schwächer und stärker sind. Die zunächst niedrige Klasse enthält dann 27 C. F., die zunächst höhere 33 C. F. Durch ferneres Abziehen und Zurechnen von 3 C. F. können wir, wie sich von selbst versteht, so viel Klassen bilden, daß kein regelmäßig gewachsener Stamm von 13″ Durchmesser weniger Cubikfuß als die niedrigste Klasse, oder mehr Cubikfuß als die höchste Klasse enthält. Bilden wir z. B. eilf Klassen, so erhalten wir nachstehende Zahlen:

5te	4te	3te	2te	1ste	Mittel-klaffe	Iste	IIte	IIIte	IVte	Vte
15	18	21	24	27	30	33	36	39	42	45

und ich kann hinzufügen, daß obgleich die Tabelle VI. noch bis unter 15 C. F. heruntergeht, ich doch unter den 134 Stämmen von 12,75″ bis 13,25″, welche von mir und von Andern gemessen sind, keinen Stamm gefunden habe, welcher weniger als 15 C. F. oder mehr als 45 C. F. enthielte.*) In der Regel umfassen neun Klassen schon das Maximum und Minimum des Cubikinhaltes.

Aber auch 9 Klassen sind für die erste Einübung im Ansprechen noch zu viel, und Du mußt Dich daher Anfangs auf 7 Klassen beschränken, eben deshalb aber auch bei der Auswahl der abzuschätzenden Stämme alle Extreme vermeiden, um nicht einen Stamm zu erhalten, welcher in diese 7 Klassen nicht mehr hineinpaßt. Späterhin, wenn Du erst geübter bist, kannst Du dann nach Belieben entweder eine größere Anzahl von Klassen z. B. 9 oder 11 Klassen bilden, oder auch die Abschätzung solcher Stämme von einem besonders hohen oder besonders niedrigen Cubikinhalte so lange verschieben, bis Du überhaupt nicht mehr nach Klassen, sondern nach dem bloßen Augenmaß ansprichst.

Bei der Bildung von sieben Klassen erhalten wir also z. B.

	3te	2te	1ste	Mittel-klaffe	Iste	IIte	IIIte
Bei 13″ Durchmesser	21	24	27	30	33	36	39
„ 15″ „	28	32	36	40	44	48	52
„ 23″ „	70	80	90	100	110	120	130
„ 30″ „	119	136	153	170	187	204	221
„ 12″ „	17	20	22	25	28	30	33
„ 16″ „	31	36	40	45	50	54	59
„ 8″ „	6	7	8	9	10	11	12
„ 9,5″ „	10	11	13	14	15	17	18
„ 14,5″ „	26	30	33	37	41	44	48
„ 18,5″ „	42	48	54	60	66	73	78
„ 27,5″ „	101	116	130	145	160	174	189

*) Die Nachweisung V. enthält 1548 Stämme von 7″ Durchmesser und darüber. Von diesen gehören

Müßten bei der Abschätzung eines Stammes alle sieben Klassen berechnet werden, so wäre das eine sehr erhebliche Arbeit. Aber es leuchtet ein, daß es bei der Abschätzung eines bestimmten Stammes nur der Berechnung einer einzigen Klasse und zwar derjenigen, in welche der Stamm grade einzuschätzen ist, bedarf; die übrigen Klassen habe ich oben nur ausgerechnet, um Dir mein ganzes Verfahren anschaulich zu machen. Wenn ich einen Stamm von 23 Zoll Durchmesser in die IIIte Klasse einschätze, so werde ich mir nicht die unnöthige Mühe machen, zu berechnen, wieviel Cubikfuß ein Stamm von 23″ in der Isten und IIten Klasse oder wohl gar in der 1sten, 2ten und 3ten Klasse hat, sondern ich werde die Berechnung gleich folgendermaßen anlegen: $100 + (3 \times 10) = 130$. Und wenn ich einen Stamm von 30″ Durchmesser in die 1ste Klasse einschätze, so berechne ich weder die 2te noch 3te Klasse, sondern sage ganz einfach: $170 - 17 = 153$ C. F. Bei sehr vielen Stämmen findet überhaupt gar keine Berechnung statt, weil sie grade in die Mittelklasse fallen.

Ich will noch einige Beispiele durchführen.

IIte Klasse für	11″ Durchmesser	=	$20 + (2 \times 2)$	$= 24$	C. F.
2te „ „	17″ „	=	$50 - (2 \times 5)$	$= 40$	„ „
IIIte „ „	20″ „	=	$70 + (3 \times 7)$	$= 91$	„ „
3te „ „	25″ „	=	$120 - (3 \times 12)$	$= 84$	„ „
Iste „ „	28″ „	=	$150 + 15$	$= 165$	„ „
1ste „ „	14″ „	=	$35 + 3{,}5$	$= 39$	„ „
IIte „ „	18″ „	=	$56 + (2 \times 5{,}6)$	$= 67$	„ „
2te „ „	19″ „	=	$63 - (2 \times 6{,}3)$	$= 50$	„ „
Mittelklasse für	$21\frac{1}{2}$″	$= 85$	C. F.		

---

zur	5ten Klasse	17 Stämme	=	1 p. C.	
„	4ten „	46 „	=	3 „	
„	3ten „	100 „	=	6 „	
„	2ten „	239 „	=	15 „	
„	1sten „	289 „	=	19 „	
„	Mittel „	290 „	=	19 „	83 p. C.
„	Isten „	243 „	=	16 „	
„	IIten „	217 „	=	14 „	
„	IIIten „	75 „	=	5 „	
„	IVten „	28 „	=	2 „	
„	Vten „	4 „	=	— „	

(Anm. des Verfassers.)

IIIte Klasse für $23\frac{1}{2}''$ Durchmesser $= 105 + (3 \times 10{,}5) = 137$ C. F.

3te „ „ $28\frac{1}{2}''$ „ $= 155 - (3 \times 15{,}5) = 107$ „ „

Mittelklasse für $12\frac{1}{2}'' = 28$ C. F.

IIIte Klasse für $12\frac{1}{2}''$ Durchmesser $= 28 + (3 \times 2{,}8) = 36$ C. F.

3te „ „ $13\frac{1}{2}''$ „ $= 33 - (3 \times 3{,}3) = 23$ „ „

2te „ „ $14\frac{1}{2}''$ „ $= 38 - (2 \times 3{,}8) = 30$ „ „

IIte „ „ $15\frac{1}{2}''$ „ $= 43 + (2 \times 4{,}3) = 52$ „ „

Iste „ „ $16\frac{1}{2}''$ „ $= 48 + 4{,}8 \quad\;\; = 53$ „ „

1ste „ „ $17\frac{1}{2}''$ „ $= 53 - 5{,}3 \quad\;\; = 48$ „ „

IIte „ „ $18\frac{1}{2}''$ „ $= 60 + (2 \times 6) = 72$ „ „

Mittelklasse für $9\frac{1}{4}'' = 13$ C. F.

Schließt von 11 Zoll ab der Durchmesser mit $\frac{1}{4}$ oder $\frac{3}{4}$ Zoll, so kannst Du entweder zunächst die Mittelklasse für diesen Durchmesser berechnen und dann in der bisherigen Weise verfahren, oder zu Deiner Erleichterung die Berechnung nach der zunächst liegenden ganzen Zahl anlegen, und dann bis zu 17 Zoll Durchmesser einen Cubikfuß und von da ab zwei Cubikfuß resp. dem Resultate zu- und von demselben abrechnen z. B.

2te Klasse für $12\frac{3}{4}''$ Durchmesser

entweder

$29 - (2 \times 2{,}9) = 23$ C. F.

oder

$30 - (2 \times 3) - 1 = 23$ C. F.

IIte Klasse für $13\frac{1}{4}''$ Durchmesser

entweder

$31 + (2 \times 3{,}1) = 37$ C. F.

oder

$30 + (2 \times 3) + 1 = 37$ C. F.

IIIte Klasse für $14\frac{3}{4}''$ Durchmesser

entweder

$39 + (3 \times 3{,}9) = 51$ C. F.

oder

$40 + (3 \times 4) - 1 = 51$ C. F.

3te Klasse für $15\frac{3}{4}''$ Durchmesser

entweder

$44 - (3 \times 4{,}4) = 31$ C. F.

$$\text{oder}$$
$$45 - (3 \times 4{,}5) - 1 = 30 \text{ C. F.}$$

Iste Klasse für $23\frac{1}{4}''$ Durchmesser

$$\text{entweder}$$
$$103 + 10{,}3 = 113 \text{ C. F.}$$
$$\text{oder}$$
$$100 + 10 + 2 = 112 \text{ C. F.}$$

1ste Klasse für $27\frac{3}{4}''$ Durchmesser

$$\text{entweder}$$
$$148 - 14{,}8 = 133 \text{ C. F.}$$
$$\text{oder}$$
$$150 - 15 - 2 = 133 \text{ C. F.}$$

Von den Worten: „Bei der Bildung von sieben Klassen ꝛc." werden sich in die vorstehenden Berechnungen ein oder zwei Rechnungs= fehler eingeschlichen haben. Diese suche zunächst auf, und dann stelle Dir selbst ähnliche Aufgaben, berechne dieselben, Anfangs auf dem Papier, späterhin im Kopf, und fahre hiermit so lange fort, bis Du jedes Exempel längstens in einer viertel Minute im Kopfe ausrechnen kannst. Es giebt in dem ganzen Cursus, welchen Du durchzumachen hast, kaum irgend etwas, was auf den ersten Anblick schwieriger er= scheint, in der That aber leichter ist als dieß.

Die Schwierigkeiten, welche das Ausrechnen im Kopf zwar nicht hat, aber doch zu haben scheint, könnten Dich vielleicht verleiten, eine Tabelle nach Klassen auszurechnen, in welche Du beim Abschätzen nur hineinzublicken brauchst, um für jeden Durchmesser und für jede Klasse den Cubikinhalt sofort zu finden; allein davor warne ich Dich, Freund. Wer ein guter Reiter werden will, muß ohne Steigbügel reiten lernen, wenn es ihm auch Anfangs schwer wird, und wer abschätzen lernen will, muß sich dabei keiner Tabelle bedienen. Willst Du eine solche Tabelle vielleicht deshalb ausrechnen, um Dich im Berechnen der Klassen noch mehr einzuüben, oder — wie ich es selbst gethan habe — um wissenschaftliche Betrachtungen daran zu knüpfen, so habe ich nichts dawider, aber in den Wald nimm sie niemals mit!

Es kommt jetzt noch darauf an, Dir die Fertigkeit zu erwerben, jeden Stamm in die richtige Klasse einzuschätzen, und dieß ist der letzte, allerdings aber auch schwierigste Schritt, welchen Du noch zu thun hast. Es sind zwei Factoren, welche Du jetzt in ein Wort zu=

sammenfaffen, durch eine einzige Zahl aussprechen sollst. Der wich=
tigste Factor von beiden ist die Höhe, der minder wichtige, dessenun=
geachtet aber immer doch sehr einflußreiche, ist die Formzahl.

Jetzt beginnt die Zeit, wo Du die Schläge am häufigsten be=
suchen, und wo Du die meisten Stämme fällen lassen und vermessen
mußt, denn diese Fertigkeit läßt sich nicht nach Beschreibungen oder
durch Berechnungen oder aus Tabellen, sondern nur durch unmittel=
bare Anschauung erwerben.

Von den verschiedenen Klassen, in welche Du jetzt die Stämme
einschätzen sollst, müßtest Du eigentlich die eine Klasse, die Mittelklasse,
theilweise schon kennen. Jeder Stamm von mittelmäßiger Form=
zahl und mittlerer Höhe gehört in die Mittelklasse, und wenn Du
meiner Anleitung bis hierher gefolgt bist, so wirst Du nicht nur wissen,
was Du hierunter zu verstehen hast, sondern Du kannst auch bereits
beurtheilen, ob die Höhe des Stammes eine mittlere und ob die Form=
zahl eine mittelmäßige ist. Da Du Dich hierin jedoch vielleicht noch
irren kannst, und da es von ganz besonderer Wichtigkeit ist, Dir zu=
nächst die Mittelklasse recht genau einzuprägen, so beginne
damit, im Schlage einen Stamm aufzusuchen, welcher nach Deiner
Ansicht in diese Klasse gehört. Diesen betrachte aus der Entfernung
von 8 Schritt von allen Seiten so scharf als möglich, und suche Dir
das Bild desselben einzuprägen. Schließe und öffne zu diesem Be=
hufe abwechselnd die Augen und rufe die Holzhauer nicht eher herbei,
als bis Du ihn Dir in Bezug auf seine ganze Länge, auf seinen
Durchmesser, die Länge des Gipfels, die Stärke und Form des obern
Theiles des Schaftes, die Form des untern Theiles des Schaftes, ins=
besondere in Bezug auf die Einbiegung bei 9' Höhe, kurz in allen
seinen Theilen, Fuß für Fuß, Zoll für Zoll, vorstellen kannst, ohne
ihn anzusehen. Kannst Du ein solches Bild nicht gleich auffassen, so
tritt am folgenden und am dritten Tage wieder an denselben Stamm
heran, bis es Dir gelingt. Auch während die Holzhauer mit dem
Fällen des Stammes beschäftigt sind, richte Dein Auge noch ferner
auf ihn, und selbst in dem Augenblicke, wo er anfängt zu schwanken,
betrachte ihn noch einmal, als wolltest Du das Bild dieses Stammes
in die Ewigkeit mit hinüber nehmen, dann aber wende Dich ab, da=
mit nicht zuletzt noch der Eindruck des fallenden Stammes das Bild
des stehenden im Geringsten verwische. Willst Du dieses Bild aber

recht lange im Gedächtniß behalten, so begieb Dich, so lange es noch frisch ist, also unmittelbar nach der Vermessung des Stammes, nach Hause und berechne die Ein= und Ausbiegungen, die Ein= und Ausbauchungen, den Cubikinhalt, die Formzahl und überzeuge Dich zugleich, ob der Stamm genau den Cubikinhalt der Mittelklasse enthält oder ob und um wie viele Cubikfuß er von demselben abweicht.

Nachdem Du diese Uebung noch mit mehreren andern Stämmen von andern Stärkenklassen fortgesetzt hast, gehe zu solchen Stämmen über, welche zwar keine mittlere Höhe und keine mittelmäßige Formzahl haben, aber dessenungeachtet nach Deiner Ansicht noch zur Mittelklasse gehören, weil die größere Länge durch die niedrige Formzahl oder die geringere Länge durch die hohe Formzahl der Stämme ausgeglichen wird. Erst wenn Du mit der Mittelklasse im Allgemeinen fertig zu sein glaubst, gehe zu den übrigen Klassen, und zwar zuerst zu den der Mittelklasse nahe liegenden und dann allmälig zu den entfernteren Klassen über.

Wie viele Stämme gefällt und vermessen werden müssen, um eine hinreichende Uebung im Ansprechen der Klassen zu erlangen, läßt sich nicht angeben. Das aber kann ich mit der größten Bestimmtheit behaupten, daß Du in dieser Beziehung niemals zu viel thun kannst. Ich betrete noch jetzt selten einen Schlag, in welchem die Holzhauer arbeiten, ohne die Gelegenheit wahrzunehmen, wenigstens einen oder auch mehrere Stämme fällen zu lassen und zu berechnen. Es giebt immer noch Nüancen, welche man bisher nicht beachtet hat, und wenn Jemand auch bereits Tausende von Kiefern vermessen hätte, so werden ihm bei der unendlichen Mannigfaltigkeit im Wuchse des Holzes immer noch neue Formen vorkommen, aus denen er etwas lernen kann.

Ich nehme an, daß Du Dich nunmehr im Einschätzen nach Klassen hinreichend eingeübt hast. Es wird Dir einleuchten, daß Du dadurch die Fertigkeit erworben hast, mit der oftgedachten Zahlenreihe im Kopf und mit dem Meßbande in der Hand, — im Nothfalle auch wohl mit Hülfe der Finger und Arme, — den Cubikinhalt jedes regelmäßig gewachsenen Stammes in kürzester Zeit zu berechnen. Und es wird Dir ferner einleuchten, daß Du durch diese Berechnungen nun auch im Stande bist, Dich an stehenden Kiefern, ohne dieselben fällen zu lassen, im Ansprechen des Cubikinhaltes einzuüben, und zwar so einzuüben, daß Du zuletzt auch das

Meßband bei Seite legen und den Cubikinhalt der Mittelklasse wieder vergessen kannst, und jeden Stamm nur genau zu betrachten brauchst, um den Cubikinhalt desselben ohne irgend eine Vermessung und ohne irgend eine Berechnung richtig anzugeben.

Es bleibt mir nur noch wenig zu sagen übrig. Die Einübung im Ansprechen des Cubikinhaltes ist zu einfach, als daß es nöthig wäre noch viele Worte darüber zu machen. Du legst an irgend einen beliebigen regelmäßig gewachsenen Stamm das Meßband bei 4′ Höhe an, und in dem Augenblicke, wo Dir dasselbe den Durchmesser des Stammes anzeigt, weißt Du auch bereits nach der erlernten Zahlenreihe den Cubikinhalt der Mittelklasse. Dann trittst Du 8 Schritt von dem Stamm ab, betrachtest denselben von mindestens zwei Seiten, und bestimmst nach dem Totaleindruck, welchen er auf Dich macht, die Klasse, welcher er angehört und berechnest in längstens einer viertel Minute den Cubikinhalt desselben. Jetzt hast Du einen Stamm vor Dir, dessen Cubikinhalt Dir gegeben ist, und dessen Formen Du mit diesem Cubikinhalte so lange als es Dir beliebt zusammenhalten kannst.

Hierauf gehst Du zu einem zweiten, dritten Stamme über und übst Dich auf diese Weise an Hunderten und Tausenden von Stämmen im Ansprechen des Cubikinhaltes, ohne einen einzigen dieser Stämme fällen zu lassen. Sehr bald wirst Du hierdurch ein solches Augenmaß für die in jedem Stamme enthaltene Holzmasse erlangen daß Du den Cubikinhalt eines Stammes, welchem Du Dich bis auf 8 Schritt genähert hast, unwillkührlich schon aussprechen wirst, ehe der Durchmesser von Dir gemessen ist. Jetzt kannst Du umgekehrt erst den Cubikinhalt abschätzen, dann die Klasse bestimmen, hiernach den Durchmesser berechnen, welchen der Stamm haben muß, wenn Deine Berechnung richtig ist, und Du kannst dann dadurch, daß Du den Durchmesser mißt, die Probe machen.

Daß Du durch diese Uebungen auch die Fertigkeit erlangst, unregelmäßige Stämme möglichst genau abzuschätzen, liegt auf der Hand. Wer es nur erst soweit gebracht hat, daß er alle regelmäßigen Stämme von 50 C. F. von den verschiedensten Stärken und Längen und Formzahlen richtig zu 50 C. F. abschätzt, der wird auch einen Stamm von 50 C. F., welcher in einer unregelmäßigen Gestalt vor seine Augen tritt, richtig, wenigstens jedenfalls richtiger als ein ungeübter Taxator ansprechen.

Auch über die Augentäuschungen, welche bei der Abschätzung des Cubikinhaltes vorkommen, kann ich mich kurz faffen.

Am häufigsten kommt der Fall vor, daß der Tarator einen Stamm, deffen Querdurchschnitt eine elliptische Form hat, entweder nur von der breiten oder nur von der schmalen Seite betrachtet und ihn dann recht erheblich überschätzt oder unterschätzt. Dieß kann man aber eigentlich keine optische Täuschung nennen, vielmehr muß sich der Tarator die Schuld an dem begangenen Fehler selbst beimeffen. Wer den Cubikinhalt eines Stammes genau abschätzen will, der muß denselben mindeftens von zwei Seiten betrachten; noch beffer ist es, er betrachtet ihn von allen Seiten; hierdurch wird er die wichtigfte Täuschung, welche ihm überhaupt begegnen kann, vermeiden.

Von den eigentlichen Augentäuschungen hebe ich insbesondere den Eindruck hervor, den der Stand der Aefte auf das Auge ausübt. Je freier Du den Schaft von der Wurzel bis zur Spitze sehen kannft, defto größer erscheint Dir die Höhe, defto höher die Formzahl, defto höher also auch der Cubikinhalt deffelben. Der kleinfte Aft, welcher von dem Stamme frühzeitig abgeht, hat die Wirkung, daß Dir der Cubikinhalt des Stammes geringer erscheint. Denselben Einfluß übt aber auch irgend ein unbedeutender Zweig, welcher von einem benachbarten Stamme herüberhängt, oder irgend ein Strauch, welcher den untern Theil des Stammes verdeckt.

Auch die Form und Richtung des Schaftes ist nicht ohne Einfluß. Ein durchweg grader und ganz senkrecht ftehender Stamm wird häufig höher abgeschätzt, als ein Stamm von denselben Dimensionen, welcher einen Knick hat oder schief fteht.

Die übrigen Augentäuschungen, welche ich früher schon angedeutet habe, sind zwar auch zu berückfichtigen, dürften aber doch im Allgemeinen von geringerer Bedeutung sein, als die so eben angeführten; indeffen muß ich noch einmal den Rath wiederholen, Dein Auge in diefer Beziehung selbft zu prüfen.

Eben so wie die Fertigkeit im Ansprechen des Durchmeffers geht auch die Fertigkeit im Ansprechen des Cubikinhaltes — gleichviel, auf welchem Wege diefelbe erworben ist, — wenn sie nicht fortdauernd geübt wird, mit der Zeit wieder verloren, schneller bei demjenigen, welcher sich kürzere Zeit, langsamer bei demjenigen, welcher sich längere Zeit mit Abschätzungen beschäftigt hat. Wenn Baumann in drei

Jahren in keinen Wald käme, — und dann überhaupt noch am Leben
wäre, — so würde er bei der Abschätzung der ersten Stämme nicht
unerhebliche Fehler begehen, und wenn Du, Freund, binnen Jahres=
frist die Fertigkeit erworben hast, eben so genau abzuschätzen, wie
Baumann, so wirst Du schon nach einer vierwöchentlichen Pause Dich
nicht mehr in einen Kampf mit ihm einlassen dürfen, ohne Dich zu=
vor im Ansprechen wieder eingeübt zu haben. Was Baumann in
drei Jahren vergißt, wird Dir vielleicht schon in dem kurzen Zeitraum
von 4 Wochen entschwinden. Je öfter und je länger Du Dich aber
übst, desto länger wird auch Deine Fertigkeit vorhalten.

Was fangt Ihr nun aber Beide an, Du und Bauman, wenn
Ihr nach einer kürzern oder längern Unterbrechung die Fertigkeit im
Abschätzen des Cubikinhaltes bis zu einem gewissen Grade verloren habt?

Bei Dir, Freund, ist glücklicherweise Weise die Fertigkeit im Ein=
schätzen nach Klassen nicht mit verloren gegangen, denn wer diese
Fertigkeit einmal gründlich erworben hat, der behält sie, ich möchte
sagen für sein ganzes Leben. Und wenn Du auch alles Andere wieder
vergessen hast, und nicht mehr weißt, ob der Baum, welcher vor Dir
steht, 40 oder 80 Cubikfuß enthält, so wirst Du doch die Klasse,
welcher der Stamm angehört, immer noch mit Sicherheit bestimmen
können.

Wenn Du daher nur den Durchmesser wüßtest, und den Cubik=
inhalt der Mittelklasse für diesen Durchmesser, so wäre Dir geholfen.
Es ist also, um die verloren gegangene Fertigkeit im Ansprechen des
Cubikinhaltes wieder zu erlangen, nichts weiter erforderlich, als daß
Du noch einmal zum Meßbande greifst und Dir noch einmal die
bewußte Zahlenreihe vergegenwärtigst. Mit diesen beiden so leicht
zu beschaffenden Hülfsmitteln kannst Du Dich in einem halben Tage
an Hunderten von Stämmen im Ansprechen des Cubikinhaltes wieder
einüben.

Was fängt aber wohl Baumann an, wenn er durch Mangel
an Uebung seine Fertigkeit verloren hat, und wenn ihm dann plötzlich
eine Abschätzung übertragen wird? In derselben Weise wie Du, und
überhaupt an stehenden Stämmen, ohne sie fällen zu lassen,
kann er sich nicht einüben. Trifft der Auftrag aber in die Winter=
monate, so wird er zunächst die Schläge besuchen, und so viele Stämme
fällen lassen und berechnen, bis er sich wieder ganz sicher fühlt. Er

wird hierzu eines längern Zeitraumes bedürfen als Du, denn in der=
selben Zeit, in welcher ein starker Stamm gefällt, vermessen und be=
rechnet wird, kannst Du Dich an mehr als 50 stehenden Stämmen
im Ansprechen einüben. Indessen kommt es auf einige Tage mehr
oder weniger hierbei vielleicht nicht an. Wie aber, wenn der Auf=
trag im Sommer oder überhaupt zu einer Zeit ertheilt wird, wo ein
Holzeinschlag nicht stattfindet? Was beginnt Baumann dann? Ich
weiß es nicht. Er wird aber entweder den Auftrag ablehnen müssen,
oder er wird — es ist kaum auszusprechen, und dennoch ist es wahr, —
er wird unrichtig abschätzen.

Achtes Schreiben des Oberforstmeisters K. an den Waldbesitzer N.

Die Abschätzung nach dem Augenmaß hat zuweilen sehr unrichtige Resultate geliefert, so daß man seit langer Zeit schon darauf Bedacht genommen hat, andere Abschätzungsmethoden an ihre Stelle treten zu lassen. Man schätzt z. B. nach Massentafeln ab, oder nach Musterstämmen, oder nach Probeflächen, oder man spricht die Holzmasse auch wohl nur gutachtlich pro Morgen an, ohne sich auf die Abschätzung einzelner Stämme einzulassen. Jede dieser Abschätzungsmethoden ist aus irgend einem bestimmten Verhältniß entsprungen und diesem Verhältniß angepaßt, und jede von ihnen hat daher auch ihre volle Berechtigung. Keine von ihnen wird die übrigen Methoden jemals vollständig verdrängen können, weil theils der Zweck der Abschätzung, theils die Fertigkeit des Taxators im Ansprechen nach dem Augenmaß, theils der Wuchs des Holzes, theils die Beschaffenheit des Bestandes, theils die Größe der abzuschätzenden Flächen, theils die Zeit und die Kosten, über welche der Taxator zu verfügen hat, und noch viele andere Umstände zu verschieden sein können, um in dieser Beziehung für alle Fälle ein gleichmäßiges Verfahren zuzulassen. Der Satz: „Es giebt nur eine Wahrheit", welchen Du mich vom Fuße der Alpen aus den Leuten in Jemtland zurufen läßt, darf von Niemand seltener in den Mund genommen werden, als von dem Forstmann.

Es liegt nicht in meiner Absicht auf sämmtliche Abschätzungsmethoden und auf die besondern Verhältnisse, unter denen jede von ihnen vor den übrigen den Vorzug haben kann, näher einzugehen; aber ich kann es nicht unterlassen, mich wenigstens der von Dir so hart angegriffenen Abschätzung nach Massentafeln anzunehmen.

Man sollte glauben, es könne keine richtigere Abschätzung geben, als wenn ein geübter Taxator an jeden einzelnen Stamm herantritt, ihn von mindestens zwei Seiten betrachtet, und ihn dann nach dem

Augenmaße abschätzt. So lange es sich hierbei um Hunderte von Stämmen handelt, ist dieß auch ganz richtig; sobald aber viele Tausende von Stämmen abgeschätzt werden sollen, tritt ein anscheinend ganz unbedeutender außer aller Berechnung liegender Umstand hinzu, welcher die Richtigkeit der Abschätzung nach dem Augenmaße in hohem Grade gefährden kann. Dieser Umstand besteht darin, daß der Taxator Genickschmerzen bekommt. Wenn die Abschätzung richtige Resultate geben soll, muß der Taxator jeden Stamm ganz aus der Nähe betrachten; er muß daher, um bis zu dem Gipfel des Stammes emporblicken zu können, den Kopf stark hintenüber biegen, und in dieser Stellung muß er im Kreise, oder wenigstens im Halbkreise, um den Stamm herumgehen. Nachdem er dieß längere Zeit fortgesetzt hat, wird er Schmerzen empfinden, welche es ihm beschwerlich machen, den obern Theil des Stammes so genau wie bisher zu betrachten. Hiermit wird zugleich eine geistige Abspannung eintreten, erzeugt theils durch die körperlichen Schmerzen, theils durch die fortdauernde Aufmerksamkeit, welche die Abschätzung erfordert. Der Taxator — auch der beste — wird hierdurch lasch werden, er wird anfangen, die Stämme nicht mehr so genau zu betrachten, nicht mehr mit derselben Schärfe des Geistes aufzufassen, wie bei dem Beginn der Arbeit, und wenn er vom Morgen bis zum Abend mit wenigen Unterbrechungen abgeschätzt hat, so wird er zuletzt grobe Fehler begehen. Soll die Abschätzung nach dem Augenmaße richtig, d. h. richtiger als die Abschätzung nach Massentafeln ausfallen, so darf der Taxator ununterbrochen nicht länger als höchstens zwei Stunden, und an einem Tage überhaupt nicht länger als vier Stunden abschätzen, während er auf die Abschätzung nach Massentafeln doch mindestens acht Stunden täglich verwenden kann.

Abgesehen hiervon kann bei der Abschätzung nach dem Augenmaße auch in gleichen Zeiträumen ungleich weniger geleistet werden, als bei der Abschätzung nach Massentafeln. Bei letzterer kann der Taxator sich zweier Gehülfen bedienen, welche ihm zu beiden Seiten gehen und die Durchmesser der Stämme messen und ausrufen. Er kann also, indem er in gerader Richtung durch den Bestand fortschreitet, einen ziemlich breiten Strich abschätzen. Bei der Abschätzung nach dem Augenmaße dagegen ist der Taxator auf sich allein angewiesen, er muß sich fortwährend im Zickzack hin und her durch den ganzen Schlag bewegen, weil er persönlich an jeden einzelnen Stamm herantreten und diesen längere Zeit betrachten muß, ehe er den Cubik=inhalt notiren kann. Der Zeitverlust, welcher hierdurch im Vergleich zu der Abschätzung nach Massentafeln stattfindet, bleibt sich nicht für alle Fälle gleich, ich sage aber unbedingt nicht zu viel, wenn ich be=haupte, daß der Taxator bei der Abschätzung nach Massentafeln durch=schnittlich in einer Stunde eben so viel leisten wird, als bei der Ab=schätzung nach dem Augenmaße in vier Stunden. Im erstern Falle, wo er zugleich doppelt so lange arbeiten kann als im letztern, wird er daher in einem Tage ebenso weit kommen, als bei der Abschätzung nach dem Augenmaße in acht Tagen. Wenn er diesen größern Zeit=aufwand nicht zu berücksichtigen braucht, ist die Abschätzung nach dem Augenmaße allerdings vorzuziehen, denn sie wird richtigere Resul=tate geben.

Es läßt sich keine bestimmte Grenze angeben, bei welcher es zweckmäßig ist, die Abschätzung nach dem Augenmaße zu verlassen und zu einer andern Abschätzungsmethode z. B. zu der Abschätzung nach Massentafeln überzugehen. Man kann zwar behaupten, daß bei der Abschätzung kleiner Bestands=Abtheilungen oder bei der Abschätzung der Samenbäume eines Schlages die Abschätzung nach dem Augen=maße fast immer den Vorzug vor allen andern Methoden verdient; man kann aber nicht umgekehrt behaupten, daß man bei der Ab=schätzung großer Flächen von der Schätzung nach dem Augenmaße unbedingt Abstand nehmen müsse. Die richtige Ermittelung der Holz=masse kann für den Waldeigenthümer unter Umständen von so über=wiegender Wichtigkeit sein, daß der größere Zeit= und Kostenaufwand, welchen die Abschätzung nach dem Augenmaße erfordert, gar nicht dagegen in Betracht kommt. Die Verhältnisse können aber auch an=ders und zwar so liegen, daß der Waldbesitzer zwar auf eine genaue Abschätzung der haubaren Bestände immer noch Werth legt, daß er aber doch auch nicht minder den Kostenpunkt berücksichtigen muß, (ein Verhältniß, welches bei der Abschätzung größerer Staatsforsten in der Regel eintreten wird) und endlich kann der Waldbesitzer vielleicht Gründe haben, eine ganz oberflächliche Abschätzung seines Waldes einer genauern, aber auch kostspieligern, vorzuziehen. Je nachdem das eine oder das andere Interesse mehr vorwaltet, desto früher oder später wird der Taxator von der Abschätzung nach dem Augenmaße

Abstand nehmen und zu andern Abschätzungsmethoden, z. B. zu der Abschätzung nach Massentafeln, übergehen müssen.

Ich wiederhole also, daß sich hierfür keine bestimmte Grenze ziehen läßt. Es giebt jedoch ein äußeres Merkmal, an welchem man gewissermaßen herausfühlen kann, ob die Abschätzung nach dem Augenmaße noch anwendbar ist oder nicht. Wenn der Taxator nämlich durch Rücksichten auf Zeit= und Kostenersparung dazu gedrängt wird, nicht mehr an jeden einzelnen Stamm heranzutreten, wenn er sich genöthigt sieht, wie bei der Abschätzung nach Massentafeln, in grader Richtung fortzuschreiten und alle innerhalb eines gewissen Striches befindlichen Stämme bald in größter Nähe und bald aus weiteren Entfernungen abzuschätzen, dann ist der Zeitpunkt gekommen, wo er die Abschätzung nach dem Augenmaße verlassen und zu der Abschätzung nach Massentafeln oder andern Abschätzungsmethoden übergehen muß. Die Abschätzung nach Massentafeln ist dann unbedingt sicherer, als die Abschätzung nach dem Augenmaße.

Ich habe bisher nur immer den Fall vor Augen gehabt, wo einem geübten Taxator eine Abschätzung übertragen wird und wo dieser vor dem Beginn der Arbeit überlegt, welche Bestandsabtheilungen er nach dem Augenmaße und welche er nach Massentafeln abschätzen will. Es kommt aber auch der Fall vor, daß einem ungeübten Taxator Abschätzungen übertragen werden, und es muß daher auch dieser Fall berücksichtigt werden. Ich will also annehmen, es würde mir Dein Neffe, der Forstcandidat, als Taxator überwiesen, und er hätte zufällig in Deinem Pulte meine Massentafel gefunden und den Entschluß gefaßt, danach abzuschätzen. Nun, Freund, dann würde ich weniger schlaflose Nächte haben, als wenn ich ihn ohne diese Tabelle im Walde herumgehen und mit jugendlichem Selbstvertrauen nach bloßem Augenmaße abschätzen sähe. Er würde dann doch nur den einen Factor, die Höhe, unrichtig ansprechen können, während bei der Abschätzung nach dem Augenmaße dreifache Fehler zu besorgen sind. Ueberdieß wird er, trotz aller Bedingungen, die er beim Examen erhalten hat, doch so viel begreifen, daß bei der Abschätzung nach Massentafeln alles auf die richtige Schätzung der Höhe ankommt, er wird daher hierauf seine ganze Aufmerksamkeit richten und alle Hülfsmittel, welche sich ihm grade darbieten, um die Höhe richtig anzusprechen, wahrnehmen. Er wird es hoffentlich nicht ver=

schmähen, den Förster oder Holzhauermeister, wenn dieser im An=
sprechen der Höhe Uebung besitzt, zu Rathe zu ziehen, er wird viel=
leicht von der Erlaubniß Gebrauch machen, einzelne Stämme in jeder
Bestandsabtheilung fällen zu lassen, er wird im Nothfalle auch wohl
zu dem Höhenmesser seine Zuflucht nehmen. — Je ungeübter der
Taxator ist, desto mehr ziehe ich die Abschätzung nach Massentafeln
der Abschätzung nach dem Augenmaße selbst in denjenigen Fällen vor,
wo der geübte Taxator erstere niemals anwenden wird.

Von allen Einwendungen, welche Du gegen die Anwendung
von Massentafeln erhoben hast, ist anscheinend der gewichtigste, daß
der Taxator nicht im Stande ist, unregelmäßige Stämme danach
abzuschätzen. Das Factum ist vollkommen richtig; unregelmäßige
Stämme können nicht nach Massentafeln, sondern müssen von dem
geübten wie von dem ungeübten Taxator besonders abgeschätzt werden.

Bei dem geübten Taxator hat dieß keine Gefahr; der ungeübte
wird solche Stämme allerdings schlecht genug abschätzen, allein es ist
doch immer besser, daß er die regelmäßigen richtig und nur die un=
regelmäßigen falsch abschätzt, als daß er alle Stämme ohne Ausnahme,
regelmäßige und unregelmäßige, unrichtig anspricht.

Alles was ich hier über die Anwendung von Massentafeln ge=
sagt habe, bezieht sich zunächst nur auf Kiefernmassentafeln. Es
wird aber auch auf alle diejenigen Holzarten anzuwenden sein, deren
Schaft so regelmäßig gebildet ist, daß man die Form desselben durch
Berechnung der Ein= und Ausbiegungen und Ein= und Ausbauchun=
gen darstellen kann. Daß die Kiefer in dieser Beziehung keine ganz
günstige Holzart ist und gewissermaßen den Uebergang zwischen den
übrigen Nadelholzarten zu den Laubholzarten bildet, habe ich schon
früher erwähnt, und ich habe es hiermit zugleich ausgesprochen, daß
ich die Anwendung von Massentafeln für alle Nadelholzarten für
anwendbar halte. Je unregelmäßiger bei einer Holzart die Schaft=
bildung, je größer die in den Aesten enthaltene Holzmasse im Ver=
hältniß zur Holzmasse des Schaftes ist, desto schwieriger muß die
Aufstellung von Massentafeln und desto unzuverlässiger müssen die
nach solchen Massentafeln ausgeführten Abschätzungen werden. Eichen=
wälder möchte ich niemals nach Massentafeln abschätzen.

Ich würde hiermit schließen, Freund, wenn ich nicht noch eine
Bitte an Dich zu richten hätte. Wir haben Beide einen für die

Forsttaxation hochwichtigen Gegenstand behandelt, und es könnten
vielleicht auch noch Andere einen practischen Nutzen daraus ziehen.
Gestatte mir also unseren Briefwechsel mit einigen Ergänzungen und
Abänderungen und, wenn Du es wünschen solltest, mit Verschweigung
Deines Namens, der Oeffentlichkeit zu übergeben.

Auch für die Wissenschaft verspreche ich mir hiervon einigen Nutzen.
Ich habe in diesen Briefen Saiten angeschlagen, welche noch niemals
getönt haben; es sind leider bis jetzt zum Theil nur vereinzelte Saiten,
und es schmerzt mich tief, daß es so ist. Ich hoffe aber, daß diese
Töne aufmerksame Ohren finden, und daß nach mir Andere die feh=
lenden Saiten ergänzen und dann Accorde anschlagen werden. Es bleibt
noch viel, sehr viel zu thun übrig! Niemand fürchte, daß der Vor=
gänger bereits alles erschöpft habe, Niemand hoffe, den Gegenstand
seinerseits so weit zu erschöpfen, daß der Nachfolger nichts mehr daran
verbessern könne. Ich weiß einen Vers von Göthe, der hierauf paßt,
und den ich für die zahlreichen Verse, mit welchen Du mich erfreut
hast, zum Schluß hinzufügen will:

> Wer auf die Welt kommt, baut ein neues Haus,
> Er geht, und läfst es einem Zweiten,
> Der wird sich's anders zubereiten
> Und Niemand baut es aus!

Berlin, Druck der Gebr. Unger'schen Hofbuchdruckerei.

Druckfehler.

Seite 81 Zeile 1 von unten lies „Berechnung“ statt „Tabelle“.
„ 112 „ 16 „ oben „ „bedeutender“ statt „unbedeutender“.
„ 147 „ 13 „ unten „ „das“ statt „daß“.
„ 150 „ 1 „ oben „ „seinen“ statt „seinem“.
„ 154 „ 17 „ unten „ „Meßbande“ statt „Messebande“.
„ 172 „ 10 „ oben „ „einen“ statt „einem“.

Beilagen zum 1sten Abschnitt.

a.

Berechnung der Ein- und Ausbiegungen und Ein- und Ausbauchungen für 100 Kiefern von 30′ bis 99′ Länge.

1 Nummer u. Länge des Stammes	2 Höhe (Fuß)	3 Durchmesser des Stammes bei der in Colonne 2 angegebenen Höhe (Zoll)	4 Durchmesser des Kegels (Zoll)	5 Ausbauchungen (Zoll)	6 Einbauchungen (Zoll)	7 Abfall von sechs zu sechs Fuß (Zoll)	8 Ziffer für die Ein- u. Ausbiegungen (Zoll)
1 (32′)	32	0	0				
	21	3,	1,90	1,10		1,64	—1,39
	15	3,25	2,93	0,32		0,25	+0,50
	9	4,	3,97	0,03		0,75	+0,25
	3	5,	5,			1,	
2 (35′)	35	0	0				
	21	3,50	2,19	1,31		1,50	—1,25
	15	3,75	3,13	0,62		0,25	+0,50
	9	4,50	4,06	0,44		0,75	—0,25
	3	5,	5,			0,50	
3 (30′)	30	0	0				
	21	3,25	1,83	1,42		2,17	—1,42
	15	4,	3,06	0,94		0,75	0
	9	4,75	4,28	0,47		0,75	0
	3	5,50	5,50			0,75	
4 (35′)	35	0	0				
	21	3,75	2,63	1,12		1,61	—1,11
	15	4,25	3,75	0,50		0,50	0
	9	4,75	4,88		0,13	0,50	+0,75
	3	6,	6,			1,25	
5 (33′)	33	0	0				
	21	3,50	2,40	1,10		1,75	—1,
	15	4,25	3,60	0,65		0,75	0
	9	5,	4,80	0,20		0,75	+0,25
	3	6,	6,			1,	
6 (33′)	33	0	0				
	21	3,25	2,50	0,75		1,63	—0,88
	15	4,	3,75	0,25		0,75	+0,25
	9	5,	5,	0	0	1,	+0,25
	3	6,25	6,25			1,25	
7 (32′)	32	0	0				
	21	3,50	2,37	1,13		1,91	—1,16
	15	4,25	3,66	0,59		0,75	0
	9	5,	4,96	0,01		0,75	+0,50
	3	6,25	6,25			1,25	
8 (36′)	36	0	0				
	27	3,	1,70	1,30		2,	—1,
	21	4,	2,84	1,16		1,	—0,25
	15	4,75	3,98	0,77		0,75	—0,25
	9	5,25	5,11	0,14		0,50	+0,50
	3	6,25	6,25			1,	
9 (30′)	30	0	0				
	21	3,25	2,17	1,08		2,17	—1,17
	15	4,25	3,61	0,64		1,	0
	9	5,25	5,06	0,19		1,	+0,25
	3	6,50	6,50			1,25	
10 (36′)	36	0	0				
	27	3,	1,98	1,02		2,	—0,75
	21	4,25	3,30	0,95		1,25	—0,50
	15	5,	4,61	0,39		0,75	0
	9	5,75	5,93		0,18	0,75	+0,75
	3	7,25	7,25			1,50	

1	2	3	4	5	6	7	8
Nummer u. Länge des Stammes	Höhe	Durchmesser des Stammes bei der in Colonne 2 angegebenen Höhe	Durchmesser des Kegels	Ausbauchungen	Einbauchungen	Abfall von sechs zu sechs Fuß	Ziffer für die Ein- u. Ausbiegungen
	Fuß	Zoll	Zoll	Zoll	Zoll	Zoll	Zoll
11 (38')	38	0	0				
	27	3,50	2,36	1,14		1,91	−0,66
	21	4,75	3,64	1,11		1,25	−0,25
	15	5,75	4,93	0,82		1,	−0,25
	9	6,50	6,21	0,29		0,75	+0,25
	3	7,50	7,50			1,	
12 (39')	39	0	0				
	27	3,50	2,58	0,92		1,75	−0,50
	21	4,75	3,88	0,87		1,25	0
	15	6,	5,17	0,83		1,25	−0,75
	9	6,50	6,46	0,04		0,50	+0,75
	3	7,75	7,75			1,25	
13 (38')	38	0	0				
	27	4,	2,75	1,25		2,18	−0,68
	21	5,50	4,25	1,25		1,50	−0,75
	15	6,25	5,75	0,50		0,75	0
	9	7,	7,25		0,25	0,75	+1,
	3	8,75	8,75			1,75	
14 (39')	39	0	0				
	27	3,	3,17		0,17	1,50	+1,50
	21	6,	4,75	1,25		3,	−2,25
	15	6,75	6,33	0,42		0,75	+1,25
	9	8,75	7,92	0,83		2,	−1,25
	3	9,50	9,50			0,75	
15 (44')	44	0	0				
	27	3,	2,28	0,72		1,06	−1,56
	21	3,50	3,09	0,41		0,50	0
	15	4,	3,89	0,11		0,50	0
	9	4,50	4,70		0,20	0,50	+0,50
	3	5,50	5,50			1,	

1	2	3	4	5	6	7	8
Nummer u. Länge des Stammes	Höhe	Durchmesser des Stammes bei der in Colonne 2 angegebenen Höhe	Durchmesser des Kegels	Ausbauchungen	Einbauchungen	Abfall von sechs zu sechs Fuß	Ziffer für die Ein- u. Ausbiegungen
	Fuß	Zoll	Zoll	Zoll	Zoll	Zoll	Zoll
16 (45')	45	0	0				
	33	3,	1,71	1,29		1,50	−0,50
	27	4,	2,57	1,43		1,	−0,25
	21	4,25	3,43	0,82		0,75	−0,25
	15	4,75	4,29	0,46		0,50	0
	9	5,25	5,14	0,11		0,50	+0,25
	3	6,	6,			0,75	
17 (40')	40	0	0				
	27	3,50	2,37	1,13		1,62	−1,12
	21	4,	3,47	0,53		0,50	0
	15	4,50	4,56		0,06	0,50	0
	9	5,	5,66		0,66	0,50	+1,25
	3	6,75	6,75			1,75	
18 (42')	42	0	0				
	33	3,	1,62	1,38		2,	−0,75
	27	4,25	2,69	1,56		1,25	−0,50
	21	5,	3,77	1,23		0,75	−0,25
	15	5,50	4,85	0,65		0,50	+0,25
	9	6,25	5,92	0,33		0,75	0
	3	7,	7,			0,75	
19 (48')	48	0	0				
	33	3,75	2,50	1,25		1,50	−0,75
	27	4,50	3,50	1,		0,75	0
	21	5,25	4,50	0,75		0,75	0
	15	6,	5,50	0,50		0,75	−0,25
	9	6,50	6,50	0	0	0,50	+0,50
	3	7,50	7,50			1,	

Linke Tabellenhälfte:

1	2	3	4	5	6	7	8
Nummer u. Länge des Stammes	Höhe (Fuß)	Durchmesser des Stammes bei der in Colonne 2 angegebenen Höhe (Zoll)	Kegels (Zoll)	Ausbauchungen (Zoll)	Einbauchungen (Zoll)	Abfall von sechs zu sechs Fuß (Zoll)	Ziffer für die Ein- u. Ausbiegungen
20 (46')	46	0	0			1,38	
	33	3,	2,27	0,73		1,50	+0,12
	27	4,50	3,31	1,19		0,50	−1,
	21	5,	4,36	0,64		1,	+0,50
	15	6,	5,41	0,59		0,50	−0,50
	9	6,50	6,45	0,05		1,	+0,50
	3	7,50	7,50				
21 (40')	40	0	0			1,96	
	27	4,25	3,07	1,18		1,25	−0,71
	21	5,50	4,49	1,01		1,	−0,25
	15	6,50	5,91	0,59		0,75	−0,25
	9	7,25	7,33	.	0,08	1,50	+0,75
	3	8,75	8,75				
22 (49')	49	0	0			1,95	
	39	3,25	1,96	1,29		1,75	−0,20
	33	5,	3,13	1,87		0,75	−1,
	27	5,75	4,30	1,45		0,25	−0,50
	21	6,	5,48	0,52		0,75	+0,50
	15	6,75	6,65	0,10		0,75	0
	9	7,50	7,83	.	0,33	1,50	+0,75
	3	9,	9,				
23 (45')	45	0	0			1,88	
	33	3,75	2,64	1,11		1,50	−0,38
	27	5,25	3,96	1,29		1,75	+0,25
	21	7,	5,29	1,71		0,50	−1,25
	15	7,50	6,61	0,89		0,75	+0,25
	9	8,25	7,93	0,32		1,	+0,25
	3	9,25	9,25				

Rechte Tabellenhälfte:

1	2	3	4	5	6	7	8
Nummer u. Länge des Stammes	Höhe (Fuß)	Durchmesser des Stammes bei der in Colonne 2 angegebenen Höhe (Zoll)	Kegels (Zoll)	Ausbauchungen (Zoll)	Einbauchungen (Zoll)	Abfall von sechs zu sechs Fuß (Zoll)	Ziffer für die Ein- u. Ausbiegungen
24 (47')	47	0	0			1,61	
	33	3,75	2,94	0,81		1,50	−0,11
	27	5,25	4,20	1,05		1,	−0,50
	21	6,25	5,17	0,78		0,75	−0,25
	15	7,	6,73	0,27		1,	+0,25
	9	8,	7,99	0,01		1,25	+0,25
	3	9,25	9,25				
25 (47')	47	0	0			2,25	
	39	3,	1,73	1,27		1,75	−0,50
	33	4,75	3,02	1,73		1,	−0,75
	27	5,75	4,32	1,43		1,	0
	21	6,75	5,61	1,14		0,50	−0,50
	15	7,25	6,91	0,34		0,75	+0,25
	9	8,	8,20	.	0,20	1,50	+0,75
	3	9,50	9,50				
26 (46')	46	0	0			2,57	
	39	3,	1,55	1,45		1,50	−1,07
	33	4,50	2,87	1,63		1,25	−0,25
	27	5,75	4,20	1,55		0,75	−0,50
	21	6,50	5,52	0,98		0,75	0
	15	7,25	6,85	0,40		0,50	−0,25
	9	7,75	8,17	.	0,42	1,75	+1,25
	3	9,50	9,50				
27 (44')	44	0	0			1,91	
	33	3,50	3,15	0,35		2,	+0,09
	27	5,50	4,87	0,63		2,50	+0,50
	21	8,	6,59	1,41		1,	−1,50
	15	9,	8,31	0,69		1,25	+0,25
	9	10,25	10,03	0,22		1,50	+0,25
	3	11,75	11,75				

(6)

Linke Tabelle

1 — Nummer u. Länge des Stammes	2 — Höhe (Fuß)	3 — Durchmesser des Stammes bei der in Colonne 2 angegebenen Höhe (Zoll)	4 — Kegels (Zoll)	5 — Ausbauchungen (Zoll)	6 — Einbauchungen (Zoll)	7 — Abfall von sechs Fuß zu sechs Fuß (Zoll)	8 — Ziffer für die Ein- u. Ausbauchungen (Zoll)
28 (48')	48	0	0				
	39	4,75	2,70	2,05		3,17	−1,42
	33	6,50	4,50	2,		1,75	−0,75
	27	7,50	6,30	1,20		1,	+1,
	21	9,50	8,10	1,40		2,	−1,
	15	10,50	9,90	0,60		1,	+0,25
	9	11,75	11,70	0,05		1,25	+0,50
	3	13,50	13,50			1,75	
29 (54')	54	0	0				
	39	3,	1,69	1,31		1,20	−0,70
	33	3,50	2,37	1,13		0,50	0
	27	4,	3,04	0,96		0,50	−0,50
	21	4,	3,72	0,28		0	+0,50
	15	4,50	4,40	0,10		0,50	−0,25
	9	4,75	5,07	.	0,32	0,25	+0,75
	3	5,75	5,75			1,	
30 (54')	54	0	0				
	39	3,50	2,21	1,29		1,40	−0,40
	33	4,50	3,09	1,41		1,	−0,50
	27	5,	3,97	1,03		0,50	0
	21	5,50	4,85	0,65		0,50	+0,25
	15	6,25	5,74	0,51		0,75	0
	9	7,	6,62	0,38		0,75	−0,25
	3	7,50	7,50			0,50	
31 (59')	59	0	0				
	45	3,50	1,94	1,56		1,50	−0,75
	39	4,25	2,77	1,48		0,75	0
	33	5,	3,60	1,40		0,75	−0,25
	27	5,50	4,13	1,07		0,50	0
	21	6,	5,26	0,74		0,50	0
	15	6,50	6,09	0,41		0,50	0
	9	7,	6,92	0,08		0,50	+0,25
	3	7,75	7,75			0,75	

Rechte Tabelle

1 — Nummer u. Länge des Stammes	2 — Höhe (Fuß)	3 — Durchmesser des Stammes bei der in Colonne 2 angegebenen Höhe (Zoll)	4 — Kegels (Zoll)	5 — Ausbauchungen (Zoll)	6 — Einbauchungen (Zoll)	7 — Abfall von sechs Fuß zu sechs Fuß (Zoll)	8 — Ziffer für die Ein- u. Ausbauchungen (Zoll)
32 (52')	52	0	0				
	39	3,75	2,19	1,56		1,73	−0,48
	33	5,	3,20	1,80		1,25	−0,50
	27	5,75	4,21	1,54		0,75	−0,25
	21	6,25	5,22	1,03		0,50	+0,25
	15	7,	6,23	0,77		0,75	−0,25
	9	7,50	7,24	0,26		0,50	+0,25
	3	8,25	8,25			0,75	
33 (52')	52	0	0				
	39	3,50	2,26	1,24		1,62	−0,62
	33	4,50	3,30	1,20		1,	0
	27	5,50	4,34	1,16		1,	−0,50
	21	6,	5,38	0,62		0,50	0
	15	6,50	6,42	0,08		0,50	+0,50
	9	7,50	7,46	0,04		1,	0
	3	8,50	8,50			1,	
34 (51')	51	0	0				
	39	3,75	2,50	1,25		1,88	−0,38
	33	5,25	3,75	1,50		1,50	−0,25
	27	6,50	5,	1,50		1,25	−0,50
	21	7,25	6,25	1,		0,75	0
	15	8,	7,50	0,50		0,75	0
	9	8,75	8,75	0	0	0,75	+0,50
	3	10,	10,			1,25	
35 (55')	55	0	0				
	45	3,25	1,92	1,33		1,95	−0,20
	39	5,	3,08	1,92		1,75	−0,75
	33	6,	4,23	1,77		1,	0
	27	7,	5,38	1,62		1,	−0,50
	21	7,50	6,54	0,96		0,50	+0,25
	15	8,25	7,69	0,56		0,75	0
	9	9,	8,85	0,15		0,75	+0,25
	3	10,	10,			1,	

1	2	3	4	5	6	7	8
Nummer u. Länge des Stammes	Höhe	Durchmesser des Stammes	Kegels	Ausbauchungen	Einbauchungen	Abfall von sechs zu sechs Fuß	Ziffer für die Ein- u. Ausbiegungen
	Fuß	Zoll	Zoll	Zoll	Zoll	Zoll	Zoll
36 (57')	57	0	0			1,50	
	45	3,	2,28	0,72		1,50	0
	39	4,50	3,42	1,08		1,	−0,50
	33	5,50	4,56	0,64		1,	0
	27	6,50	5,69	0,81		0,50	−0,50
	21	7,	6,83	0,17		0,50	0
	15	7,50	7,97		0,47	0,75	+0,25
	9	8,25	9,11		0,56	2,	+1,25
	3	10,25	10,25				
37 (55')	55	0	0			1,80	
	45	3,	2,07	0,93		1,75	−0,05
	39	4,75	3,31	1,44		1,25	−0,50
	33	6,	4,55	1,45		1,	−0,25
	27	7,	5,79	1,21		0,50	−0,50
	21	7,50	7,03	0,47		0,75	+0,25
	15	8,25	8,27		0,02	1,	+0,25
	9	9,25	9,51		0,26	1,50	+0,50
	3	10,75	10,75				
38 (54')	54	0	0			2,	
	45	3,	1,94	1,06		1,50	−0,50
	39	4,50	3,23	1,27		2,	+0,50
	33	6,50	4,53	1,97		0,75	−1,25
	27	7,25	5,82	1,43		1,25	+0,50
	21	8,50	7,12	1,38		0,75	−0,50
	15	9,25	8,41	0,84		0,25	−0,50
	9	9,50	9,71		0,21	1,50	+1,25
	3	11,	11,				
39 (58')	58	0	0			1,62	
	45	3,50	2,66	0,84		1,50	−0,12
	39	5,	3,89	1,11		1,75	+0,25
	33	6,75	5,11	1,64		0,75	−1,
	27	7,50	6,34	1,16		1,	+0,25
	21	8,50	7,57	0,93		1,	0
	15	9,50	8,80	0,70		0,75	−0,25
	9	10,25	10,02	0,23		1,	+0,25
	3	11,25	11,25				
40 (57')	57	0	0			2,	
	45	4,	3,44	0,56		1,50	−0,50
	39	5,50	5,17	0,33		1,50	0
	33	7,	6,89	0,11		2,	+0,50
	27	9,	8,61	0,39		2,	0
	21	11,	10,33	0,67		1,	−1,
	15	12,	12,06		0,06	1,50	+0,50
	9	13,50	13,78		0,28	2,	+0,50
	3	15,50	15,50				
41 (50')	50	0	0			3,	
	39	5,50	4,56	0,94		2,75	−0,25
	33	8,25	7,05	1,20		2,50	−0,25
	27	10,75	9,54	1,21		3,25	+0,75
	21	14,	12,03	1,97		1,75	−1,50
	15	15,75	14,52	1,23		1,25	−0,50
	9	17,	17,01		0,01	2,50	+1,25
	3	19,50	19,50				

Nr. u. Länge des Stammes (1)	Höhe Fuß (2)	Durchmesser des Stammes bei der in Colonne 2 angegebenen Höhe Zoll (3)	Kegels Zoll (4)	Ausbauchungen Zoll (5)	Einbauchungen Zoll (6)	Abfall von sechs zu sechs Fuß Zoll (7)	Ziffer für die Ein- u. Ausbiegungen Zoll (8)
42 (57')	57	0	0				
	51	3,	2,58	0,42		3,	+1,50
	45	7,50	5,17	1,33		4,50	−3,50
	39	8,50	7,75	0,75		1,	+4,25
	33	13,75	10,33	3,42		5,25	−2,50
	27	16,50	12,92	3,58		2,75	−1,75
	21	17,50	15,50	2,00		1,	0
	15	18,50	18,08	0,42		1,	+1,75
	9	21,25	20,67	0,58		2,75	−0,75
	3	23,25	23,25			2,	
43 (62')	62	0	0				
	45	3,50	2,23	1,27		1,24	−0,49
	39	4,25	3,02	1,23		0,75	0
	33	5,	3,81	1,19		0,75	−0,25
	27	5,50	4,60	0,90		0,50	−0,25
	21	5,75	5,39	0,36		0,25	0
	15	6,	6,17		0,17	0,25	+0,50
	9	6,75	6,96		0,21	0,75	+0,25
	3	7,75	7,75			1,	
44 (63')	63	0	0				
	45	3,50	2,55	0,95		1,17	−0,17
	39	4,50	3,40	1,10		1,	−0,25
	33	5,25	4,25	1,		0,75	−0,25
	27	5,75	5,10	0,65		0,50	0
	21	6,25	5,95	0,30		0,50	0
	15	6,75	6,80		0,05	0,50	0
	9	7,25	7,65		0,4	0,50	0,75
	3	8,50	8,50			1,25	

Nr. u. Länge des Stammes (1)	Höhe Fuß (2)	Durchmesser des Stammes bei der in Colonne 2 angegebenen Höhe Zoll (3)	Kegels Zoll (4)	Ausbauchungen Zoll (5)	Einbauchungen Zoll (6)	Abfall von sechs zu sechs Fuß Zoll (7)	Ziffer für die Ein- u. Ausbiegungen Zoll (8)
45 (68')	68	0	0				
	57	3,50	1,52	1,98		1,91	−1,11
	51	4,	2,35	1,65		0,50	+0,50
	45	5,	3,18	1,82		1,	−0,50
	39	5,50	4,02	1,48		0,50	0
	33	6,	4,85	1,15		0,50	0
	27	6,50	5,68	0,82		0,50	0
	21	7,	6,51	0,49		0,50	0
	15	7,50	7,34	0,16		0,50	0
	9	8,	8,17		0,17	0,50	+0,50
	3	9,	9,			1,	
46 (60')	60	0	0				
	51	3,	1,58	1,42		2,	−0,50
	45	4,50	2,63	1,87		1,50	−0,50
	39	5,50	3,68	1,82		1,	0
	33	6,50	4,74	1,76		1,	−0,50
	27	7,	5,79	1,21		0,50	0
	21	7,50	6,84	0,66		0,50	+0,50
	15	8,50	7,89	0,64		1,	−1,
	9	8,50	8,95		0,15	0	+1,50
	3	10,	10,			1,50	
47 (60')	60	0	0				
	45	4,75	2,76	1,99		1,90	−0,65
	39	6,	3,87	2,13		1,25	−0,25
	33	7,	4,97	2,03		1,	0
	27	8,	6,08	1,92		1,	−0,50
	21	8,50	7,18	1,32		0,50	0
	15	9,	8,29	0,71		0,50	0
	9	9,50	9,40	0,10		0,50	+0,50
	3	10,50	10,50			1,	

Linke Tafelhälfte

1 Nummer u. Länge des Stammes	2 Höhe (Fuß)	3 Durchmesser des Stammes (Zoll)	4 Durchmesser des Kegels (Zoll)	5 Ausbauchungen (Zoll)	6 Einbauchungen (Zoll)	7 Abfall von sechs zu sechs Fuß (Zoll)	8 Ziffer für die Ein- u. Ausbiegungen (Zoll)
48 (65')	65	0	0				
	51	3,50	2,43	1,07		1,50	−0,25
	45	4,75	3,47	1,28		1,25	−0,25
	39	5,75	4,51	1,24		1,	−0,25
	33	6,50	5,55	0,93		0,75	+0,25
	27	7,50	6,59	0,94		1,	−0,50
	21	8,	7,63	0,37		0,50	−0,25
	15	8,25	8,67		0,42	0,25	+0,50
	9	9,	9,71		0,74	0,75	+1,
	3	10,75	10,75			1,75	
49 (65')	65	0	0				
	51	4,50	2,60	1,90		1,93	−0,43
	45	6,	3,71	2,29		1,50	−0,75
	39	6,75	4,82	1,93		0,75	0
	33	7,50	5,94	1,56		0,75	−0,25
	27	8,	7,05	0,95		0,50	0
	21	8,50	8,16	0,34		0,50	0
	15	9,	9,27		0,27	0,50	0
	9	9,50	10,39		0,89	0,50	+1,50
	3	11,50	11,50			2,	
50 (64')	64	0	0				
	51	4,	2,66	1,34		1,85	+0,15
	45	6,	3,89	2,11		2,	−1,
	39	7,	5,12	1,88		1,	−0,25
	33	7,75	6,35	1,40		0,75	0
	27	8,50	7,58	0,92		0,75	0
	21	9,25	8,81	0,44		0,75	−0,25
	15	9,75	10,04		0,29	0,50	+0,50
	9	10,75	11,27		0,52	1,	+0,75
	3	12,50	12,50			1,75	

Rechte Tafelhälfte

1 Nummer u. Länge des Stammes	2 Höhe (Fuß)	3 Durchmesser des Stammes (Zoll)	4 Durchmesser des Kegels (Zoll)	5 Ausbauchungen (Zoll)	6 Einbauchungen (Zoll)	7 Abfall von sechs zu sechs Fuß (Zoll)	8 Ziffer für die Ein- u. Ausbiegungen (Zoll)
51 (66')	66	0	0				
	51	4,	2,98	1,02		1,60	+0,40
	45	6,	4,17	1,83		2,	−1,
	39	7,	5,36	1,64		1,	0
	33	8,	6,55	1,45		1,	0
	27	9,	7,74	1,26		1,	−1,
	21	9,	8,93	0,07		0,	+1,
	15	10,	10,12		0,12	1,	+0,50
	9	11,50	11,31	0,19		1,50	−0,50
	3	12,50	12,50			1,	
52 (66')	66	0	0				
	51	4,75	3,28	1,47		1,90	−0,65
	45	6,	4,58	1,42		1,25	0
	39	7,25	5,89	1,36		1,25	−0,50
	33	8,	7,20	0,80		0,75	+0,25
	27	9,	8,51	0,49		1,	0
	21	10,	9,82	0,18		1,	+1,
	51	12,	11,13	0,87		2,	−1,
	9	13,	12,44	0,56		1,	−0,25
	3	13,75	13,75			0,75	
53 (68')	68	0	0				
	57	4,	2,96	1,04		2,18	−0,18
	51	6,	4,58	1,42		2,	−0,50
	45	7,50	6,19	1,31		1,50	+1,
	39	10,	7,81	2,19		2,50	−2,
	33	10,50	9,42	1,08		0,50	+1,
	27	12,	11,04	0,96		1,50	−1,
	21	12,50	12,65		0,15	0,50	+1,
	15	14,	14,27		0,27	1,50	0
	9	15,50	15,88		0,38	1,50	+0,50
	3	17,50	17,50			2,	

1 Nummer u. Länge des Stammes	2 Höhe (Fuß)	3 Durchmesser des Stammes bei der in Colonne 2 angegebenen Höhe (Zoll)	4 Regels (Zoll)	5 Ausbauchungen (Zoll)	6 Einbauchungen (Zoll)	7 Abfall von sechs zu sechs Fuß (Zoll)	8 Ziffer für die Ein- u. Ausbiegungen
54 (65')	65	0	0				
	57	3,	2,55	0,45		2,25	+1,
	51	6,25	4,46	1,79		3,25	−1,
	45	8,50	6,37	2,13		2,25	0
	39	10,75	8,28	2,47		2,25	−0,50
	33	12,50	10,19	2,31		1,75	−0,75
	27	13,50	12,10	1,40		1,	−0,25
	21	14,25	14,02	0,23		0,75	+0,25
	15	15,25	15,93	.	0,63	1,	+0,50
	9	16,75	17,84	.	1,09	1,50	+1,50
	3	19,75	19,75			3,	
55 (67')	67	0	0				
	57	4,	3,09	0,91		2,40	−0,90
	51	5,50	4,94	0,56		1,50	+1,50
	45	8,50	6,79	1,71		3,	−1,50
	39	10,	8,64	1,36		1,50	−0,25
	33	11,25	10,49	0,76		1,25	+0,50
	27	13,	12,34	0,66		1,75	−0,75
	21	14,	14,20	.	0,26	1,	0
	15	15,	16,05	.	1,05	1,	+1,
	9	17,	17,50	.	0,90	2,	+0,75
	3	19,75	19,75			2,75	
56 (60')	60	0	0				
	51	3,50	3,32	0,18		2,33	+0,67
	45	6,50	5,53	0,97		3,	−1,50
	39	8,	7,74	0,26		1,50	+0,25
	33	9,75	9,95	.	0,20	1,75	+2,
	27	13,50	12,16	1,34		3,75	−1,75
	21	15,50	14,37	1,13		2,	−0,75
	15	16,75	16,58	0,17		1,25	+0,50
	9	18,50	18,79	.	0,29	1,75	+0,75
	3	21,	21,			2,50	

1 Nummer u. Länge des Stammes	2 Höhe (Fuß)	3 Durchmesser des Stammes bei der in Colonne 2 angegebenen Höhe (Zoll)	4 Regels (Zoll)	5 Ausbauchungen (Zoll)	6 Einbauchungen (Zoll)	7 Abfall von sechs zu sechs Fuß (Zoll)	8 Ziffer für die Ein- u. Ausbiegungen
57 (70')	70	0	0				
	51	3,50	2,34	1,16		1,11	−0,61
	45	4,	3,08	0,92		0,50	0
	39	4,50	3,82	0,68		0,50	0
	33	5,	4,56	0,44		0,50	−0,25
	27	5,25	5,29	.	0,04	0,25	+0,25
	21	5,75	6,03	.	0,28	0,50	0
	15	6,25	6,77	.	0,52	0,50	0
	9	6,75	7,54	.	0,76	0,50	+1,
	3	8,25	8,25			1,50	
58 (77')	77	0	0				
	63	3,75	1,75	2,		1,61	−1,36
	57	4,	2,50	1,50		0,25	+0,25
	51	4,50	3,25	1,25		0,50	0
	45	5,	4,	1,		0,50	0
	39	5,50	4,75	0,75		0,50	−0,25
	33	5,75	5,50	0,25		0,25	0
	27	6,	6,25	.	0,25	0,25	+0,25
	21	6,50	7,	.	0,50	0,50	0
	15	7,	7,75	.	0,75	0,50	+0,25
	9	7,75	8,50	.	0,75	0,75	+0,75
	3	9,25	9,25			1,50	
59 (75')	75	0	0				
	63	4,75	1,83	2,92		2,38	−0,88
	57	6,25	2,75	3,50		1,50	−0,75
	51	7,	3,67	3,33		0,75	−0,25
	45	7,50	4,58	2,92		0,50	0
	39	8,	5,50	2,50		0,50	0
	33	8,50	6,42	2,08		0,50	−0,25
	27	8,75	7,33	1,42		0,25	+0,25
	21	9,25	8,25	1,00		0,50	0
	15	9,75	9,17	0,58		0,50	−0,25
	9	10,	10,08	.	0,08	0,25	+0,75
	3	11,	11,			1,	

1	2	3	4	5	6	7	8
Nummer u. Länge des Stammes	Höhe	Durchmesser des Stammes bei der in Colonne 2 angegebenen Höhe	Durchmesser des Kegels	Ausbauchungen	Einbauchungen	Abfall von sechs zu sechs Fuß	Ziffer für die Ein- u. Ausbiegungen
	Fuß	Zoll	Zoll	Zoll	Zoll	Zoll	
60 (73')	73	0	0				
	63	3,	1,68	1,32		1,80	-0,30
	57	4,50	2,69	1,81		1,50	0
	51	6,	3,69	2,31		1,50	-0,50
	45	7,	4,70	2,30		1,	-0,50
	39	7,50	5,71	1,79		0,50	+0,25
	33	8,25	6,71	1,54		0,75	0
	27	9,	7,72	1,28		0,75	-0,25
	21	9,50	8,73	0,77		0,50	0
	15	10,	9,74	0,26		0,50	0
	9	10,50	10,74	.	0,24	0,50	+0,75
	3	11,75	11,75			1,25	
61 (71')	71	0	0				
	57	3,50	2,57	0,93		1,50	+0,75
	51	5,75	3,68	2,07		2,25	-1,50
	45	6,30	4,78	1,72		0,75	0
	39	7,25	5,88	1,37		0,75	0
	33	8,	6,09	1,01		0,75	+0,25
	27	9,	8,09	0,91		1,	-0,50
	21	9,50	9,19	0,31		0,50	0
	15	10,	10,30	.	0,30	0,50	+1,
	9	11,50	11,40	0,10		1,50	-0,50
	3	12,50	12,50			1,	
62 (78')	78	0	0				
	69	3,75	1,62	2,13		2,50	-0,50
	63	5,75	2,70	3,05		2,	-0,75
	57	7,	3,78	3,22		1,25	-0,25
	51	8,	4,86	3,14		1,	-0,50
	45	8,50	5,94	2,56		0,50	0
	39	9,	7,02	1,98		0,50	0
	33	9,50	8,10	1,40		0,50	0
	27	10,	9,18	0,82		0,50	0
	21	10,50	10,26	0,24		0,50	0
	15	11,	11,34	.	0,34	0,50	0
	9	11,50	12,42	.	0,92	0,50	+1,50
	3	13,50	13,50			2,	

1	2	3	4	5	6	7	8
Nummer u. Länge des Stammes	Höhe	Durchmesser des Stammes bei der in Colonne 2 angegebenen Höhe	Durchmesser des Kegels	Ausbauchungen	Einbauchungen	Abfall von sechs zu sechs Fuß	Ziffer für die Ein- u. Ausbiegungen
	Fuß	Zoll	Zoll	Zoll	Zoll	Zoll	
63 (70')	70	0	0				
	57	3,25	2,81	0,44		1,50	0
	51	4,75	4,11	0,64		1,50	0
	45	6,25	5,41	0,84		1,50	-0,25
	39	7,50	6,71	0,79		1,25	+0,25
	33	9,	8,01	0,99		1,50	-0,50
	27	10,	9,31	0,69		1,	0
	21	11,	10,60	0,40		1,	0
	15	12,	11,90	0,10		1,	-0,50
	9	12,50	13,20	.	0,70	0,50	+1,50
	3	14,50	14,50			2,	
64 (70')	70	0	0				
	57	4,75	3,06	1,69		2,19	+0,31
	51	7,25	4,47	2,78		2,50	-1,75
	45	8,	5,88	2,12		0,75	+0,50
	39	9,25	7,28	1,97		1,25	+1,
	33	11,50	8,70	2,80		2,25	-1,75
	27	12,	10,11	1,89		0,50	-0,25
	21	12,25	11,52	0,73		0,25	+1,
	15	13,50	12,93	0,57		1,25	-0,75
	9	14,	14,34	.	0,34	0,50	+1,25
	3	15,75	15,75			1,75	
65 (73')	73	0	0				
	63	4,25	2,43	1,82		2,55	+0,20
	57	7,	3,89	3,11		2,75	-1,75
	51	8,	5,34	2,66		1,	0
	45	9,	6,80	2,20		1,	+0,50
	39	10,50	8,26	2,24		1,50	-1,
	33	11,	9,71	1,29		0,50	+0,50
	27	12,	11,17	0,83		1,	+0,25
	21	13,25	12,63	0,62		1,25	0
	15	14,50	14,09	0,11		1,25	-0,50
	9	15,25	15,54	.	0,29	0,75	+1,
	3	17,	17,			1,75	

1	2	3	4	5	6	7	8
Nummer u. Länge des Stammes	Höhe	Durchmesser des Stammes bei der in Colonne 2 angegebenen Höhe	Kegels	Ausbauchungen	Einbauchungen	Abfall von sechs zu sechs Fuß	Ziffer für die Ein- u. Ausbiegungen
	Fuß	Zoll	Zoll	Zoll	Zoll	Zoll	
66 (73')	73	0	0				
	63	4,	2,50	1,50		2,40	—0,90
	57	5,50	4,	1,50		1,50	+1,75
	51	8,75	5,50	3,25		3,25	—2,
	45	10,	7,	3,		1,25	0
	39	11,25	8,50	2,75		1,25	—0,50
	33	12,	10,	2,		0,75	+0,25
	27	13,	11,50	1,50		1,	—0,75
	21	13,25	13,	0,25		0,25	0
	15	13,50	14,50	.	1,	0,25	+1,25
	9	15,	16,	.	1,	1,50	+1,
	3	17,50	17,50			2,50	
67 (72')	72	0	0				
	63	5,25	2,41	2,84		3,50	—1,75
	57	7,	4,02	2,98		1,75	+0,50
	51	9,25	5,63	3,62		2,25	—0,50
	45	11,	7,24	3,76		1,75	—0,75
	39	12,	8,85	3,15		1,	—0,25
	33	12,75	10,46	2,29		0,75	+1,
	27	14,50	12,07	2,43		1,75	—1,
	21	15,25	13,67	1,58		0,75	—0,50
	15	15,50	15,28	0,22		0,25	+0,50
	9	16,25	16,89	.	0,64	0,75	+1,50
	3	18,50	18,50			2,25	
68 (78')	78	0	0				
	69	3,50	2,28	1,22		2,33	+0,17
	63	6,	3,80	2,20		2,50	—1,50
	57	7,	5,32	1,68		1,	+2,
	51	10,	6,84	3,16		3,	—1,75
	45	11,25	8,36	2,89		1,25	0
	39	12,50	9,88	2,62		1,25	—0,75
	33	13,	11,40	1,60		0,50	0
	27	13,50	12,92	0,58		0,50	+0,25
	21	14,25	14,44	.	0,19	0,75	+0,25
	15	15,25	15,96	.	0,71	1,	+0,25
	9	16,50	17,48	.	0,98	1,25	+1,25
	3	19,	19,			2,50	

1	2	3	4	5	6	7	8
Nummer u. Länge des Stammes	Höhe	Durchmesser des Stammes bei der in Colonne 2 angegebenen Höhe	Kegels	Ausbauchungen	Einbauchungen	Abfall von sechs zu sechs Fuß	Ziffer für die Ein- u. Ausbiegungen
	Fuß	Zoll	Zoll	Zoll	Zoll	Zoll	
69 (79')	79	0	0				
	63	5,	4,21	0,79		1,88	—0,38
	57	6,50	5,79	0,71		1,50	+0,50
	51	8,50	7,37	1,13		2,	—0,50
	45	10,	8,95	1,05		1,50	+0,50
	39	12,	10,53	1,47		2,	—1,
	33	13,	12,11	0,89		1,	0
	27	14,	13,68	0,32		1,	0
	21	15,	15,26	.	0,26	1,	+0,50
	15	16,50	16,84	.	0,34	1,50	0
	9	18,	18,42	.	0,42	1,50	+0,50
	3	20,	20,			2,	
70 (77')	77	0	0				
	69	5,	2,27	2,73		3,75	—1,50
	63	7,25	3,97	3,28		2,25	—0,50
	57	9,	5,68	3,32		1,75	+0,25
	51	11,	7,38	3,62		2,	—0,25
	45	12,75	9,08	3,67		1,75	—0,50
	39	14,	10,78	3,22		1,25	—0,75
	33	14,50	12,49	2,01		0,50	+0,50
	27	15,50	14,19	1,31		1,	—0,50
	21	16,	15,89	0,11		0,50	+0,50
	15	17,	17,59	.	0,59	1,	0
	9	18,	19,30	.	1,30	1,	+2,
	3	21,	21,			3,	
71 (80')	80	0	0				
	69	3,	1,36	1,64		1,64	—0,64
	63	4,	2,10	1,90		1,	—0,25
	57	4,75	2,84	1,91		0,75	—0,25
	51	5,25	3,58	1,67		0,50	0
	45	5,75	4,32	1,43		0,50	0
	39	6,25	5,06	1,19		0,50	—0,25
	33	6,50	5,80	0,70		0,25	0
	27	6,75	6,54	0,21		0,25	+0,25
	21	7,25	7,28	.	0,03	0,50	0
	15	7,75	8,02	.	0,27	0,50	+0,25
	9	8,50	8,76	.	0,26	0,75	+0,25
	3	9,50	9,50			1,	

1 Nummer u. Länge des Stammes	2 Höhe (Fuß)	3 Durchmesser des Stammes bei der in Colonne 2 angegebenen Höhe (Zoll)	4 Kegels (Zoll)	5 Ausbauchungen (Zoll)	6 Einbauchungen (Zoll)	7 Abfall von sechs zu sechs Fuß (Zoll)	8 Ziffer für die Ein- u. Ausbiegungen (Zoll)
72 (85')	85	0	0				
	75	3,	1,59	1,41	.	1,80	+0,45
	69	5,25	2,54	2,71	.	2,25	−1,25
	63	6,25	3,49	2,76	.	1,	0
	57	7,25	4,44	2,81	.	1,	−0,50
	51	7,75	5,39	2,36	.	0,50	+0,25
	45	8,50	6,34	2,16	.	0,75	−0,25
	39	9,	7,29	1,71	.	0,50	+0,25
	33	9,75	8,24	1,51	.	0,75	−0,25
	27	10,25	9,20	1,05	.	0,50	0
	21	10,75	10,15	0,60	.	0,50	+0,25
	15	11,50	11,10	0,40	.	0,75	−0,25
	9	12,	12,05	.	0,05	0,50	+0,50
	3	13,	13,			1,	
73 (80')	80	0	0				
	69	4,50	2,07	2,43	.	2,45	−0,45
	63	6,50	3,20	3,30	.	2,	−0,75
	57	7,75	4,33	3,42	.	1,25	−0,50
	51	8,50	5,46	3,04	.	0,75	0
	45	9,25	6,59	2,66	.	0,75	0
	39	10,	7,72	2,28	.	0,75	0
	33	10,75	8,85	1,90	.	0,75	−0,25
	27	11,25	9,98	1,27	.	0,50	+0,25
	21	12,	11,11	0,89	.	0,75	−0,25
	15	12,50	12,23	0,27	.	0,50	0
	9	13,	13,36	.	0,36	0,50	+1,
	3	14,50	14,50			1,50	
74 (80')	80	0	0				
	69	5,	2,07	2,93	.	2,73	−1,48
	63	6,25	3,20	3,05	.	1,25	−0,50
	57	7,	4,33	2,67	.	0,75	0
	51	7,75	5,46	2,29	.	0,75	0
	45	8,50	6,59	1,91	.	0,75	−0,25
	39	9,	7,72	1,29	.	0,50	+0,50
	33	10,	8,85	1,15	.	1,	−0,50
	27	10,50	9,98	0,52	.	0,50	0
	21	11,	11,11	.	0,11	0,50	+0,50
	15	12,	12,23	.	0,23	1,	−0,50
	9	12,50	13,36	.	0,36	0,50	+1,50
	3	14,50	14,50			2,	

1 Nummer u. Länge des Stammes	2 Höhe (Fuß)	3 Durchmesser des Stammes bei der in Colonne 2 angegebenen Höhe (Zoll)	4 Kegels (Zoll)	5 Ausbauchungen (Zoll)	6 Einbauchungen (Zoll)	7 Abfall von sechs zu sechs Fuß (Zoll)	8 Ziffer für die Ein- u. Ausbiegungen (Zoll)
75 (83')	83	0	0				
	75	3,	1,50	1,50	.	2,25	−1,25
	69	4,	2,63	1,37	.	1,	+1,
	63	6,	3,75	2,25	.	2,	−1,50
	57	6,50	4,88	1,62	.	0,50	+0,50
	51	7,50	6,	1,50	.	1,	0
	45	8,50	7,13	1,37	.	1,	0
	39	9,50	8,25	1,25	.	1,	−0,50
	33	10,	9,38	0,62	.	0,50	0
	27	10,50	10,50	0	0	0,50	+0,50
	21	11,50	11,63	.	0,13	1,	−0,25
	15	12,25	12,75	.	0,50	0,75	0
	9	13,	13,88	.	0,88	0,75	+1,25
	3	15,	15,			2,	
76 (88')	88	0	0				
	75	5,	2,45	2,55	.	2,31	−1,31
	69	6,	3,58	2,42	.	1,	0
	63	7,	4,71	2,29	.	1,	0
	57	8,	5,84	2,16	.	1,	−0,50
	51	8,5	6,97	1,53	.	0,50	+0,25
	45	9,25	8,09	1,16	.	0,75	−0,25
	39	9,75	9,22	0,53	.	0,50	0
	33	10,25	10,35	.	0,10	0,50	+0,50
	27	11,25	11,48	.	0,23	1,	−0,50
	21	11,75	12,61	.	0,86	0,50	+0,25
	15	12,50	13,74	.	1,24	0,75	0
	9	13,25	18,88	.	1,63	0,75	+2,
	3	16,	14,			2,75	
77 (84')	84	0	0				
	69	4,75	3,01	1,74	.	1,90	−0,15
	63	6,50	4,21	2,29	.	1,75	−0,75
	57	7,50	5,42	2,08	.	1,	+0,50
	51	9,	6,62	2,38	.	1,50	−1,
	45	9,50	7,82	1,69	.	0,50	+0,50
	39	10,50	9,03	1,47	.	1,	−0,25
	33	11,25	10,23	1,02	.	0,75	+0,50
	27	12,50	11,44	1,06	.	1,25	−1,
	21	12,75	12,64	0,11	.	0,25	+0,75
	15	13,75	13,84	.	0,09	1,	−0,75
	9	14,	15,04	.	1,64	0,25	+2,
	3	16,25	16,25			2,25	

1	2	3	4	5	6	7	8
Nummer u. Länge des Stammes	Höhe	Durchmesser des Stammes bei der in Colonne 2 angegebenen Höhe	Durchmesser des Kegels	Ausbauchungen	Einbauchungen	Abfall von sechs zu sechs Fuß	Ziffer für die Ein- u. Ausbauchungen
	Fuß	Zoll	Zoll	Zoll	Zoll	Zoll	Zoll
78 (84′)	84	0	0			2,33	
	75	3,50	1,89	1,61		1,50	—0,83
	69	5,	3,15	1,85		2,25	+0,75
	63	7,25	4,41	2,84		1,75	—0,50
	57	9,	5,67	3,33		0,75	—1,
	51	9,75	6,93	2,82		1,	+0,25
	45	10,75	8,19	2,56		0,75	—0,25
	39	11,50	9,44	2,06		0,50	—0,25
	33	12,	10,70	1,30		0,75	+0,25
	27	12,75	11,96	0,79		0,50	—0,25
	21	13,25	13,22	0,03		0,75	+0,25
	15	14,	14,48		0,48	1,	+0,25
	9	15,	15,74		0,74	2,	+1,
	3	17,	17,				

1	2	3	4	5	6	7	8
Nummer u. Länge des Stammes	Höhe	Durchmesser des Stammes bei der in Colonne 2 angegebenen Höhe	Durchmesser des Kegels	Ausbauchungen	Einbauchungen	Abfall von sechs zu sechs Fuß	Ziffer für die Ein- u. Ausbiegungen
	Fuß	Zoll	Zoll	Zoll	Zoll	Zoll	Zoll
80 (84′)	84	0	0			2,	
	75	3,	2,08	0,92		2,	0
	69	5,	3,47	1,53		1,75	—0,25
	63	6,75	4,86	1,89		2,	+0,25
	57	8,75	6,25	2,50		1,	—1,
	51	9,75	7,64	2,11		1,50	+0,50
	45	11,25	9,03	2,22		0,25	—1,25
	39	11,50	10,42	1,08		1,25	+1,
	33	12,75	11,81	0,94		0,75	—0,50
	27	13,50	13,19	0,31		1,	+0,25
	21	14,50	14,58		0,08	1,	0
	15	15,50	15,97		0,47	1,25	+0,25
	9	16,75	17,36		0,61	2,	+0,75
	3	18,75	18,75				

1	2	3	4	5	6	7	8
79 (88′)	88	0	0			2,37	
	81	3,	1,44	1,56		2,75	+0,18
	75	5,75	2,68	3,07		1,75	—1,
	69	7,50	3,91	3,59		1,50	—0,25
	63	9,	5,15	3,85		1,25	—0,25
	57	10,25	6,38	3,87		1,25	0
	51	11,50	7,62	3,88		0,50	—0,75
	45	12,	8,85	3,15		0,75	+0,25
	39	12,75	10,09	2,66		0,25	—0,50
	33	13,	11,32	1,68		0,75	+0,50
	27	13,75	12,56	1,19		0,50	—0,25
	21	14,25	13,79	0,46		1,	+0,50
	15	15,25	15,03	0,22		0,75	—0,25
	9	16,	16,26		0,26	1,50	+0,75
	3	17,50	17,50				

1	2	3	4	5	6	7	8
81 (86′)	86	0	0			2,45	
	75	4,50	2,78	1,72		2,75	+0,30
	69	7,25	4,30	2,95		2,	—0,75
	63	9,25	5,82	3,43		1,50	—0,50
	57	10,75	7,34	3,41		1,	—0,50
	51	11,75	8,86	2,89		1,75	+0,75
	45	13,50	10,37	3,13		0,50	—1,25
	39	14,	11,89	2,11		0,75	+0,25
	33	14,75	13,41	1,34		0,75	0
	27	15,50	14,93	0,57		1,25	+0,50
	21	16,75	16,45	0,30		0,75	—0,50
	15	17,50	17,96		0,46	1,	+0,25
	9	18,50	19,48		0,29	2,50	+1,50
	3	21,	21,				

1	2	3	4	5	6	7	8
Nummer u. Länge des Stammes	Höhe	Durchmesser des Stammes bei der in Colonne 2 angegebenen Höhe	Durchmesser des Kegels	Ausbauchungen	Einbauchungen	Abfall von sechs zu sechs Fuß	Ziffer für die Ein- u. Ausbiegungen
	Fuß	Zoll	Zoll	Zoll	Zoll	Zoll	
82 (88')	88	0	0				
	81	3,	1,77	1,23		2,57	−0,07
	75	5,50	3,29	2,21		2,50	−0,50
	69	7,50	4,81	2,69		2,	−1,
	63	8,50	6,32	2,13		1,	+1,
	57	10,50	7,84	2,66		2,	−0,50
	51	12,	9,36	2,64		1,50	0
	45	13,50	10,88	2,62		1,50	−0,50
	39	14,50	12,39	2,11		1,	0
	33	15,50	13,91	1,59		1,	−0,25
	27	16,25	15,43	0,82		0,75	0
	21	17,	16,95	0,05		0,75	+0,50
	15	18,25	18,46		0,21	1,25	−0,25
	9	19,25	19,98		0,73	1,	+1,25
	3	21,50	21,50			2,25	
83 (82')	82	0	0				
	69	5,50	3,58	1,92		2,54	−0,79
	63	7,25	5,23	2,02		1,75	+0,25
	57	9,25	6,88	2,37		2,	−0,75
	51	10,50	8,53	1,97		1,25	+0,25
	45	12,	10,19	1,81		1,50	−0,25
	39	13,25	11,84	1,41		1,25	−0,25
	33	14,25	13,49	0,76		1,	0
	27	15,25	15,14	0,11		1,	0
	21	16,25	16,79		0,54	1,	+0,25
	15	17,50	18,45		0,95	1,25	−0,25
	9	18,50	20,10		1,60	1,	+2,25
	3	21,75	21,75			3,25	

1	2	3	4	5	6	7	8
Nummer u. Länge des Stammes	Höhe	Durchmesser des Stammes bei der in Colonne 2 angegebenen Höhe	Durchmesser des Kegels	Ausbauchungen	Einbauchungen	Abfall von sechs zu sechs Fuß	Ziffer für die Ein- u. Ausbiegungen
	Fuß	Zoll	Zoll	Zoll	Zoll	Zoll	
84 (85')	85	0	0				
	75	4,	3,66	0,34		2,40	+0,10
	69	6,50	5,85	0,65		2,50	+1,
	63	10,	8,05	1,95		3,50	−1,
	57	12,50	10,24	2,26		2,50	−0,75
	51	14,25	12,44	1,81		1,75	+0,75
	45	16,75	14,63	2,12		2,50	−0,75
	39	18,50	16,83	1,67		1,75	−0,50
	33	19,75	19,02	0,73		1,25	0
	27	21,	21,22		0,22	1,25	−0,25
	21	22,	23,41		1,41	1,	+0,75
	15	23,75	25,61		1,86	1,75	0
	9	25,50	27,80		2,30	1,75	+2,75
	3	30,	30,			4,50	
85 (91')	91	0	0				
	81	3,	1,39	1,61		1,80	−0,30
	75	4,50	2,23	2,27		1,50	−0,25
	69	5,75	3,06	2,69		1,25	−0,50
	63	6,50	3,90	2,60		0,75	−0,25
	57	7,	4,73	2,27		0,50	+0,25
	51	7,75	5,57	2,18		0,75	−0,25
	45	8,25	6,40	1,85		0,50	+0,25
	39	9,	7,24	1,76		0,75	−0,50
	33	9,25	8,07	1,18		0,25	0
	27	9,50	8,91	0,59		0,25	0
	21	9,75	9,74	0,01		0,25	+0,25
	15	10,25	10,58		0,33	0,50	0
	9	10,75	11,41		0,66	0,50	+1,
	3	12,25	12,25			1,50	

Stamm 86 (90') und 87 (91')

1	2	3	4	5	6	7	8
Nummer u. Länge des Stammes	Höhe	Durchmesser des Stammes bei der in Colonne 2 angegebenen Höhe	Kegels	Ausbauchungen	Einbauchungen	Abfall von sechs zu sechs Fuß	Ziffer für die Ein- u. Ausbiegungen
	Fuß	Zoll	Zoll	Zoll	Zoll	Zoll	Zoll
86 (90')	90	0	0			2,67	
	81	4,	1,40	2,60	.	1,25	—1,42
	75	5,25	2,33	2,92	.	1,25	0
	69	6,50	3,26	3,24	.	0,75	—0,50
	63	7,25	4,19	3,06	.	0,25	—0,50
	57	7,50	5,12	2,38	.	1,	+0,75
	51	8,50	6,05	2,45	.	1,	0
	45	9,50	6,98	2,52	.	0,50	—0,50
	39	10,	7,91	2,09	.	0,50	0
	33	10,50	8,84	1,66	.	1,	+0,50
	27	11,50	9,78	1,72	.	0,25	—0,75
	21	11,75	10,71	1,04	.	0,25	0
	15	12,	11,64	0,36	.	0,25	0
	9	12,25	12,57	.	0,32	1,25	+1,
	3	13,50	13,50				
87 (91')	91	0	0			1,59	
	75	4,25	2,86	1,39	.	1,75	+0,16
	69	6,	3,94	2,06	.	1,50	—0,25
	63	7,50	5,01	2,49	.	0,75	—0,75
	57	8,25	6,09	2,16	.	0,50	—0,25
	51	8,75	7,16	1,59	.	0,50	0
	45	9,25	8,23	1,02	.	0,75	+0,25
	39	10,	9,31	0,69	.	1,	+0,25
	33	11,	10,38	0,62	.	0,50	—0,50
	27	11,50	11,46	0,04	.	0,50	0
	21	12,	12,53	.	0,53	1,	+0,50
	15	13,	13,60	.	0,60	0,75	—0,25
	9	13,75	14,68	.	0,93	2,	+1,25
	3	15,75	15,75				

Stamm 88 (90') und 89 (98')

1	2	3	4	5	6	7	8
Nummer u. Länge des Stammes	Höhe	Durchmesser des Stammes bei der in Colonne 2 angegebenen Höhe	Kegels	Ausbauchungen	Einbauchungen	Abfall von sechs zu sechs Fuß	Ziffer für die Ein- u. Ausbiegungen
	Fuß	Zoll	Zoll	Zoll	Zoll	Zoll	Zoll
88 (90')	90	0	0			2,	
	75	5,	2,76	2,24	.	2,25	+0,25
	69	7,25	3,86	3,39	.	0,75	—1,50
	63	8,	4,97	3,03	.	1,	+0,25
	57	9,	6,07	2,93	.	1,75	+0,75
	51	10,75	7,17	3,58	.	0,25	—1,50
	45	11,	8,28	2,72	.	1,	+0,75
	39	12,	9,38	2,62	.	1,	0
	33	13,	10,48	2,52	.	0,25	—0,75
	27	13,25	11,59	1,66	.	0,25	0
	21	13,50	12,69	0,81	.	1,25	+1,
	15	14,75	13,79	0,96	.	0,25	—1,
	9	15,	14,90	0,10	.	1,	+0,75
	3	16,	16,				
89 (98')	98	0	0			2,05	
	87	3,75	1,94	1,81	.	1,75	—0,30
	81	5,50	3,	2,50	.	1,50	—0,25
	75	7,	4,06	2,94	.	1,50	0
	69	8,50	5,12	3,38	.	0,50	—1,
	63	9,	6,17	2,83	.	1,	+0,50
	57	10,	7,23	2,77	.	0,75	—0,25
	51	10,75	8,29	2,46	.	0,50	—0,25
	45	11,25	9,35	1,90	.	0,75	+0,25
	39	12,	10,40	1,60	.	0,50	—0,25
	33	12,50	11,46	1,04	.	0,75	+0,25
	27	13,25	12,52	0,73	.	0,25	—0,50
	21	13,50	13,58	.	0,08	1,	+0,75
	15	14,50	14,63	.	0,13	1,	0
	9	15,50	15,69	.	0,19	1,25	+0,25
	3	16,75	16,75				

1 — Nummer u. Länge des Stammes	2 — Höhe (Fuß)	3 — Durchmesser des Stammes bei der in Colonne 2 angegebenen Höhe (Zoll)	4 — Kegels (Zoll)	5 — Ausbauchungen (Zoll)	6 — Einbauchungen (Zoll)	7 — Abfall von sechs zu sechs Fuß (Zoll)	8 — Ziffer für die Ein- u. Ausbiegungen (Zoll)
90 (95')	95	0	0				
	87	3,	1,50	1,50	.	2,25	+0,50
	81	5,75	2,63	3,12	.	2,75	−1,
	75	7,50	3,75	3,75	.	1,75	−0,75
	69	8,50	4,88	3,62	.	1,	0
	63	9,50	6,	3,50	.	1,	0
	57	10,50	7,13	3,87	.	1,	−0,50
	51	11,	8,25	2,75	.	0,50	+0,50
	45	12,	9,38	2,62	.	1,	−0,50
	39	12,50	10,50	2,	.	0,50	−0,25
	33	12,75	11,63	1,12	.	0,25	+0,50
	27	13,50	12,75	0,75	.	0,75	−0,25
	21	14,	13,88	0,12	.	0,50	−0,25
	15	14,25	15,	.	0,75	0,25	+0,50
	9	15,	16,13	.	1,13	0,75	+1,50
	3	17,25	17,25			2,25	
91 (90')	90	0	0				
	75	5,	3,06	1,94	.	2,	−0,25
	69	6,75	4,28	2,47	.	1,75	−0,50
	63	8,	5,51	2,49	.	1,25	0
	57	9,25	6,74	2,51	.	1,25	−0,50
	51	10,	7,96	2,04	.	0,75	+0,25
	45	11,	9,18	1,82	.	1,	−0,25
	39	11,75	10,41	1,34	.	0,75	−0,25
	33	12,25	11,63	0,62	.	0,50	+0,25
	27	13,	12,86	0,14	.	0,75	−0,25
	21	13,50	14,08	.	0,58	0,50	0
	15	14,	15,30	.	1,30	0,50	+0,50
	9	15,	16,53	.	1,53	1,	+1,75
	3	17,75	17,75			2,75	

1 — Nummer u. Länge des Stammes	2 — Höhe (Fuß)	3 — Durchmesser des Stammes bei der in Colonne 2 angegebenen Höhe (Zoll)	4 — Kegels (Zoll)	5 — Ausbauchungen (Zoll)	6 — Einbauchungen (Zoll)	7 — Abfall von sechs zu sechs Fuß (Zoll)	8 — Ziffer für die Ein- u. Ausbiegungen (Zoll)
92 (94')	94	0	0				
	81	4,	2,54	1,46	.	1,85	+0,40
	75	6,25	3,71	2,54	.	2,25	−0,50
	69	8,	4,88	3,12	.	1,75	−0,75
	63	9,	6,05	2,95	.	1,	−0,50
	57	9,50	7,22	2,28	.	0,50	+0,25
	51	10,25	8,39	1,86	.	0,75	0
	45	11,	9,56	1,44	.	0,75	0
	39	11,75	10,73	1,02	.	0,75	+0,25
	33	12,75	11,90	0,85	.	1,	−0,50
	27	13,25	13,07	0,18	.	0,50	0
	21	13,75	14,24	.	0,49	0,50	0
	15	14,25	15,41	.	1,16	0,50	+0,75
	9	15,50	16,58	.	1,08	1,25	+1,
	3	17,75	17,75			2,25	
93 (94')	94	0	0				
	81	4,	2,57	1,43	.	1,85	+0,15
	75	6,	3,76	2,24	.	2,	0
	69	8,	4,95	3,05	.	2,	−1,
	63	9,	6,13	2,87	.	1,	+0,25
	57	10,25	7,32	2,93	.	1,25	−0,50
	51	11,	8,51	2,49	.	0,75	−0,25
	45	11,50	9,69	1,81	.	0,50	+0,50
	39	12,50	10,88	1,62	.	1,	0
	33	13,50	12,07	1,43	.	1,	−0,50
	27	14,	13,25	0,75	.	0,50	−0,25
	21	14,25	14,44	.	0,19	0,25	+0,75
	15	15,25	15,63	.	0,38	1,	−0,50
	9	15,75	16,81	.	1,06	0,50	+1,75
	3	18,	18,			2,25	

Stamm 94 (90′) und 95 (94′)

1	2	3	4	5	6	7	8
Nummer u. Länge des Stammes	Höhe	Durchmesser des Stammes bei der in Colonne 2 angegebenen Höhe	Durchmesser des Kegels	Ausbauchungen	Einbauchungen	Abfall von sechs Fuß zu sechs Fuß	Ziffer für die Ein= u. Ausbauchungen
	Fuß	Zoll	Zoll	Zoll	Zoll	Zoll	Zoll
94 (90′)	90	0	0			2,33	
	81	3,50	1,99	1,51	.	2,	—0,33
	75	5,50	3,32	2,18	.	2,	0
	69	7,50	4,65	2,85	.	1,50	—0,50
	63	9,	5,97	3,03	.	1,	—0,50
	57	10,	7,30	2,70	.	1,25	+0,25
	51	11,25	8,63	2,63	.	0,75	—0,50
	45	12,	9,96	2,04	.	0,25	—0,50
	39	12,25	11,28	0,97	.	1,	+0,75
	33	13,25	12,61	0,64	.	0,75	—0,25
	27	14,	13,94	0,06	.	0,75	0
	21	14,75	15,27	.	0,52	0,75	0
	15	15,50	16,59	.	1,09	1,	+0,25
	9	16,50	17,92	.	1,42	2,75	+1,75
	3	19,25	19,25				
95 (94′)	94	0	0			1,85	
	81	4,	2,79	1,21	.	2,50	+0,65
	75	6,50	4,07	2,43	.	1,75	—0,75
	69	8,25	5,36	2,89	.	1,75	0
	63	10,	6,64	3,36	.	1,50	—0,25
	57	11,50	7,93	3,57	.	0,50	—1,
	51	12,	9,21	2,79	.	0,50	0
	45	12,50	10,50	2,	.	1,	+0,50
	39	13,50	11,79	1,71	.	1,50	+0,50
	33	15,	13,07	1,93	.	0,50	—1,
	27	15,50	14,36	1,14	.	0,50	0
	21	16,	15,64	0,36	.	0,50	0
	15	16,50	16,93	.	0,43	1,	+0,50
	9	17,50	18,21	.	0,71	2,	+1,
	3	19,50	19,50				

Stamm 96 (96′) und 97 (92′)

1	2	3	4	5	6	7	8
Nummer u. Länge des Stammes	Höhe	Durchmesser des Stammes bei der in Colonne 2 angegebenen Höhe	Durchmesser des Kegels	Ausbauchungen	Einbauchungen	Abfall von sechs Fuß zu sechs Fuß	Ziffer für die Ein= u. Ausbiegungen
	Fuß	Zoll	Zoll	Zoll	Zoll	Zoll	Zoll
96 (96′)	96	0	0			2,33	
	87	3,50	1,89	1,61	.	2,50	+0,17
	81	6,	3,15	2,85	.	1,75	—0,75
	75	7,75	4,40	3,35	.	1,50	—0,25
	69	9,25	5,66	3,59	.	0,75	—0,75
	63	10,	6,92	3,08	.	0,75	0
	57	10,75	8,18	2,57	.	0,75	0
	51	11,50	9,44	2,06	.	0,50	—0,25
	45	12,	10,69	1,31	.	0,50	0
	39	12,50	11,95	0,55	.	1,	+0,50
	33	13,50	13,21	0,29	.	0,50	—0,50
	27	14,	14,47	.	0,47	1,	+0,50
	21	15,	15,73	.	0,73	0,50	—0,50
	15	15,50	16,98	.	1,48	0,75	+0,25
	9	16,25	18,24	.	1,49	3,25	+2,50
	3	19,50	19,50				
97 (92′)	92	0	0			2,18	
	81	4,	2,63	1,37	.	2,25	+0,07
	75	6,25	4,06	2,19	.	2,25	0
	69	8,50	5,49	3,01	.	1,50	—0,75
	63	10,	6,92	3,08	.	1,25	—0,25
	57	11,25	8,36	2,89	.	0,50	+0,25
	51	12,75	9,79	2,96	.	1,	—0,50
	45	13,75	11,22	2,53	.	1,25	+0,25
	39	15,	12,65	2,35	.	0,50	—0,75
	33	15,50	14,09	1,41	.	0,75	+0,25
	27	16,25	15,52	0,73	.	0,50	—0,25
	21	16,75	16,95	.	0,20	0,75	+0,25
	15	17,50	18,38	.	0,88	1,	+0,25
	9	18,50	19,82	.	1,32	2,75	+1,75
	3	21,25	21,25				

Nr. 98 (91′) und Nr. 99 (97′)

1	2	3	4	5	6	7	8
Nummer u. Länge des Stammes	Höhe	Durchmesser des Stammes bei der in Colonne 2 angegebenen Höhe	Durchmesser des Kegels bei der in Colonne 2 angegebenen Höhe	Ausbauchungen	Einbauchungen	Abfall von sechs zu sechs Fuß	Ziffer für die Ein- u. Ausbiegungen
	Fuß	Zoll	Zoll	Zoll	Zoll	Zoll	Zoll
98 (91′)	91	0	0			1,80	
	81	3,	2,61	0,39		3,	+1,20
	75	6,	4,18	1,82		2,	−1,
	69	8,	5,75	2,25		2,75	+0,75
	63	10,75	7,32	3,43		2,50	−0,25
	57	13,25	8,89	4,36		0,25	−2,25
	51	13,50	10,46	3,04		2,	+1,75
	45	15,50	12,02	3,48		0,75	−1,25
	39	16,25	13,59	2,66		0,50	−0,25
	33	16,75	15,16	1,59		0,50	0
	27	17,25	16,73	0,52		1,50	+1,
	21	18,75	18,30	0,45		0,50	−1,
	15	19,25	19,86		0,61	1,50	+1,
	9	20,75	21,43		0,68	2,25	+0,75
	3	23,	23,				
99 (97′)	97	0	0			2,40	
	87	4,	2,93	1,07		2,50	+0,10
	81	6,50	4,68	1,82		2,25	−0,25
	75	8,75	6,44	2,31		2,25	0
	69	11,	8,19	2,81		2,	−0,25
	63	13,	9,95	3,05		2,50	+0,50
	57	15,50	11,70	3,80		0,75	−1,75
	51	16,25	13,46	2,79		1,	+0,25
	45	17,25	15,21	2,04		1,	0
	39	18,25	16,97	1,28		1,	0
	33	19,25	18,72	0,53		0,50	−0,50
	27	19,75	20,48		0,73	1,50	+1,
	21	21,25	22,23		0,98	0,50	−1,
	15	21,75	23,99		2,21	2,	+1,50
	9	23,75	25,74		1,99	3,75	+1,75
	3	27,50	27,50				

Nr. 100 (90′)

1	2	3	4	5	6	7	8
Nummer u. Länge des Stammes	Höhe	Durchmesser des Stammes bei der in Colonne 2 angegebenen Höhe	Durchmesser des Kegels bei der in Colonne 2 angegebenen Höhe	Ausbauchungen	Einbauchungen	Abfall von sechs zu sechs Fuß	Ziffer für die Ein- u. Ausbiegungen
	Fuß	Zoll	Zoll	Zoll	Zoll	Zoll	Zoll
100 (90′)	90	0	0			2,33	
	81	3,50	2,87	0,63		3,25	+0,92
	75	6,75	4,78	1,97		3,	−0,25
	69	9,75	6,69	3,06		2,25	−0,75
	63	12,	8,61	3,39		2,50	+0,25
	57	14,50	10,52	3,98		1,25	−1,25
	51	15,75	12,44	3,31		2,25	+1,
	45	18,	14,35	3,65		1,75	−0,50
	39	19,75	16,27	3,48		0,50	−1,25
	33	20,25	18,18	2,07		1,50	+1,
	27	21,75	20,09	1,66		1,25	−0,25
	21	23,	22,01	0,99		0,75	−0,50
	15	23,75	23,92		0,17	1,	+0,25
	9	24,75	25,84		1,69	3,	+2,
	3	27,75	27,75				

b.

Ein- und Ausbiegungen nach Längenklassen für 99 Stämme der Nachweisung a.

Nr. des Stammes	Länge des Stammes (Fuß)	Durchmesser bei 3' Höhe (Zoll)	Ziffer für die Ein- und Ausbiegungen					
			bei 9'	bei 15'	bei 21'	bei 27'	bei 33'	bei 39'
			Höhe					
1	32	5,	$+0{,}25$	$+0{,}50$	$-1{,}39$			
2	35	5,	$-0{,}25$	$+0{,}50$	$-1{,}25$			
3	30	5,50	0	0	$-1{,}42$			
4	35	6,	$+0{,}75$	0	$-1{,}11$			
5	33	6,	$+0{,}25$	0	$-1{,}$			
6	33	6,25	$+0{,}25$	$+0{,}25$	$-0{,}88$			
7	32	6,25	$+0{,}50$	0	$-1{,}16$			
8	36	6,25	$+0{,}50$	$-0{,}25$	$-0{,}25$	$-1{,}$		
9	30	6,50	$+0{,}25$	0	$-1{,}17$			
10	36	7,25	$+0{,}75$	0	$-0{,}50$	$-0{,}75$		
11	38	7,50	$+0{,}25$	$-0{,}25$	$-0{,}25$	$-0{,}66$		
12	39	7,75	$+0{,}75$	$-0{,}75$	0	$-0{,}50$		
13	38	8,75	$+1{,}$	0	$-0{,}75$	$-0{,}68$		
14	39	9,50	$-1{,}25$	$+1{,}25$	$-2{,}25$	$+1{,}50$		
Summa { +		$+$	$+5{,}50$	$+2{,}50$				
Summa { −		$-$	$-1{,}50$	$-1{,}25$	$-13{,}38$			
compensirt			$+4{,}$	$+1{,}25$	$-13{,}38$			
15	44	5,50	$+0{,}50$	0	0	$-0{,}56$		
16	45	6,	$+0{,}25$	0	$-0{,}25$	$-0{,}25$	$-0{,}50$	
17	40	6,75	$+1{,}25$	0	0	$-1{,}12$		
18	42	7,	0	$+0{,}25$	$-0{,}25$	$-0{,}50$	$-0{,}75$	
19	48	7,50	$+0{,}50$	$-0{,}25$	0	0	$-0{,}75$	
20	46	7,50	$+0{,}50$	$-0{,}50$	$+0{,}50$	$-1{,}$	$+0{,}12$	
21	40	8,75	$+0{,}75$	$-0{,}25$	$-0{,}25$	$-0{,}71$		
22	49	9,	$+0{,}75$	0	$+0{,}50$	$-0{,}50$	$-1{,}$	$-0{,}20$
23	45	9,25	$+0{,}25$	$+0{,}25$	$-1{,}25$	$+0{,}25$	$-0{,}38$	
24	47	9,25	$+0{,}25$	$+0{,}25$	$-0{,}25$	$-0{,}50$	$-0{,}11$	
25	47	9,50	$+0{,}75$	$+0{,}25$	$-0{,}50$	0	$-0{,}75$	$-0{,}50$
26	46	9,50	$+1{,}25$	$-0{,}25$	0	$-0{,}50$	$-0{,}25$	$-1{,}07$
27	44	11,75	$+0{,}25$	$+0{,}25$	$-1{,}50$	$+0{,}50$	$+0{,}09$	
28	48	13,50	$+0{,}50$	$+0{,}25$	$-1{,}$	$+1{,}$	$-0{,}75$	$-1{,}42$
Summa { +		$+$	$+7{,}75$	$+1{,}50$	$+1{,}$	$+1{,}75$		
Summa { −		$-$		$-1{,}25$	$-5{,}25$	$-5{,}61$		
compensirt			$+7{,}75$	$+0{,}25$	$-4{,}25$	$-3{,}89$		

Nr. des Stammes	Länge des Stammes (Fuß)	Durchmesser bei 3' Höhe (Zoll)	bei 9'	bei 15'	bei 21'	bei 27'	bei 33'	bei 39'	bei 45'	bei 51'	bei 57'
							Höhe				
29	54	5,75	+ 0,75	− 0,25	+ 0,50	− 0,50	0	− 0,70			
30	54	7,50	− 0,25	0	+ 0,25	0	− 0,50	− 0,40			
31	59	7,75	+ 0,25	0	0	0	− 0,25	0	− 0,75		
32	52	8,25	+ 0,25	− 0,25	+ 0,25	− 0,25	− 0,50	− 0,48			
33	52	8,50	0	+ 0,50	0	− 0,50	0	− 0,62			
34	51	10,	+ 0,50	0	0	− 0,50	− 0,25	− 0,38			
35	55	10,	+ 0,25	0	+ 0,25	− 0,50	0	− 0,75	− 0,20		
36	57	10,25	+ 1,25	+ 0,25	0	− 0,50	0	− 0,50	0		
37	55	10,75	+ 0,50	+ 0,25	+ 0,25	− 0,50	− 0,25	− 0,50	− 0,05		
38	54	11,	+ 1,25	− 0,50	− 0,50	+ 0,50	− 1,25	+ 0,50	− 0,50		
39	58	11,25	+ 0,25	− 0,25	0	+ 0,25	− 1,	+ 0,25	− 0,12		
40	57	15,50	+ 0,50	+ 0,50	− 1,	0	+ 0,50	0	− 0,50		
41	50	19,50	+ 1,25	− 0,50	− 1,50	+ 0,75	− 0,25	− 0,25			
Summa {		+	+ 7,	+ 1,50	+ 1,50	+ 1,50	+ 0,50	+ 0,75			
		−	− 0,25	− 1,75	− 3,	− 3,25	− 4,25	− 4,58			
compensirt			+ 6,75	− 0,25	− 1,50	− 1,75	− 3,75	− 3,83			
43	62	7,75	+ 0,25	+ 0,50	0	− 0,25	− 0,25	0	− 0,49		
44	63	8,50	+ 0,75	0	0	0	− 0,25	− 0,25	− 0,17		
45	68	9,	+ 0,50	0	0	0	0	0	− 0,50	+ 0,50	− 1,41
46	60	10,	+ 1,50	− 1,	+ 0,50	0	− 0,50	0	− 0,50	− 0,50	
47	60	10,50	+ 0,50	0	0	− 0,50	0	− 0,25	− 0,65		
48	65	10,75	+ 1,	+ 0,50	− 0,25	− 0,50	+ 0,25	− 0,25	− 0,25	− 0,25	
49	65	11,50	+ 1,50	0	0	0	− 0,25	0	− 0,75	− 0,43	
50	64	12,50	+ 0,75	+ 0,50	− 0,25	0	0	− 0,25	− 1,	+ 0,15	
51	66	12,50	− 0,50	+ 0,50	+ 1,	− 1,	0	0	− 1,	+ 0,40	
52	66	13,75	− 0,25	− 1,	+ 1,	0	+ 0,25	− 0,50	0	− 0,65	
53	68	17,50	+ 0,50	0	+ 1,	− 1,	+ 1,	− 2,	+ 1,	− 0,50	− 0,18
54	65	19,75	+ 1,50	+ 0,50	+ 0,25	− 0,25	− 0,75	− 0,50	0	− 1,	+ 1,
55	67	19,75	+ 0,75	+ 1,	0	− 0,75	+ 0,50	− 0,25	− 1,50	+ 1,50	− 0,90
56	60	21,	+ 0,75	+ 0,50	− 0,75	− 1,75	+ 2,	+ 0,25	− 1,50	+ 0,67	
Summa {		+	+ 10,25	+ 4,	+ 3,75		+ 4,	+ 0,25	+ 1,		
		−	− 0,75	− 2,	− 1,25	− 6,	− 2,	− 4,25	− 8,31		
compensirt			+ 9,50	+ 2,	+ 2,50	− 6,	+ 2,	− 4,	− 7,31		

Nr. des Stammes	Länge des Stammes (Fuß)	Durchmesser bei 3' Höhe (Zoll)	Ziffer für die Ein- und Ausbiegungen bei 9' Höhe	bei 15'	bei 21'	bei 27'	bei 33'	bei 39'	bei 45'	bei 51'	bei 57'	bei 63'	bei 69'	bei 75'	bei 81'
57	70	8,25	+1,	0	0	+0,25	−0,25	0	0	−0,61					
58	77	9,25	+0,75	+0,25	0	+0,25	0	−0,25	0	0	+0,25	−1,36			
59	75	11,	+0,75	−0,25	0	+0,25	−0,25	0	0	−0,25	−0,75	−0,88			
60	73	11,75	+0,75	0	0	−0,25	0	+0,25	−0,50	−0,50	0	−0,30			
61	71	12,50	−0,50	+1,	0	−0,50	+0,25	0	0	−1,50	+0,75				
62	78	13,50	+1,50	0	0	0	0	0	0	−0,50	−0,25	−0,75	−0,50		
63	70	14,50	+1,50	−0,50	0	0	−0,50	+0,25	−0,25	0	0				
64	70	15,75	+1,25	−0,75	+1,	−0,25	−1,75	+1,	+0,50	−1,75	+0,31				
65	73	17,	+1,	−0,50	0	+0,25	+0,50	−1,	+0,50	0	−1,75	+0,20			
66	73	17,50	+1,	+1,25	0	−0,75	+0,25	−0,50	0	−2,	+1,75	−0,90			
67	72	18,50	+1,50	+0,50	−0,50	−1,	+1,	−0,25	−0,75	−0,50	+0,50	−1,75			
68	78	19,	+1,25	+0,25	+0,25	+0,25	0	−0,75	0	−1,75	+2,	−1,50	+0,17		
69	79	20,	+0,50	0	+0,50	0	0	−1,	+0,50	−0,50	+0,50	−0,38			
70	77	21,	+2,	0	+0,50	−0,50	+0,50	−0,75	−0,50	−0,25	+0,25	−0,50	−1,50		
Summa { +			+14,75	+3,25	+2,25	+1,25	+2,50	+1,50	+1,50						
Summa { −			−0,50	−2,	−0,50	−3,25	−2,75	−4,50	−2,	−10,11					
compensirt			+14,25	+1,25	+1,75	−2,	−0,25	−3,	−0,50	−10,11					
71	80	9,50	+0,25	+0,25	0	+0,25	0	−0,25	0	0	−0,25	−0,25	−0,64		
72	85	13,	+0,50	−0,25	+0,25	0	−0,25	+0,25	−0,25	+0,25	−0,50	0	−1,25	+0,45	
73	80	14,50	+1,	0	−0,25	+0,25	−0,25	0	0	0	−0,50	−0,75	−0,45		
74	80	14,50	+1,50	−0,50	+0,50	0	−0,50	+0,50	−0,25	0	0	−0,50	−1,48		
75	83	15,	+1,25	0	−0,25	+0,50	0	−0,50	0	0	+0,50	−1,50	+1,	−1,25	
76	88	16,	+2,	0	+0,25	−0,50	+0,50	0	−0,25	+0,25	−0,50	0	0	−1,31	
77	84	16,25	+2,	−0,75	+0,75	−1,	+0,50	−0,25	+0,50	−1,	+0,50	−0,75	−0,15		
78	84	17,	+1,	+0,25	+0,25	−0,25	+0,25	−0,25	−0,25	+0,25	−1,	−0,50	+0,75	−0,83	
79	88	17,50	+0,75	−0,25	+0,50	−0,25	+0,50	−0,50	+0,25	−0,75	0	−0,25	−0,25	−1,	+0,18
80	84	18,75	+0,75	+0,25	0	+0,25	−0,50	+1,	−1,25	+0,50	−1,	+0,25	−0,25	0	
81	86	21,	+1,50	+0,25	−0,50	+0,50	0	+0,25	−1,25	+0,75	−0,50	−0,50	−0,75	+0,30	
82	88	21,50	+1,25	−0,25	+0,50	0	−0,25	0	−0,50	0	−0,50	+1,	−1,	−0,50	−0,07
83	82	21,75	+2,25	−0,25	+0,25	0	0	−0,25	−0,25	+0,25	−0,75	+0,25	−0,79		
84	85	30,	+2,75	0	+0,75	−0,25	0	−0,50	−0,75	+0,75	−0,75	−1,	+1,	+0,10	
Summa { +			+18,75	+1,	+4,	+1,75	+1,75	+2,	+0,75	+3,	+1,	+1,50	+2,75		
Summa { −				−2,25	−1,	−2,25	−1,75	−2,50	−5,	−1,75	−6,25	−6,	−7,01		
compensirt			+18,75	−1,25	+3,	−0,50	0	−0,50	−4,25	+1,25	−5,25	−4,50	−4,26		

(24)

Nr. des Stammes	Länge des Stammes (Fuß)	Durchmesser bei 3' Höhe (Zoll)	Ziffer für die Ein- und Ausbiegungen													
			bei 9'	bei 15'	bei 21'	bei 27'	bei 33'	bei 39'	bei 45'	bei 51'	bei 57'	bei 63'	bei 69'	bei 75'	bei 81'	bei 87'
			Höhe													
85	91	12,25	+1,	0	+0,25	0	0	—0,50	+0,25	—0,25	+0,25	—0,25	—0,50	—0,25	—0,30	
86	90	13,50	+1,	0	0	—0,75	+0,50	0	—0,50	0	+0,75	—0,50	—0,50	0	—1,42	
87	91	15,75	+1,25	—0,25	+0,50	0	—0,50	+0,25	+0,25	0	—0,25	—0,75	—0,25	+0,16		
88	90	16	+0,75	—1,	+1,	0	—0,75	0	+0,75	—1,50	+0,75	+0,25	—1,50	+0,25		
89	98	16,75	+0,25	0	+0,75	—0,50	+0,25	—0,25	+0,25	—0,25	—0,25	+0,50	—1,	0	—0,25	—0,30
90	95	17,25	+1,50	+0,50	—0,25	—0,25	+0,50	—0,25	—0,50	+0,50	—0,50	0	0	—0,75	—1,	+0,50
91	90	17,75	+1,75	+0,50	0	—0,25	+0,25	—0,25	—0,25	+0,25	—0,50	0	—0,50	—0,25		
92	94	17,75	+1,	+0,75	0	0	—0,50	+0,25	0	0	+0,25	—0,50	—0,75	—0,50	+0,40	
93	94	18,	+1,75	—0,50	+0,75	—0,25	—0,50	0	+0,50	—0,25	—0,50	+0,25	—1,	0	+0,15	
94	90	19,25	+1,75	+0,25	0	0	—0,25	+0,75	—0,50	—0,50	+0,25	—0,50	—0,50	0	—0,33	
95	94	19,50	+1,	+0,50	0	0	—1,	+0,50	+0,50	0	—1,	—0,25	0	—0,75	+0,65	
96	96	19,50	+2,50	+0,25	—0,50	+0,50	—0,50	+0,50	0	—0,25	0	0	—0,75	—0,25	—0,75	+0,17
97	92	21,25	+1,75	+0,25	+0,25	—0,25	+0,25	—0,75	+0,25	—0,50	+0,25	—0,25	—0,75	0	+0,07	
98	91	23,	+0,75	+1,	—1,	+1,	0	—0,25	—1,25	+1,75	—2,25	—0,25	+0,75	—1,	+1,20	
99	97	27,50	+1,75	+1,50	—1,	+1,	—0,50	0	0	+0,25	—1,75	+0,50	—0,25	0	—0,25	+0,10
100	90	27,75	+2,	+0,25	—0,50	—0,25	+1,	—1,25	—0,50	+1,	—1,25	+0,25	—0,75	—0,25	+0,92	
Summa { +			+21,75	+5,75	+3,50	+2,50	+2,75	+2,25	+2,75	+3,75	+2,50	+1,75	+0,75	+0,41		
Summa { —			.	—1,75	—3,25	—2,50	—4,50	—3,50	—3,50	—3,50	—8,25	—3,25	—9,	—4,		
compensirt			+21,75	+4,	+0,25	0	—1,75	—1,25	—0,75	+0,25	—5,75	—1,50	—8,25	—3,59		

Recapitulation.

Zahl der Stämme	Längenklasse	bei 9'	bei 15'	bei 21'	bei 27'	bei 33'	bei 39'	bei 45'	bei 51'	bei 57'	bei 63'	bei 69'	bei 75'
14	30—39	+4,	+1,25	—13,38									
14	40—49	+7,75	+0,25	—4,25	—3,89								
13	50—59	+6,75	—0,25	—1,50	—1,75	—3,75	—3,83						
14	60—69	+9,50	+2,	+2,50	—6,	+2,	—4,	—7,31					
14	70—79	+14,25	+1,25	+1,75	—2,	—0,25	—3,	—0,50	—10,11				
14	80—89	+18,75	—1,25	+3,	—0,50	0	—0,50	—4,25	+1,25	—5,25	—4,50	—4,26	
16	90—99	+21,75	+4,	+0,25	0	—1,75	—1,25	—0,75	+0,25	—5,75	—1,50	—8,25	—3,59

Durchschnittlich pro Stamm:

Zahl der Stämme	Längenklasse	bei 9'	bei 15'	bei 21'	bei 27'	bei 33'	bei 39'	bei 45'	bei 51'	bei 57'	bei 63'	bei 69'	bei 75'
(14)	30—39	+0,29	+0,09	—0,96									
(14)	40—49	+0,55	+0,02	—0,30	—0,28								
(13)	50—59	+0,52	—0,02	—0,12	—0,13	—0,29	—0,29						
(14)	60—69	+0,68	+0,14	+0,18	—0,43	+0,14	—0,29	—0,52					
(14)	70—79	+1,02	+0,09	+0,13	—0,14	—0,02	—0,21	—0,04	—0,72				
(14)	80—89	+1,34	—0,09	+0,21	—0,04	0	—0,04	—0,30	+0,09	—0,38	—0,32	—0,30	
(16)	90—99	+1,36	+0,25	+0,02	0	—0,11	—0,08	—0,05	+0,02	—0,36	—0,09	—0,52	—0,22

c.

Ein= und Ausbauchungen nach Längenklassen für 99 Stämme der Nachweisung a.

Nr. des Stammes	Länge des Stammes	Durchmesser bei 3' Höhe	Ein= und Ausbauchungen					
			bei 9'	bei 15'	bei 21'	bei 27'	bei 33'	bei 39'
	Fuß	Zoll			Höhe			
1	32	5,	0,03	0,32	1,10			
2	35	5,	0,44	0,62	1,31			
3	30	5,50	0,47	0,91	1,42			
4	35	6,	0,15	0,50	1,12			
5	33	6,	0,20	0,65	1,10			
6	33	6,25	0	0,25	0,75			
7	32	6,25	0,04	0,59	1,13			
8	36	6,25	0,14	0,77	1,16	1,30		
9	30	6,50	0,19	0,64	1,08			
10	36	7,25	0,15	0,39	0,95	1,02		
11	38	7,50	0,29	0,82	1,11	1,14		
12	39	7,75	0,04	0,83	0,87	0,92		
13	38	8,75	0,25	0,50	1,25	1,25		
14	39	9,50	0,83	0,42	1,25	0,17		
			2,11	8,24	15,60			
15	44	5,50	0,20	0,11	0,41	0,72		
16	45	6,	0,11	0,46	0,82	1,43	1,29	
17	40	6,75	0,04	0,06	0,53	1,13		
18	42	7,	0,33	0,65	1,23	1,56	1,38	
19	48	7,50	0	0,50	0,75	1,00	1,25	
20	46	7,50	0,05	0,59	0,64	1,19	0,73	
21	40	8,75	0,08	0,59	1,01	1,18		
22	49	9,	0,23	0,10	0,52	1,45	1,87	1,29
23	45	9,25	0,32	0,89	1,71	1,29	1,11	
24	47	9,25	0,01	0,27	0,78	1,05	0,81	
25	47	9,50	0,20	0,34	1,14	1,43	1,73	1,27
26	46	9,50	0,12	0,40	0,98	1,55	1,63	1,45
27	44	11,75	0,22	0,69	1,41	0,63	0,35	
28	48	13,50	0,05	0,60	1,40	1,20	2,00	2,05
			0,...	6,13	13,33	16,81		

Nr. des Stammes	Länge des Stammes	Durchmesser bei 3' Höhe	Ein = und Ausbauchungen								
			bei 9'	bei 15'	bei 21'	bei 27'	bei 33'	bei 39'	bei 45'	bei 51'	bei 57'
	Fuß	Zoll					Höhe				
29	54	5,75	0,??	0,10	0,28	0,96	1,13	1,31			
30	54	7,50	0,38	0,51	0,65	1,03	1,41	1,29			
31	59	7,75	0,08	0,41	0,74	1,07	1,40	1,48	1,56		
32	52	8,25	0,26	0,77	1,03	1,51	1,80	1,56			
33	52	8,50	0,04	0,08	0,62	1,16	1,20	1,24			
34	51	10,	0	0,50	1,00	1,50	1,50	1,25			
35	55	10,	0,15	0,56	0,96	1,62	1,77	1,92	1,33		
36	57	10,25	0,??	0,??	0,17	0,81	0,94	1,08	0,72		
37	55	10,75	0,??	0,??	0,47	1,21	1,45	1,44	0,93		
38	54	11,	0,??	0,84	1,38	1,43	1,97	1,27	1,06		
39	58	11,25	0,23	0,70	0,93	1,16	1,64	1,11	0,84		
40	57	15,50	0,??	0,??	0,67	0,39	0,11	0,33	0,56		
41	50	19,50	0,??	1,23	1,97	1,21	1,20	0,94			
			0,??	5,15	10,87	15,09	17,52	16,22			
43	62	7,75	0,??	0,??	0,36	0,90	1,19	1,23	1,27		
44	63	8,50	0,40	0,??	0,30	0,65	1,	1,10	0,95		
45	68	9,	0,17	0,16	0,49	0,82	1,15	1,48	1,52	1,65	1,98
46	60	10,	0,45	0,61	0,66	1,21	1,76	1,82	1,57	1,42	
47	60	10,50	0,10	0,71	1,32	1,92	2,03	2,13	1,99		
48	65	10,75	0,71	0,42	0,37	0,91	0,95	1,24	1,28	1,07	
49	65	11,50	0,89	0,27	0,34	0,95	1,56	1,93	2,29	1,90	
50	64	12,50	0,??	0,29	0,44	0,92	1,40	1,88	2,11	1,31	
51	66	12,50	0,19	0,42	0,07	1,26	1,15	1,64	1,83	1,02	
52	66	13,75	0,56	0,87	0,18	0,49	0,80	1,36	1,42	1,47	
53	68	17,50	0,38	0,27	0,??	0,96	1,08	2,19	1,31	1,42	1,04
54	65	19,75	1,69	0,68	0,23	1,40	2,31	2,47	2,13	1,79	0,45
55	67	19,75	0,??	1,??	0,??	0,66	0,76	1,36	1,71	0,56	0,91
56	60	21,	0,??	0,17	1,13	1,34	0,??	0,26	0,97	0,18	
			?,??	0,??	5,54	14,39	17,24	22,09	22,05		

Nr. des Stammes	Länge des Stammes (Fuß)	Durchmesser bei 3' Höhe (Zoll)	bei 9'	bei 15'	bei 21'	bei 27'	bei 33'	bei 39'	bei 45'	bei 51'	bei 57'	bei 63'	bei 69'	bei 75'	bei 81'
							Ein- und Ausbauchungen bei Höhe								
57	70	8,25	0,76	0,52	0,28	0,04	0,44	0,68	0,92	1,16					
58	77	9,25	0,75	0,75	0,50	0,25	0,25	0,75	1,	1,25	1,50	2,			
59	75	11,	0,08	0,58	1,	1,42	2,08	2,50	2,92	3,33	3,50	2,92			
60	73	11,75	0,24	0,26	0,77	1,28	1,34	1,79	2,30	2,31	1,81	1,32			
61	71	12,50	0,10	0,30	0,31	0,91	1,01	1,37	1,72	2,07	0,93				
62	78	13,50	0,92	0,34	0,24	0,82	1,40	1,98	2,56	3,14	3,22	3,05	2,13		
63	70	14,50	0,70	0,10	0,40	0,69	0,99	0,79	0,84	0,64	0,44				
64	70	15,75	0,34	0,57	0,73	1,89	2,80	1,97	2,12	2,78	1,69				
65	73	17,	0,29	0,41	0,62	0,83	1,29	2,24	2,20	2,66	3,11	1,82			
66	73	17,50	1,	1,	0,25	1,50	2,	2,75	3,	3,25	1,53	1,50			
67	72	18,50	0,64	0,22	1,58	2,43	2,29	3,15	3,76	3,62	2,98	2,84			
68	78	19,	0,98	0,74	0,19	0,58	1,60	2,62	2,89	3,16	1,68	2,20	1,22		
69	79	20,	0,12	0,34	0,26	0,32	0,89	1,47	1,05	1,13	0,71	0,79			
70	77	21,	1,50	0,59	0,11	1,31	2,01	3,22	3,67	3,62	3,32	3,28	2,73		
			8,32	2,44	4,78	13,69	20,59	27,28	30,95	34,12					
71	80	9,50	0,26	0,27	0,05	0,21	0,70	1,19	1,43	1,67	1,91	1,90	1,64		
72	85	13,	0,05	0,40	0,60	1,05	1,51	1,71	2,16	2,36	2,81	2,76	2,71	1,41	
73	80	14,50	0,36	0,27	0,89	1,27	1,90	2,28	2,66	3,04	3,42	3,30	2,43		
74	80	14,50	0,86	0,23	0,11	0,52	1,15	1,28	1,91	2,29	2,67	3,05	2,93		
75	83	15,	0,88	0,50	0,13	0	0,62	1,25	1,37	1,50	1,62	2,25	1,37	1,50	
76	88	16,	1,63	1,24	0,86	0,23	0,40	0,53	1,16	1,53	2,16	2,29	2,42	2,55	
77	84	16,25	1,04	0,09	0,11	1,06	1,02	1,47	1,68	2,38	2,08	2,29	1,74		
78	84	17,	0,74	0,48	0,03	0,79	1,30	2,06	2,56	2,82	3,33	2,84	1,85	1,61	
79	88	17,50	0,26	0,22	0,46	1,19	1,68	2,66	3,15	3,88	3,87	3,85	3,59	3,07	1,56
80	84	18,75	0,61	0,47	0,05	0,31	0,94	1,08	2,22	2,11	2,50	1,89	1,33	0,92	
81	86	21,	0,58	0,46	0,30	0,57	1,34	2,11	3,13	2,89	3,41	3,43	2,95	1,72	
82	88	21,50	0,73	0,21	0,05	0,82	1,59	2,11	2,62	2,64	2,66	2,18	2,69	2,21	1,23
83	82	21,75	1,60	0,95	0,54	0,11	0,76	1,41	1,81	1,97	2,37	2,02	1,92		
84	85	30,	2,30	1,56	1,11	0,22	0,73	1,67	2,12	1,81	2,26	1,95	0,65	0,34	
			12,30	5,27	0,72	7,45	15,11	22,81	29,98	32,89	37,07	36,00	30,42		

Nr. des Stammes	Länge des Stammes (Fuß)	Durchmesser bei 3' Höhe (Zoll)	Ein- und Ausbauchungen — Höhe													
			bei 9'	bei 15'	bei 21'	bei 27'	bei 33'	bei 39'	bei 45'	bei 51'	bei 57'	bei 63'	bei 69'	bei 75'	bei 81'	bei 89'
85	91	12,25	0,66	0,31	0,01	0,59	1,18	1,76	1,85	2,18	2,27	2,60	2,69	2,27	1,61	
86	90	13,50	0,32	0,36	1,04	1,72	1,66	2,09	2,52	2,45	2,38	3,06	3,24	2,92	2,60	
87	91	15,75	0,94	0,69	0,33	0,04	0,62	0,69	1,02	1,59	2,16	2,49	2,06	1,39		
88	90	16,	0,10	0,96	0,81	1,66	2,52	2,62	2,72	3,58	2,93	3,03	3,39	2,24		
89	98	16,75	0,10	0,13	0,05	0,73	1,04	1,60	1,90	2,46	2,77	2,83	3,38	2,94	2,50	1,81
90	95	17,25	1,11	0,75	0,12	0,75	1,12	2,	2,62	2,75	3,37	3,50	3,62	3,75	3,12	1,50
91	90	17,75	1,53	1,30	0,58	0,14	0,62	1,34	1,82	2,04	2,51	2,49	2,47	1,94		
92	94	17,75	1,68	1,16	0,13	0,18	0,85	1,02	1,44	1,86	2,28	2,95	3,12	2,54	1,46	
93	94	18,	1,06	0,38	0,19	0,75	1,43	1,62	1,81	2,49	2,93	2,87	3,05	2,24	1,43	
94	90	19,25	1,42	1,09	0,52	0,06	0,64	0,97	2,04	2,62	2,70	3,03	2,85	2,18	1,51	
95	94	19,50	0,71	0,43	0,36	1,14	1,93	1,71	2,	2,79	3,57	3,36	2,89	2,42	1,21	
96	96	19,50	1,99	1,48	0,73	0,17	0,29	0,55	1,31	2,06	2,57	3,08	3,59	3,35	2,85	1,61
97	92	21,25	1,32	0,88	0,20	0,73	1,41	2,35	2,53	2,96	2,89	3,08	3,01	2,19	1,37	
98	91	23,	0,68	0,01	0,45	0,52	1,59	2,66	3,18	3,04	4,36	3,43	2,25	1,82	0,39	
99	97	27,50	1,39	2,24	0,38	0,74	0,53	1,28	2,04	2,79	3,80	3,05	2,81	2,31	1,82	1,07
100	90	27,75	1,09	0,17	0,99	1,66	2,07	3,48	3,65	3,31	3,98	3,39	3,06	1,97	0,63	
			16,	10,23	0,52	9,47	19,50	27,74	34,75	40,97	47,47	48,24	47,48	38,48		

Recapitulation.

Zahl der Stämme	Längenklasse	bei 9'	bei 15'	bei 21'	bei 27'	bei 33'	bei 39'	bei 45'	bei 51'	bei 57'	bei 63'	bei 69'	bei 75'
14	30—39	2,11	8,24	15,60									
14	40—49	0,80	6,13	13,33	16,81								
13	50—59	0,86	5,15	10,87	15,09	17,52	16,22						
14	60—69	5,16	0,80	5,54	14,39	17,24	22,09	22,95					
14	70—79	8,32	2,41	4,78	13,69	20,59	27,28	30,95	34,12				
14	80—89	12,30	5,87	0,72	7,45	15,14	22,81	29,98	32,89	37,07	36,	30,42	
16	90—99	16,	10,23	0,52	9,47	19,50	27,74	34,75	40,97	47,47	48,24	47,48	38,48

Durchschnittlich pro Stamm.

Zahl der Stämme	Längenklasse	bei 9'	bei 15'	bei 21'	bei 27'	bei 33'	bei 39'	bei 45'	bei 51'	bei 57'	bei 63'	bei 69'	bei 75'
(14)	30—39	0,15	0,59	1,11									
(14)	40—49	0,06	0,44	0,95	1,20								
(13)	50—59	0,06	0,10	0,84	1,16	1,35	1,25						
(14)	60—69	0,37	0,06	0,40	1,03	1,23	1,58	1,64					
(14)	70—79	0,59	0,17	0,34	0,98	1,47	1,95	2,31	2,44				
(14)	80—89	0,88	0,42	0,05	0,53	1,08	1,63	2,14	2,35	2,65	2,57	2,17	
(16)	90—99	1,	0,63	0,04	0,59	1,22	1,73	2,17	2,56	2,97	3,62	2,97	2,41

d.

Körperraum (Cubikinhalt) von 99 Stämmen der Nachweisung a, jenachdem die Berechnung nach 6, 18, 30, 42, 54, 66 oder 78 Fuß langen Walzen stattfindet.

Nummer des Stammes	Cubikinhalt nach füßigen Walzen						
	6	18	30	42	54	66	78
1	1,98	1,86					
2	2,34	2,39					
3	2,60	2,57					
4	2,97	2,68					
5	2,99	2,85					
6	2,97	2,80					
7	3,09	2,85					
9	3,22	3,06					
a.	22,16	21,06					
8	3,73	3,52	3,69				
10	4,50	4,13	4,09				
11	5,44	5,29	5,41				
12	6,02	5,64	5,89				
13	6,90	6,32	6,39				
14	8,42	8,99	7,46				
15	2,86	2,68	2,62				
16	4,22	4,27	3,98				
17	3,89	3,37	3,31				
18	5,57	5,60	5,24				
19	6,42	6,14	6,35				
20	6,17	6,14	6,18				
21	7,19	6,74	6,91				
23	9,83	9,38	9,66				
24	9,13	8,98	8,48				
27	14,09	13,28	13,65				
b.	104,38	100,47	99,31				

Nummer des Stammes	Cubikinhalt nach füßigen Walzen						
	6	18	30	42	54	66	78
22	9,41	9,12	8,63	8,25			
25	10,36	9,82	9,63	10,44			
26	10,05	9,44	9,55	9,68			
28	21,00	19,81	20,16	20,67			
29	4,21	4,08	4,00	3,67			
30	7,59	7,66	7,45	6,93			
31	8,93	8,77	8,72	8,65			
32	9,31	9,23	9,30	8,95			
33	8,81	8,89	7,97	8,25			
34	12,33	12,13	11,83	12,04			
35	13,94	13,93	13,49	13,24			
36	12,43	11,78	11,14	11,51			
37	14,46	14,24	13,35	13,18			
38	16,12	14,97	16,33	16,84			
39	17,44	17,05	17,48	16,95			
40	28,25	27,35	26,67	28,24			
41	43,43	40,71	43,81	44,90			
43	8,52	8,43	7,70	7,97			
44	9,89	9,47	9,42	9,35			
47	17,18	17,06	16,77	17,29			
c.	283,66	273,94	273,40	277,00			

Nummer des Stammes	Cubikinhalt nach füßigen Walzen						
	6	18	30	42	54	66	78
45	13,47	13,28	13,29	12,96	12,84		
46	14,75	13,89	15,14	13,84	14,43		
48	16,19	15,69	14,74	15,80	16,97		
49	19,55	18,67	18,42	18,39	18,85		
50	22,43	21,97	20,82	21,30	21,28		
51	23,40	24,46	21,75	20,26	23,86		
52	28,08	28,07	29,29	24,83	23,86		
53	44,53	43,77	41,27	39,33	42,93		
54	54,98	52,81	49,87	50,45	53,97		
55	52,80	52,57	48,64	48,77	50,29		
56	55,61	55,64	52,89	56,82	53,68		
57	9,38	8,74	8,79	8,49	8,12		
61	24,98	25,48	23,27	23,53	24,26		
63	30,79	29,34	29,95	30,09	29,80		
64	41,79	40,40	40,29	38,93	43,15		
d.	452,73	444,78	428,42	423,79	438,29		

Nummer des Stammes	Cubikinhalt nach füßigen Walzen						
	6	18	30	42	54	66	78
58	13,46	12,86	12,57	12,14	11,58	11,90	
59	25,56	24,88	25,49	25,06	24,57	26,01	
60	24,80	24,53	24,67	24,40	24,81	24,50	
62	34,32	33,14	33,16	32,85	32,59	32,95	
65	48,91	47,11	48,24	47,15	44,60	43,56	
66	50,76	50,01	46,70	47,51	51,28	51,84	
67	61,48	60,94	60,01	62,53	64,42	58,52	
68	62,17	60,58	60,34	57,11	56,86	61,24	
69	64,44	63,07	61,73	59,37	59,93	60,84	
70	78,49	76,52	76,43	73,11	75,95	76,50	
71	16,68	16,38	16,05	15,57	14,97	15,50	
73	42,59	41,57	41,61	42,16	41,29	42,26	
74	38,22	37,08	37,48	35,75	36,17	36,82	
77	48,98	47,59	47,83	46,80	49,98	46,30	
83	79,18	75,73	76,38	74,32	74,01	74,09	
e.	690,04	671,99	668,69	655,83	663,01	662,83	

Nummer des Stammes	Cubikinhalt nach füßigen Walzen						
	6	18	30	42	54	66	78
72	36,07	35,66	35,93	34,99	35,13	35,41	34,46
75	39,53	38,32	38,36	37,87	35,84	36,81	38,39
76	45,30	43,70	43,17	42,48	42,97	39,82	40,44
78	55,82	54,96	53,92	52,70	53,47	53,06	56,26
79	68,04	67,15	67,47	65,08	64,98	64,05	69,45
80	63,39	62,62	62,62	60,52	58,79	59,63	56,26
81	85,66	84,14	85,11	83,71	79,72	80,70	83,38
82	90,76	88,56	89,80	82,75	86,86	89,60	89,73
84	149,53	145,02	143,37	136,98	140,17	142,31	145,60
85	32,85	31,99	31,74	31,46	31,59	32,83	34,75
86	42,98	43,15	42,85	43,67	45,31	42,49	43,06
87	47,26	46,05	45,26	44,16	44,79	45,33	42,54
88	59,83	58,31	60,03	56,77	58,99	63,38	61,26
89	64,70	64,17	63,13	60,77	63,04	61,66	62,71
90	67,35	66,23	65,31	65,86	65,81	64,09	67,84
91	59,43	57,66	56,27	56,18	56,97	56,33	58,73
92	63,49	62,45	59,57	61,87	61,20	62,41	59,25
93	68,63	66,22	66,13	65,08	67,61	69,40	66,99
94	71,09	69,45	68,75	68,40	66,88	66,43	64,24
95	82,48	80,72	77,52	81,55	82,49	85,12	78,05
96	76,22	72,65	72,70	74,87	71,13	71,96	68,05
97	92,12	89,70	88,48	87,18	89,34	90,64	96,24
98	109,50	107,88	107,28	107,00	100,73	104,56	112,63
99	149,40	143,62	138,62	142,67	136,64	141,76	143,59
100	157,99	154,42	155,01	154,17	155,92	152,61	166,34
f.	1879,42	1834,80	1818,40	1798,74	1796,37	1812,39	1840,24

e.

Formzahlen von 99 Stämmen der Nachweisung a.

Nr. des Stammes	Länge (Fuß)	Durchmesser bei 4' Höhe (Zoll)	Cubikinhalt des Schaftes (C.-F.)	Cubikinhalt des Cylinders (C.-F.)	Formzahl	Nr. des Stammes	Länge (Fuß)	Durchmesser bei 4' Höhe (Zoll)	Cubikinhalt des Schaftes (C.-F.)	Cubikinhalt des Cylinders (C.-F.)	Formzahl
1	32	5,	1,98	4,36	0,45	33	52	8,25	8,81	19,30	0,46
2	35	5,	2,34	4,77	0,49	34	51	9,50	12,33	25,10	0,49
3	30	5,50	2,60	4,95	0,53	35	55	9,50	13,94	27,07	0,51
4	35	5,75	2,97	6,31	0,47	36	57	9,75	12,43	29,55	0,42
5	33	5,75	2,99	5,95	0,50	37	55	10,50	14,46	33,07	0,44
6	33	6,	2,97	6,48	0,46	38	54	10,75	16,12	34,04	0,47
7	32	6,	3,09	6,28	0,49	39	58	11,	17,44	38,28	0,46
8	36	6,	3,73	7,07	0,53	40	57	15,50	28,25	74,69	0,38
9	30	6,25	3,22	6,39	0,50	41	50	18,50	43,43	93,33	0,47
10	36	6,75	4,50	8,95	0,50	43	62	7,50	8,52	19,02	0,45
11	38	7,25	5,44	10,89	0,50	44	63	8,25	9,89	23,39	0,42
12	39	7,50	6,02	11,97	0,50	45	68	9,	13,47	30,04	0,45
13	38	8,50	6,90	14,97	0,46	46	60	9,50	14,75	29,53	0,50
14	39	9,50	8,42	19,20	0,44	47	60	10,25	17,18	34,38	0,50
15	44	5,25	2,86	6,66	0,43	48	65	10,25	16,19	37,25	0,43
16	45	5,75	4,22	8,11	0,52	49	65	11,	19,55	42,90	0,46
17	40	6,50	3,89	9,22	0,42	50	64	11,75	22,43	48,19	0,47
18	42	7,	5,57	11,22	0,50	51	66	12,50	23,40	56,25	0,42
19	48	7,	6,42	12,83	0,50	52	66	13,50	28,08	65,61	0,43
20	46	7,25	6,17	13,19	0,47	53	68	17,50	44,53	113,58	0,39
21	40	8,50	7,19	15,76	0,46	54	65	19,	54,98	127,98	0,43
22	49	8,50	9,41	19,31	0,49	55	67	19,	52,80	131,92	0,40
23	45	9,25	9,83	21,	0,17	56	60	20,50	55,61	137,53	0,10
24	47	9,25	9,13	21,93	0,42	57	70	7,75	9,38	22,93	0,41
25	47	9,25	10,36	21,93	0,47	58	77	8,75	13,46	32,15	0,42
26	46	9,	10,03	20,32	0,49	59	75	10,75	25,56	47,27	0,54
27	44	11,50	14,09	31,74	0,44	60	73	11,75	24,80	54,97	0,45
28	48	13,50	21,	47,71	0,44	61	71	12,25	24,98	58,11	0,43
29	54	5,50	4,21	8,91	0,47	62	78	13,50	34,32	77,53	0,44
30	54	7,50	7,59	16,57	0,46	63	70	13,75	30,79	72,18	0,43
31	59	7,50	8,93	18,10	0,49	64	70	15,75	41,79	94,71	0,44
32	52	8,	9,31	18,15	0,51	65	73	17,	48,91	115,07	0,43

| Nr. des Stammes | Länge | Durch- messer bei 4' Höhe | Cubikinhalt des | | Form- zahl | Nr. des Stammes | Länge | Durch- messer bei 4' Höhe | Cubikinhalt des | | Form- zahl |
	Fuß	Zoll	Schaf- tes C.-F.	Cylin- ders C.-F.			Fuß	Zoll	Schaf- tes C.-F.	Cylin- ders C.-F.	
66	73	17,	50,76	115,07	0,44	84	85	29,50	149,53	403,45	0,37
67	72	18,25	61,48	130,79	0,47	85	91	12,25	32,85	74,48	0,44
68	78	19,	62,17	153,58	0,40	86	90	13,25	42,98	86,18	0,50
69	79	20,	64,44	172,35	0,37	87	91	15,	47,26	111,67	0,42
70	77	21,	78,49	185,21	0,42	88	90	15,50	59,83	117,93	0,51
71	80	9,25	16,68	37,33	0,45	89	98	16,50	64,70	145,52	0,44
72	85	12,75	36,07	75,36	0,48	90	95	17,	67,35	149,74	0,45
73	80	14,50	42,59	91,74	0,46	91	90	17,	59,43	141,86	0,42
74	80	14,50	38,22	91,74	0,42	92	94	17,75	63,49	161,53	0,39
75	83	15,	39,53	101,86	0,39	93	94	18,	68,63	166,11	0,41
76	88	15,50	45,30	115,31	0,39	94	90	18,75	71,09	172,57	0,41
77	84	16,25	48,98	120,98	0,40	95	94	19,50	82,48	194,95	0,42
78	84	17,	55,82	132,41	0,42	96	96	19,	76,22	189,02	0,40
79	88	17,25	68,04	142,82	0,48	97	92	21,	92,12	221,29	0,42
80	84	18,50	63,39	156,80	0,40	98	91	23,	109,50	262,56	0,42
81	86	21,	85,66	206,85	0,41	99	97	27,50	149,40	400,10	0,37
82	88	21,50	90,76	221,86	0,41	100	90	27,25	157,99	364,50	0,43
83	82	21,25	79,18	201,96	0,39						

Additional material from *Anleitung zur Abschätzung stehender Kiefern nach Massentafeln und nach dem Augenmaße,*
ISBN 978-3-662-40860-5, is available at http://extras.springer.com